"十四五"职业教育国家规划教

U0160564

专**名校名师精品**
-三五"规划教材

HTML5 Application
Development Case Tutorial

HTML5
应用开发案例教程
微课版

古凌岚　袁宜英 ◉ 编著

人民邮电出版社
北　京

图书在版编目（CIP）数据

HTML5应用开发案例教程：微课版 / 古凌岚，袁宜
英编著. -- 北京：人民邮电出版社，2021.4（2024.7重印）
高职高专名校名师精品"十三五"规划教材
ISBN 978-7-115-52896-4

Ⅰ. ①H… Ⅱ. ①古… ②袁… Ⅲ. ①超文本标记语言
－程序设计－高等职业教育－教材 Ⅳ. ①TP312.8

中国版本图书馆CIP数据核字(2019)第269467号

内 容 提 要

　　HTML5 技术是目前流行的 Web 前端技术之一。本书以 HBuilder 为开发平台，以实际应用为主线，介绍了 HTML5 应用开发的相关技术内容（HTML5、CSS3 和 JavaScript）及其应用方法。

　　本书以旅游网站和游戏开发为教学案例，共 8 章，内容包括 HTML5 应用开发概述、静态网页制作、结合 JavaScript 的交互式网页制作、CSS3 界面美化、音频/视频特效网页制作、Canvas 动画制作、HTML5 游戏开发和响应式网页制作。

　　本书配套在线开放课程，提供视频、PPT、案例源代码等教学资源，辅助教师教学和学生学习。

　　本书可作为高职高专院校计算机相关专业的教材，也可以作为从事相关开发工作的工程技术人员的参考书。

　　◆　编　　著　古凌岚　袁宜英
　　　　责任编辑　范博涛
　　　　责任印制　彭志环
　　◆　人民邮电出版社出版发行　　北京市丰台区成寿寺路 11 号
　　　　邮编　100164　　电子邮件　315@ptpress.com.cn
　　　　网址　http://www.ptpress.com.cn
　　　　三河市君旺印务有限公司印刷
　　◆　开本：787×1092　1/16
　　　　印张：16.25　　　　　　　　2021 年 4 月第 1 版
　　　　字数：403 千字　　　　　　2024 年 7 月河北第 5 次印刷

定价：49.80 元

读者服务热线：(010)81055256　印装质量热线：(010)81055316
反盗版热线：(010)81055315
广告经营许可证：京东市监广登字 20170147 号

前言
Preface

距 2008 年 HTML5 的第一份正式草案公布已过去 10 年有余，目前主流浏览器已能较好地支持 HTML5，且基于跨平台性的 HTML5 应用可同时适用于 PC 端和移动端，大大降低了 App 的开发成本，使得 HTML5 的覆盖面越来越广。HTML5 技术也成为了 Web 开发者的重要技能之一。

HTML5 应用开发涉及 HTML5、CSS3 和 JavaScript 等多个方面的技术知识，本书基于实际应用，通过多个实例，将这些相关技术的重要知识点有机地组织在一起，达到学以致用的效果。

本书建议授课学时为 60 学时。

本书的内容结构如下。

第 1 章：主要介绍网页工作原理、HTML5 概述，以及开发工具 Sublime Text 和 HBuilder 的使用方法。

第 2 章：主要介绍如何运用 HTML5 主要页面元素，包括文本、表格、表单、分组和嵌入元素等的功能，进行静态网页的制作。

第 3 章：主要介绍 JavaScript 基本语法，以及如何操作 DOM 节点完成动态网页中的交互处理。

第 4 章：主要介绍 CSS3 选择器、如何控制 CSS3 盒式与多栏布局，以及 CSS3 2D 变换与动画在页面动画特效中的应用。

第 5 章：主要介绍音频 / 视频标签的应用方法，以及如何结合 JavaScript 制作出带有动感色彩的音视频特效页面。

第 6 章：主要介绍 <canvas> 标签，以及 Canvas API 在动画中的基本应用方法。

第 7 章：主要介绍 Canvas API 的进阶内容，以及与 JavaScript 相结合进行 HTML5 游戏开发的方法。

第 8 章：主要介绍响应式设计的核心技巧——媒体查询和设计流程，以及响应式页面设计实现的具体方法。

为方便读者使用，书中全部实例的源代码及电子教案均免费赠送给读者，读者可登录人民邮电出版社教育社区（www.ryjiaoyu.com）下载。

本书由古凌岚、袁宜英编著。

由于编者水平有限，书中难免存在不妥或疏漏之处，希望广大读者批评指正，相关问题可发至编者电子邮箱，编者将不胜感激。E-mail：1999106010@gdip.edu.cn。

编者
2021 年 2 月

目录
Contents

HTML5 应用开发概述

作为下一代 Web 开发标准，HTML5 致力于为互联网开发者搭建更加便捷、开放的沟通平台。业界普遍认为，在未来几年内，HTML5 无疑将成为（移动）互联网领域的主宰者。它不仅用于表示 Web 内容，还将视频、音频、图像、动画，以及与计算机的交互都进行了标准化。本章将通过介绍 HTML5 相关技术与网页间的关系、HTML5 的概述，以及 HTML5 开发运行环境的安装配置等，带给读者一些体验和认识，为我们深入了解 HTML5 技术应用做好准备。

1.1 网页工作原理

HTML5 应用开发需要 HTML5、CSS3 和 JavaScript 等多方面的技术，而网页的执行与显示又是基于网页浏览器的，对于它们之间有怎样的关系，又是如何相互配合工作的，我们需要有基本的认识，这对于学习后面的知识很有帮助。

1.1.1 浏览器软件

浏览器是一种软件，其主要功能是显示网页服务器或者文件系统的 HTML 文件（标准通用标记语言的一个应用）内容，并让用户与这些文件交互。目前，主流浏览器包括 IE、FireFox、Opera、Safari、Chrome 等。

浏览器由 shell 和内核构成。shell 是指浏览器的外壳（用户接口），它为用户提供了界面操作，如菜单、地址栏、工具栏、选项参数设置等功能；内核也称为浏览器引擎，是基于标记语言显示内容的程序或模块，包括渲染引擎（Rendering Engine）和 JS（JavaScript）引擎 2 个部分。渲染引擎负责取得网页的内容（HTML、CSS、XML、图像等）、解析处理 HTML 和 CSS，然后以用户可见的方式呈现到显示器上；JS 引擎则负责解析和执行 JavaScript 代码，实现交互处理和动态效果，两项工作默认是同步进行的，但必要时，可通过 JavaScript 代码加以控制，使之异步。需要说明的是，现代网页对于 JavaScript 的依赖性很强，无论是与后台的数据交互处理，还是许多页面的动态效果实现，都离不开 JavaScript。因此，JavaScript 代码的编写质量将直接影响网页渲染速度。

笔记

鉴于 JS 引擎越来越独立，现在所说的浏览器内核一般仅指渲染引擎。现有常见的浏览器内核（渲染引擎）有 Trident、Gecko、Webkit 和 Blink，其中 Trident 是微软公司开发的，其他均为开源软件，Blink 是 WebKit 中 WebCore 组件的一个分支。主流浏览器渲染引擎和 JS 引擎的主要应用情况如表 1-1 所示。

表 1-1　主流浏览器渲染引擎和 JS 引擎的应用情况

渲染引擎	JS 引擎	JS 引擎说明	使用该内核的浏览器
Trident	Chakra	注重后台编译和高效性，系统速度比 IE 8 快 10 倍	IE 9+、傲游 MaxThon、腾讯 TT、世界之窗 The World、360、搜狗浏览器等
Webkit	V8	使用新一代的垃圾回收机制，可确保内存高度可扩展而不会发生中断	Safari 5+ 浏览器
Blink			Opera 12.17+、Chrome 5+ 浏览器
Gecko	JagerMonkey	自 4.0 版本以来，采用结合快速解释和源自追踪树的本地编译，大幅度提高了效能	Firfox 4+ 浏览器、Mozilla Suite 套件、Mozilla SeaMonkey 套件等

不同的浏览器内核对于网页编写语法的解释不同，使得网页显示的内容和风格也随之改变，因此编写网页代码时，需要关注浏览器的兼容性问题，如某些 CSS 样式设置或 HTML 标签属性的适应性、JavaScript 代码有效性等，要根据浏览器类型分别加以处理。

1.1.2　网页工作过程

HTML 页面是 Internet 的标准界面。它可以包含文字、声音、视频、动画以及交互性程序，人们利用计算机、电视和手机等多种设备可连接到 Internet，去访问全球各地的 Web 服务器上的网页，以获取信息或处理事务。那么，HTML 网页又是如何工作的呢？

网页文件是由 HTML 命令、CSS 样式、JavaScript 代码和字符组合构成的，其中字符组合是指与网页展示内容相关的东西，如一些文字段落、图片文件所在地址等。由于各浏览器内核的渲染处理过程都是类似的，这里就以 Webkit 为例。用户在浏览器（如 IE 浏览器）地址栏中输入网址后，渲染引擎会从网址对应的 Web 服务器上下载网页，对其进行 HTML 解析，创建节点（Node）以构建 DOM（Document Object Model，文档对象模型）树，然后根据 CSS 解析的结果，计算样式构建 RENDER 树，再对 RENDER 树加以布局（计算元素位置和尺寸），最后将 RENDER 树绘制到浏览器的显示区域，也就是用户看到的网页效果（见图 1-1）。

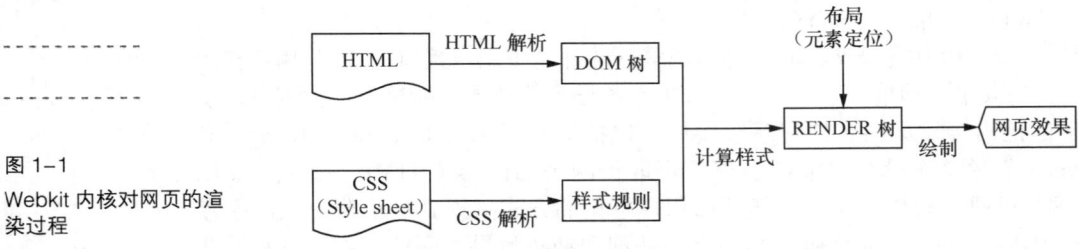

图 1-1
Webkit 内核对网页的渲染过程

这里的解析是指对网页文件进行识别、分析，并将其转换为具有一定意义的结构——通常为表达文档结构的节点树，称为解析树，HTML 文档解析的结果为 DOM 节点树。

【例 1-1】包含 p 和 div 节点的页面示例。

笔 记

```
<!-- 项目 Example1-1-->
<html>
    <head>Test Page
        <style type='text/css'>CSS 代码…</style>
        <script type='text/javascript'>javascript 代码…</script>
    </head>
    <body>
        <p>Hello DOM</p>
        <div> Test DOM</div>
    </body>
</html>
```

上述 HTML 代码解析后的 DOM 树如图 1-2 所示。

DOM 是 HTML 文档的对象表示，作为 HTML 元素的外部接口供 JavaScript 调用。浏览器内核解析网页时，如果遇到文档、HTML 元素和属性节点时，会构建 DOM 树；如果遇到 Script 节点，则会先调用 JS 引擎解释执行相应的 JavaScript 代码，再继续 DOM 树的构建；若是其他节点，如 CSS、图片、Web Fonts、视频或音频等，则以异步方式加载，不会影响 DOM 树的构建。由此可知，执行 JavaScript 代码会阻塞网页的渲染进程，而 HTML 解析是对文档自上向下进行处理的，如果 JavaScript 代码涉及对 DOM 节点的访问，如调用 getElementById 方法，需要等待 DOM 树构建完成才行，这时，可通过将 JavaScript 代码放置于网页文档最底部，或是放在页面加载（onload）事件回调函数中实现，来解决问题。

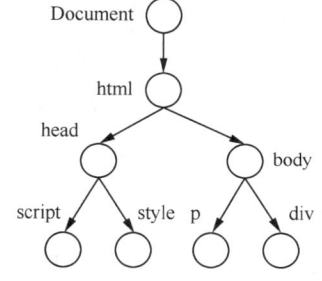

图 1-2
例 1-1 的 DOM 树

1.2　HTML5 概述

HTML5 是继 HTML、XHTML 和 HTML DOM 后的新 HTML 标准规范。它由 WHATWG、W3C 和 IETF 3 个组织共同开发，于 2014 年 10 月正式发布。其中 WHATWG 由来自苹果、Mozilla、谷歌和微软等浏览器厂商的人员组成，负责开发 HTML 和 Web 应用 API；W3C 负责发布 HTML5 规范；IETF 则负责 HTML5 所依赖的 WebSocket 协议的开发。应该说，HTML5 不单是 HTML 规范的最新版本，而是一个制作现代富 Web 内容的相关技术的总称，其中最重要的 3 项技术是 HTML5 核心规范（标签元素）、CSS3（层叠样式表）和 JavaScript（脚本语言）。

1. HTML5 特性

HTML5 是基于全新理念来设计的，体现了对 Web 应用的可行性和可用性的新认知，具体表现为以下特性。

（1）兼容性

HTML5 以进化而非颠覆方式来推进新变化。由于互联网上 HTML 文档已存在了 20 多年，HTML5 保持了对过去技术的兼容，使得新变化得以平滑过渡。当出现浏览器不支持 HTML5 某项功能的情况时，则会提供对应的备用方式加以处理。

（2）实用性

HTML5 规范以用户为先。首先考虑最终用户，其次才是网页作者、实现者（浏览器）、规范制定者，最后是理论纯粹性。因此，HTML5 规范的绝大部分是实用的，只是在有些情况下不够完美。

例如，像下面语法不严谨的语句：

```
name='user'
name=user
NAME=user
```

HTML5 也能够识别并正常显示内容，毕竟最终用户不关心代码的写法，但这不代表鼓励开发人员不遵循语法规则，因为不好的编程习惯可能会导致意想不到的问题，最终受影响的还是用户。

再举一个例子，\<header\> 是 HTML5 新标签，它是基于开发人员的一个设计习惯，即原有网页编写中，开发人员通常会将网页页眉 div 区域的 id 命名为 "header"。

（3）安全性

HTML5 采用了一种基于来源的安全模型。在 XMLHttpRequest（XHR）基础上提出了 XMLHttpRequest Level2（XHR2），解决了原有 XHR 只能同源通信，无法进行跨源资源共享（Cross-Origin Resource Sharing，CORS）的问题。

实现的方式很简单，只需要在后端代码中，对于响应（Response）进行设置：

```
Response.AddHeader("Access-Control-Allow-Origin","*") ;
```

而前端代码无需做任何改变，就可以实现跨域访问了。

（4）表现与内容分离

HTML5 在表现和内容的分离方面做了很多努力，如将 CSS 从 HTML 中剥离出来，解决了因网页文档包含样式代码，造成的代码可读性差、网页文档载入缓慢等问题。实际上，HTML5 规范已不支持原 HTML 版本的大部分表现功能了。

（5）简化

HTML5 规则遵循简单至上原则，主要表现如下。

● 通过调用标签、属性，使用浏览器原生能力代替 JavaScript 代码。

● 简单的 DOCTYPE（标准通用标记语言的文档类型声明）。

● 简化的字符集声明。

● 简单而强大的 HTML5 API。

（6）通用访问性

HTML5 的通用访问原则，可分为以下 3 个概念。

● 可访问性：充分考虑残障人士需要，HTML5 与 WAI（Web 可访问性倡议）和 ARIA（可访问的富 Internet 应用）做到了紧密结合，WAI-ARIA 以屏幕阅读器为基础元素添加到了 HTML 中。

● 媒体中立：如果可能的话，HTML5 的功能在所有不同的设备和平台上应该都能正常运行。

● 支持所有语种：如新增的 \<ruby\> 元素支持在东亚地区页面排版中会用到的 Ruby 注释。

（7）去插件

针对过去许多功能需要通过安装插件来实现的问题，HTML5 提供以原生支持方式来实现这些功能，可以避免插件的安装或其他问题，导致网页无法正常显示。这些问题包括插件安装失败、被屏蔽或禁用，或是插件本身被攻击，难与 HTML 文档集成等。

HTML5 所提供的 JavaScript/CSS 和页面布局之间的原生交互能力，可以实现许多以前 HTML 不能完成的效果。例如 canvas 元素可以实现一些非常底层的事务，如HTML 4 页面中无法绘制的对角线。

2. HTML5 功能上的变化

与 HTML4 相比，HTML5 提供了许多新的功能，核心部分包括新的语义元素和增强的 Web 表单、音频、视频，以及 JavaScript 与 Canvas 相结合进行绘图等。这里列出一些较典型的功能，更多的应用后续章节会有详细介绍。

- Canvas（2D 和 3D）：使用 JavaScript 操作 canvas 元素，实现网页上的图像绘制。
- Cross-document message：跨文档消息机制，允许多个页面相互共享数据，并且不暴露页面内部的 DOM 节点，从而保证页面不会因为传递数据而遭到恶意攻击。
- Geolocation：地理定位，用于定位用户的位置。
- MathML：数学标记语言，用于在互联网上书写数学符号和公式的置标语言。
- Microdata：网页中特别定义的一个"名称 name- 属性值 value"组合——"项"（items）。Microdata 使得网页内容对于搜索引擎而言更具语义化，能够被更加准确地采集和分类处理，为进一步的数据分析和挖掘提供基本的指引。
- Server-Sent Events（事件）：单向消息传递，网页自动获取来自服务器的更新消息。
- Scalable Vector Graphics（SVG）：可缩放矢量图形，一种二维图形表示语言。
- WebSocket API 及协议：提供在单个 TCP 连接上进行全双工通信的协议。
- Web Origin Concept：Web 原生概念。
- Web SQL database：在 HTML5 环境下，利用 JavaScript API 及 SQL，对 Web 数据库进行 CURD（增删改查）操作。可处理关系型数据库表，但目前仅 Chrome 浏览器支持。
- Web Storage：支持本地存储用户的浏览数据，主要用于简单数据的处理。
- Web Workers：通过定义 worker 对象实现客户端 JavaScript 多线程。
- XMLHttpRequest Level 2：是 XMLHttpRequest 的改进版，使得可传送的数据更为多样化，包括表单数据、上传文件等，同时提供上传进度信息。

在增加新功能的同时，HTML5 也废弃一些原 HTML 4 的标签，具体如下。

（1）可以使用 CSS 样式替代的标签

HTML 5 具有内容与表现分离的特性，对于显示效果的处理更多地交由 CSS 样式完成，因此，之前版本中一些纯粹用于显示效果的标签就被 HTML5 废弃了。这类标签包括 <basefont>、<big>、<center>、<font>、<s>、<strike>、<tt> 和 <u>。另外，一些标签的表现性属性同样也被摒弃，包括 align、bgcolor、height、width、valign、hspace、vspace 属性，<body> 标签上的 link、vlink、alink、text 属性，<iframe> 标签上的 scrolling 属性，<table> 标签上的 cellpadding、cellspacing 和 border 属性，<header> 标签上的 profile 属性，<a> 标签上的 target 属性，<img> 和 <iframe> 标签上的 longdesc 属性。

（2）不再支持 frame 框架

frame 框架对网页可用性存在着负面影响，因此，HTML5 不再支持 frame 框架，对应的标签是 <frameset>、<frame> 和 <noframes>，但是支持 iframe 框架。

笔 记

（3）被更好方式所替代的标签

还有一些标签，因 HTML5 提供了更好的解决方案而被替换，如表 1-2 所示。

表 1-2　HTML5 与旧版的标签替代情况

原有标签	HTML5 替代方案
\<bgsound>	\<audio>
\<marquee>	使用 JavaScript 程序代码来实现
\<applet>	\<embed> 和 \<object> 标签替代
\<rb>	\<ruby>
\<acronym>	\<abbr>
\<dir>	\<ul>
\<isindex>	\<form> 标签和 \<input> 标签结合
\<listing>	\<pre>
\<xmp>	\<code>
\<nextid>	GUIDS（全局唯一标识符的自动唯一编号）
\<plaintext>	"text/plain" MIME 类型

1.3　响应式设计

　　HTML5 诞生之后，给网页设计带来的最大改变就是响应式设计。PC 端网页产品会随着浏览器宽度的变化而进行网页内部元素的重组，以适应各种终端设备的屏幕尺寸。

　　传统的 Web 页面都是针对台式计算机设计的，每个 Web 页面元素通常均具有固定尺寸，在不同大小屏幕上，其显示效果会出现较大差异，为此许多网站项目需要开发应用于不同设备的版本，如专用于手机的 mobile 版本，以应对设备的差异性，从而增加了维护成本和架构设计复杂性。随着互联网技术的飞速发展，连接互联网的设备除台式计算机，还有手机、平板电脑（PAD）等多种移动设备。为每种设备都开发专用版本显然不是开发者的最佳选择。

　　针对上述问题，Ethan Marcotte（伊森·马考特）于 2010 年，在 *A List Apart* 上发表了题为《响应式 Web 设计》（*Responsive Web Design*）的文章，认为页面的设计与开发应根据用户行为和设备环境（系统平台、屏幕尺寸、屏幕定向等）进行相应的响应和调整，作者综合运用了 3 种已有技术，即弹性网格布局、弹性图片 / 媒体和媒体查询，提出了"响应式 Web 设计"解决方案，即网页内容会随着访问它的设备的视口不同而呈现不同的样式。HTML5 规范通过 @media 等标签，使得网页可以突破输出设备屏幕尺寸的限制，充分体现了响应式设计理念。

　　响应式 Web 开发具有以下特点。

　　（1）以网格为基础。开发者不应使用基于像素的设计，而应设计不同尺寸的布局和组件，以便适应多样化的要求。应考虑最小设备采用单列显示，其他设备上布局采取多列方式，以适应多种分辨率尺寸。

　　（2）测试驱动开发。每个阶段开发者都应在多种浏览器和不同尺寸屏幕中进行测试，以尽早发现问题，如某种移动环境与布局不匹配等，以及了解该设计在不同平台上的性能。

　　（3）媒体查询。开发者应根据媒体类型、屏幕宽度、屏幕比例、设备方向（横向或纵向）等各种功能特性来改变页面布局，针对不同的屏幕分辨率等级编写不同的页面布局样式，从而改善用户浏览体验。

（4）动态布局（或称流式布局）。一切设计都尽量以动态的方式来进行操作和布局，包括百分比宽度、弹性宽度文字（采用相对长度单位 em）和弹性图片（设备 max-width 属性）。

下面我们通过一个例子来初步认识响应式设计。更详细的内容见后续章节。例 1-2 是一个旅游网站的网站介绍页面，执行效果如图 1-3 所示。

【例 1-2】响应式的旅游网站介绍页面。

```html
<!-- 项目 Example1-2-->
<!DOCTYPE html>
<html lang="zh-cn">
<head>
    <meta charset="UTF-8">
    <meta  name="viewport" content="width=device-width, initial-scale=1.0,
minimum-scale=1.0, maximum-scale=1.0,user-scalable=no">
    <title>mobile index</title>
    <link rel="stylesheet" type="text/css" href="css/style.css"/>
</head>
<body>
    <header id="header">
        <nav class="link">
            <h2 class="navh">网站导航 </h2>
            <ul>
                <li class="active"><a href="###">首页 </a></li>
                <li><a href="information.html">咨询 </a></li>
                <li><a href="ticket.html">票务 </a></li>
                <li><a href="tourist.html">景点 </a></li>
                <li><a href="introduce.html">关于 </a></li>
            </ul>
        </nav>
    </header>
    <div id="headline">
        <img src="img/main-line.jpg" alt=""/>
        <hgroup><!-- 有两个或以上的标题，采用 hgroup 包含 -->
            <h2>旅游资讯 </h2>
            <h3>介绍各种最新旅游信息、资讯要闻、景点攻略等 </h3>
        </hgroup>
    </div>
    <div class="list intrduce"> <!-- 公司简介 -->
        <section>
            <h2>公司简介 </h2>
            <p>小城旅行社股份有限公司（简称小城旅行）是国内领先的休闲旅游在线服务商，创立于
2004 年，总部设在中国广州，员工 12000 余人，注册资本 20269 万元。小城旅行的高速成长和
创新的商业模式赢得了业界的广泛认可，公司在 2014 年获得腾飞、行者等投资机构逾 20 亿
元人民币的投资，在 2015 年再次获得明达、腾飞、明信资本等投资机构超过 60 亿元人民币
的投资。</p>
            <p>小城旅行既是高新技术企业，也是电子商务示范企业，其商标荣获"驰名商标"称号。
新的十年，公司以"休闲旅游第一名"为战略目标，目前在景点门票预订和邮轮领域处于领
先位置，并积极布局境外游、国内游、周边游等业务板块。</p>
            <p>小城旅行旗下运营的小城旅行网和小城旅行手机客户端，年服务人次已达到 350 万，年
均增长率为 30%。让更多人享受旅游的乐趣是小城旅行的使命。</p>
        </section>
        <section>
            <h2>联系我们 </h2>
            <address>
                <ul>
                    <li>小城旅行社股份有限公司 </li>
                    <li>地址：广东省广州市海和西路 123 号 </li>
                    <li>邮编：51××××</li>
                    <li>电话：020-××××××××</li>
                    <li>邮箱：xclx@abc.com</li>
                </ul>
            </address>
        </section>
    </div>
    <footer id="footer">
        <div class="top">
            客户端 ｜ 触屏版 ｜ 计算机版
        </div>
        <div class="bottom">Copyright  © 小城旅行 ｜ 粤 ICP 备 12345678 号 ｜ 旅行社经
营许可证：Y-AB-CD12345 </div>
    </footer>
</body>
```

笔记

```
</html>

/**style.css**/
@charset "utf-8";
html{      /*root 元素 */
    font-size: 625%;
}
body,h1,h2,h3,h4,p,ul,ol,figure {      /* 去掉原有的外边距和内边距 */
    margin:0;
    padding:0;
}
body{
    background: #fff;
    font-family: "Helvetica Neue",Helvetica,Arial,"Microsoft Yahei UI","Microsoft
    YaHei",SimHei," 宋体 ",simsun,sans-serif;
}
ul,ol{
    list-style: none outside none;
}
a{
    text-decoration:none;
}

/* 布局忽略边框计算 */
div,figure,figcaption {
    box-sizing: border-box;
}
.clearfix:after{
    content:'.';      /* 显示的内容为 "." */
    display:block;
    clear:both;
    visibility:hidden;
    height:0;
}
.navh{
    display:none;
}
#header{
    width:100%;      /* 设置为100%, 易适应窗体大小变化 */
    height: 0.45rem;
    font-size: 0.16rem;
    background-color: #333;
    margin:0 auto;
    position:fixed;
    top:0;
    z-index:9999;
}
#header .link{
    height:0.45rem;
    line-height:0.45rem;
}
#header .link li{
    width:20%;
    text-align:center;
    float:left;
}
#header .link li a{
    color:#eee;
    display:block;
}
#header .active a, #header .link a:hover{
    background-color:#000;
}
/*#adver 和 img 配合设置, 能够实现图片居中, 大小自适应 */
#adver{
    max-width: 6.4rem;      /* 需设置为相对的 max-width 或是百分比 */
    margin:0 auto;
    padding:0.45rem 0 0 0;
}
img {
    display: block;            /* 设置为区块, #adver 的 max-width 将生效 */
    max-width: 100%;
```

```
    }
    #footer{     /* 不设高度，自适应 */
        font-size: 0.14rem;
        background-color: #222;
        color:#777;
        margin:0 auto;
        text-align: center;
        padding:0.1rem 0;     /*10px 0*/
    }
    #footer .top{
        padding:0 0 0.05rem 0;       /*0 0 5px 0*/
    }
    #headline{
        max-width: 6.4rem;
        margin: 0 auto;
        padding: 0.45rem 0 0 0;
        position:relative;
    }
    #headline hgroup{
        position:absolute;
        top:48%;       /* 为了自适应需要设置为百分比形式 */
        left:10%;
        color: #eee;
    }
    #headline h2{
        font-size: 0.22rem;
    }
    #headline h3{
        font-size: 0.14rem;
    }
    .list.information{
        max-width: 6.4rem;
        color:#666;
        margin: 0.15rem auto;
        padding: 0.01rem;
    }
    .list h2{
        font-size: 0.2rem;
        padding: 0 0 0.15rem 0.1rem;
        border-bottom: 0.01rem dashed #999;
    }
    .list.intrduce{
        max-width: 6.4rem;
        font-size: 0.16rem;
        color: #666;
        margin: 0.15rem auto;
        padding: 0.1rem;
    }
    .list.intrduce p{
        margin:  0.2rem auto;
        line-height: 2;
    }
    .list.intrduce address{
        font-style:  normal;
        line-height: 1.6;
        margin: 0.2rem 0;
    }

    /* 媒体查询，大于 480px 小于 640px*/
    @media (min-width:480px and max-width:640px){
        #tour h2 {
            font-size: 0.26rem;
        }
        #tour h3, #footer, #tour figcaption, #tour .info, .list {
            font-size: 0.16rem;
        }
        #headline h2 {
            font-size: 0.22rem;
        }
        #headline h3 {
            font-size: 0.14rem;
        }
```

r2

笔 记

```
    .list h2 {
        font-size: 0.2rem;
    }
}

/* 媒体查询，小于 480px */
@media screen and (max-width: 480px){
#tour h3, #tour figcaption, #tour .info, .list {
        font-size: 0.14rem;
    }
    #footer {
        font-size: 0.12rem;
    }
    #headline h2 {
        font-size: 0.18rem;
    }
    #headline h3 {
        font-size: 0.12rem;
    }
    .list h2 {
        font-size: 0.17rem;
    }
    .min {
        display: none;
    }
}
```

图 1-3 中（a）、（b）和（c）分别是某旅游网站在 PC 端浏览器、iPhone 6/7/8 plus 和 iPhone5/SE 设备中显示的效果，可以看到，网页很好地适应了不同设备屏幕的尺寸要求。网页编码并没有什么特殊之处，奥妙在于 CSS 文件中的 @media 标签，该标签可针对不同的屏幕尺寸进行网页的样式设置。如：

```
@media screen and (max-width: 480px){
    /* 样式 */
}
```

上述代码表示当设备屏幕为 480px 以下时，网页设置的样式。其中，@media 是 HTML5 属性标签；screen 表示设备类型为台式计算机、平板电脑（PAD）和手机显示屏幕；max-width 用于设置最大的视口像素，视口是指浏览器中用于显示网页的区域，该区域一般会小于屏幕的大小。

图 1-3
响应式页面示例

（a）PC端浏览器上页面显示效果

（b）iPhone 6/7/8 plus浏览器上页面显示效果　　　（c）iPhone5/SE浏览器上页面显示效果

图 1-3
响应式页面示例（续）

1.4　运行环境和开发工具

本节介绍 HTML5 应用所依赖的软件运行环境及 HTML5 应用开发工具的安装和使用方法。

1.4.1　运行环境

我们知道，静态网页，无论是 HTML5 或是之前版本，放置于任何一台安装有浏览器的计算机上都可以运行。多数基于 HTML5 的 Web 项目，如 HTML5 网站，都是交互式应用，即包含 JavaScript，且需要访问服务器，那么，基于 HTML5 的 Web 项目需要部署于服务器，之后用户通过本地浏览器输入服务器 IP 或域名，才能访问 HTML5 网页（见图 1-4）。因此，HTML5 运行需要浏览器的支持，有时还需要 Web 服务器环境。

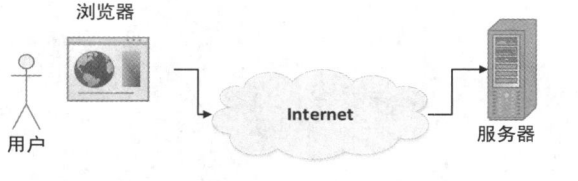

图 1-4
交互式网站示意图

目前，主流浏览器对于 HTML5 的支持较之前有很大的改善，具体如下。

（1）Chrome、Firefox：已对 HTML5 支持了很多年，而且有自动升级，与其他浏览器相比起来支持度最好。

（2）Safari、Opera：同样支持 HTML5 很多年，支持度也很高。

（3）IE：从 IE 10 起，对 HTML5 的支持比较充分。

使用 HTML5 进行应用开发时，还需要考虑浏览器的兼容性和浏览器的版本问题，使得页面能够在主流浏览器上正常显示。在学习过程中，建议读者使用 IE 9+、

笔记

Firefox 3.5+、Chrome 3.0+、Safari 3.0+ 和 Opera 10.5+ 版本的浏览器。

1.4.2 开发工具

HTML5 开发工具有很多，可以说，任何文本编辑工具都可完成 HTML5 的代码编写工作，如记事本、EditPlus、Sublime Text 等文本编辑工具，还有一些更为专业或智能化的工具，如 HBuilder、IntelliJ IDEA、Webstorm、Adobe Dreamweaver CS 等大型开发工具。

本书中我们采用两个工具，一是 Sublime Text，二是 HBuilder。两个工具都无须安装，解压即可使用。

1. Sublime Text

Sublime Text 工具非常轻巧、使用简单，适用于初级阶段对于简单程序或是小型项目的管理。该工具的特点是界面炫酷，速度很快，提供地图式代码大纲，编辑 HTML+CSS 非常方便，但没有代码智能提示和补全功能，如果要编写复杂的 JavaScript 代码，就会显得力不从心。

解压后，只要运行 sublime_text.exe 文件，就可使用该软件，具体方法如下。

（1）创建文件

Sublime Text 中左侧是工作区，显示可编辑的项目列表，右侧是编码区域，这里，项目实际上等同于文件夹，因此，可以事先创建一个文件夹（项目），然后利用 Sublime Text 创建相应的 HTML、CSS 或者其他文件。单击菜单"文件"→"新建文件"，单击界面右下角处 "Plain Text"，选择文件类型为 "HTML"，即可创建一个 HTML 文件，如图 1-5 和图 1-6 所示。

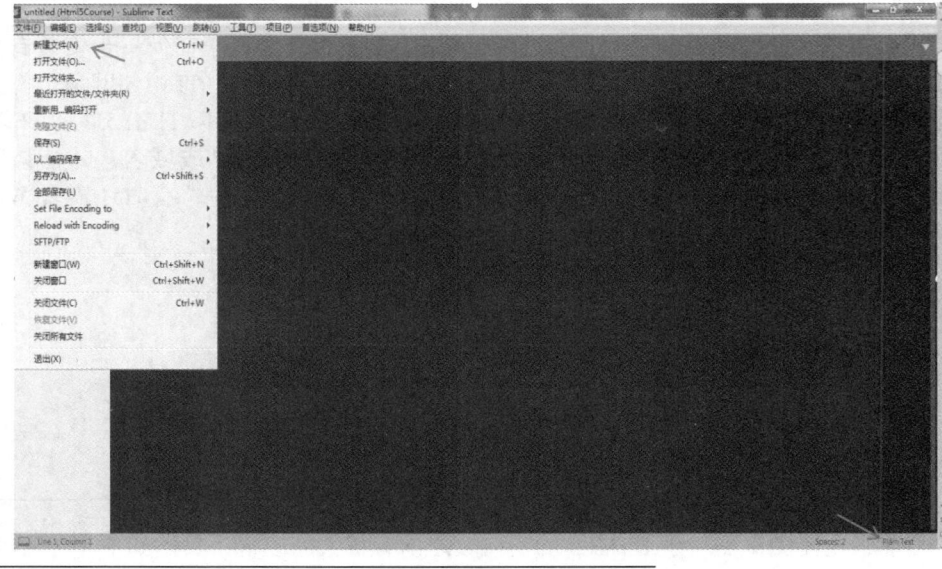

图 1-5
Sublime Text 创建文件

也可以将一个现有文件夹（项目）加入工作区，单击菜单"项目"→"添加文件夹到项目"，选择一个已有 HTML 项目，如图 1-7 所示。

（2）设置编码区域风格

单击菜单"首选项"→"配色方案"→"Color Scheme-Default"，可选择你所喜欢的编码区域的界面风格（见图 1-8）。

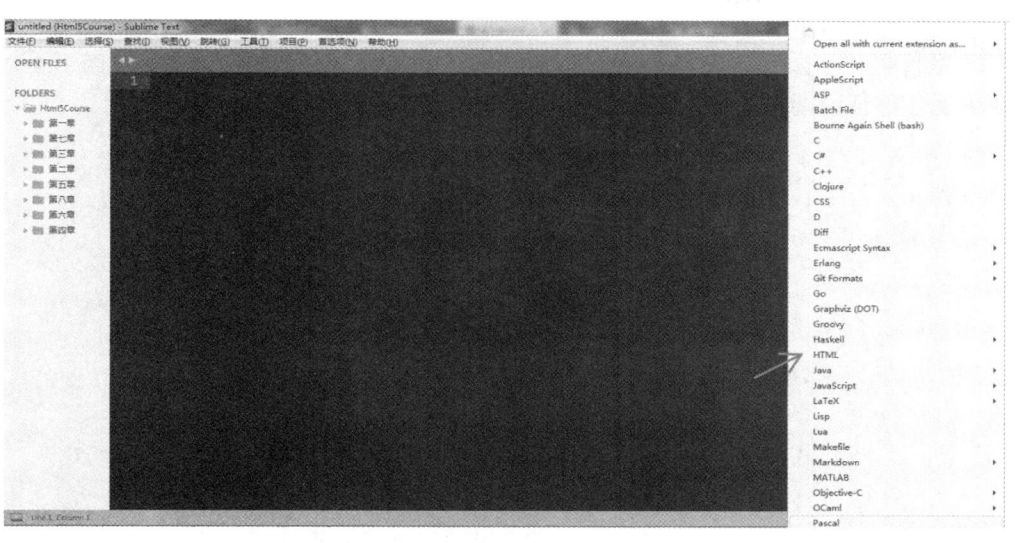

笔 记

图 1-6
选择文件类型

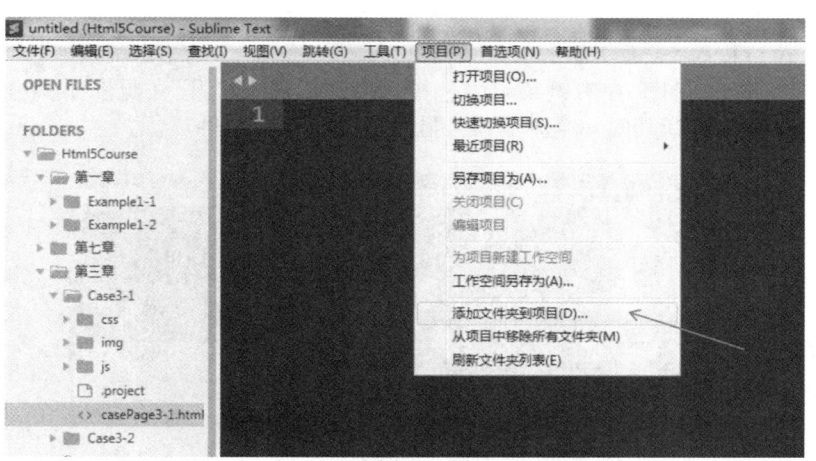

图 1-7
将指定项目加入工作区

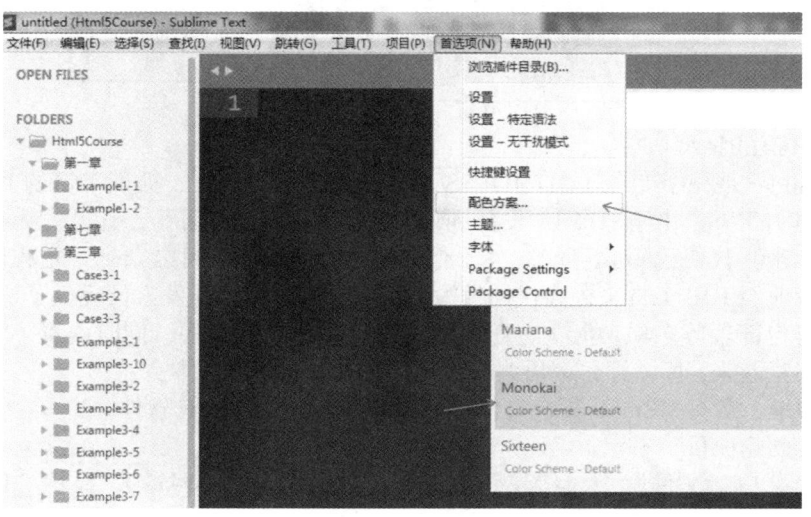

图 1-8
设置显示风格

笔记

（3）设置编码格式

单击菜单"文件"→"Set File Encoding to"，可选择所需的编码格式（见图1-9）。通常为了保证前端和后台编码的统一，会选择"UTF-8"。

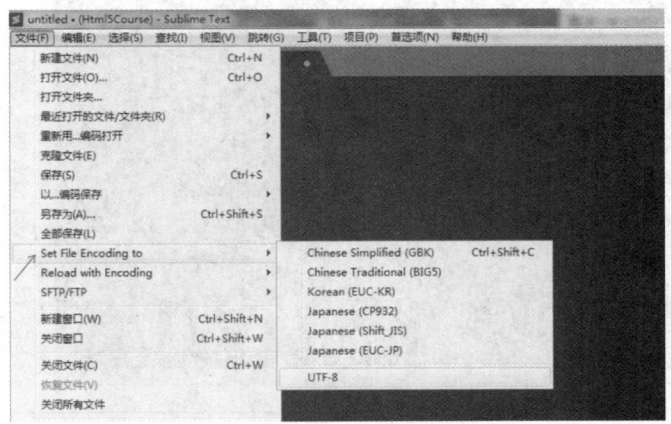

图1-9
编码格式设置

（4）运行程序

打开 HTML 文件，在右键菜单中选择"在浏览器中打开"（见图1-10），将弹出浏览器选项，可选择其中一个浏览器来显示当前 HTML 文件。

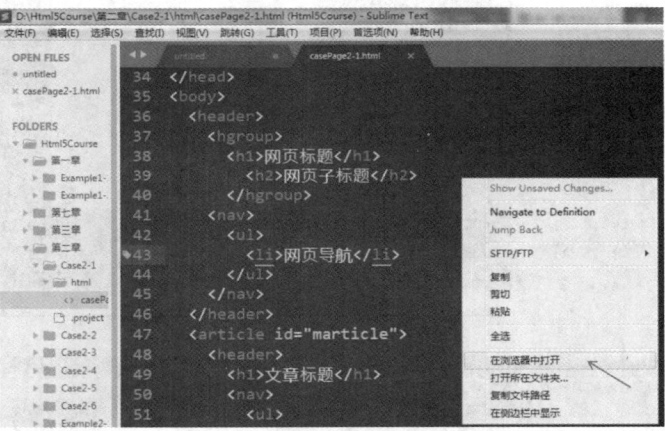

图1-10
运行 HTML 文件

2. HBuilder

HBuilder 是一个专注于 HTML/CSS/JavaScript、功能强大、插件丰富的 IDE（集成开发环境）工具。由于 HTML5 发展到现在，API 已超过 7 万个，让开发人员靠记住这些 API 来写代码已不太可能，也没有必要。因此，当项目复杂到一定程度，就需要使用专业级 IDE 工具来提高代码编写效率。HBuilder 为开发人员提供了语法提示、调试、打包部署等多项功能，它还适用于编写移动 App 程序，同时内置了非常齐全的语法浏览器兼容库，即每个语法所适用的浏览器类型和版本。

类似地，运行 HBuilder.exe 文件，即可打开 HBuilder 工具软件。

（1）创建项目

单击菜单"文件"→"新建"→"Web 项目"（见图1-11），显示"创建 Web 项目"窗口。在"位置"属性中，输入项目所在路径，在"项目名称"中输入项目

名称，单击"完成"（见图 1-12）。在左侧项目管理区中，可以看到新创建的项目
html5Project，默认包含 css、img、js 文件夹和 index.html 文件。双击 index.html 文
件，可在右侧代码编辑区域打开该文件，其中已写好了 HTML5 基本结构代码（见
图 1-13）。

笔 记

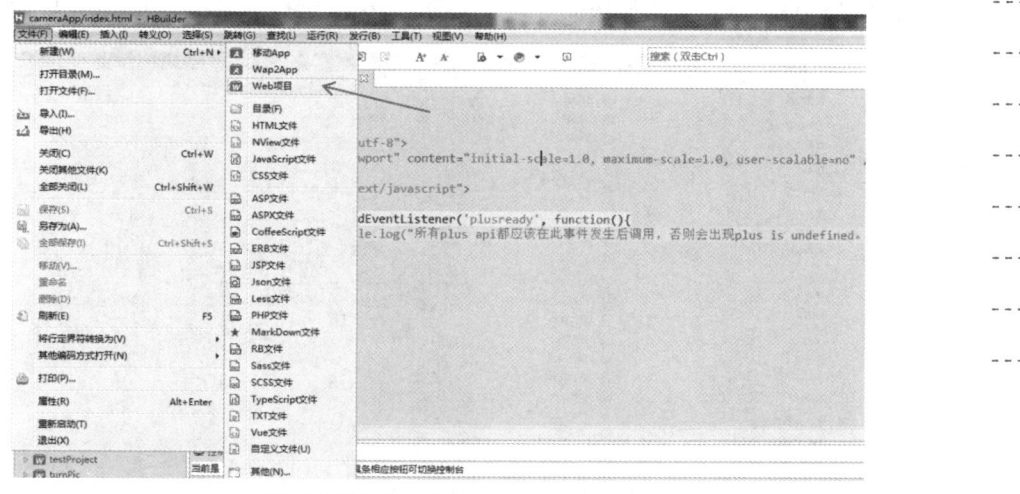

图 1-11
创建项目

图 1-12
设置项目路径和名称

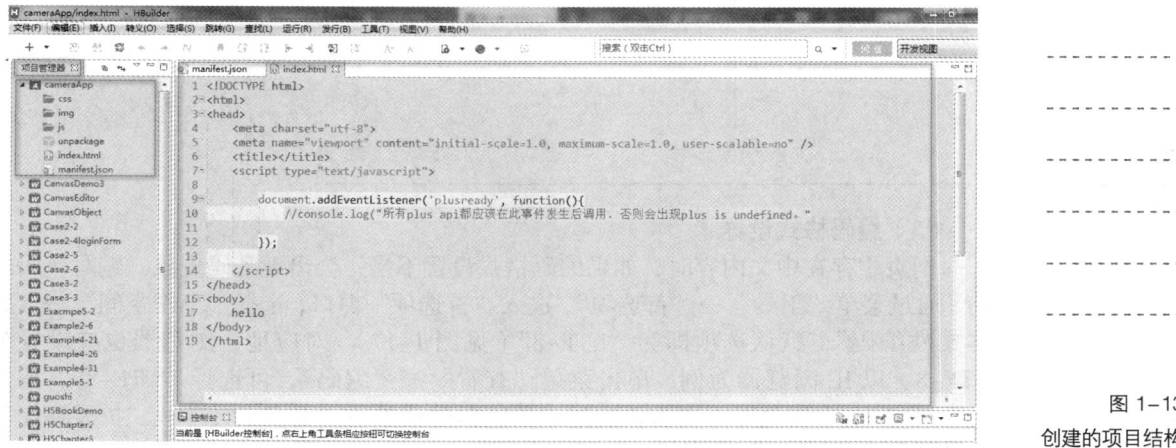

图 1-13
创建的项目结构

笔 记

（2）创建和运行 HTML

选中 html5Project 项目，在右键菜单中单击"新建"→"HTML 文件"（见图 1-14），进入"创建文件向导"窗口，输入文件名，单击"完成"，这样，就创建好了一个新的 HTML 文件（见图 1-15）。在右侧代码编辑区域，编写好 HTML 代码，单击菜单"运行"或是工具栏快捷方式（见图 1-16），选择浏览器，可显示执行效果。

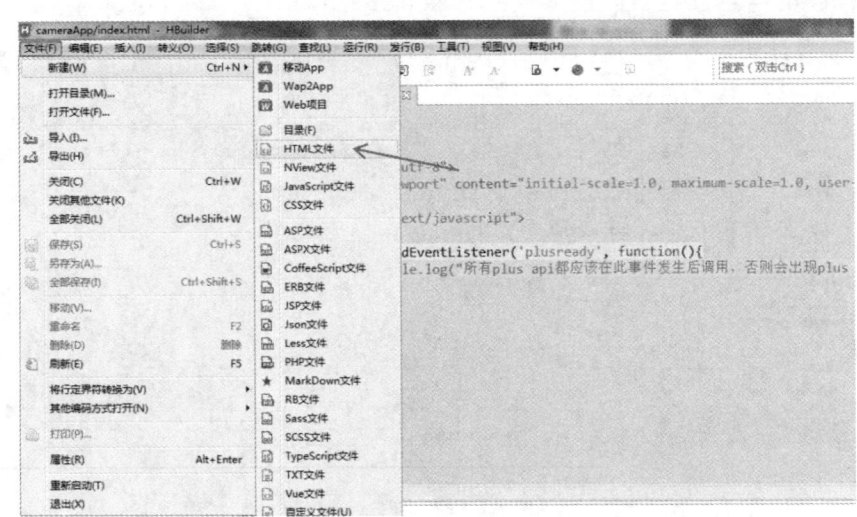

图 1-14
新建 HTML 文件

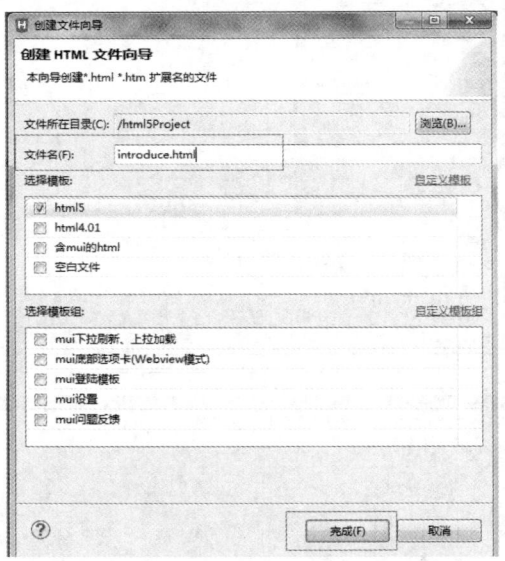

图 1-15
文件名设置

（3）编码格式设置

网页中存在中文内容时，如果编码格式设置不当，会出现乱码现象。编写代码之前，通过菜单"工具"→"首选项"，进入"首选项"窗口，选择"工作空间"→"文本文件编码"，默认选项即为"UTF-8"（见图 1-17）。对应地，浏览器也应设置为UTF-8。以 IE 浏览器为例，单击菜单"查看"→"编码"，可选择"UTF-8"。如果是新版 Chrome 浏览器，则需要通过该浏览器的菜单项"更多工具"→"扩展程序"，下载插件才能进行设置。

笔 记

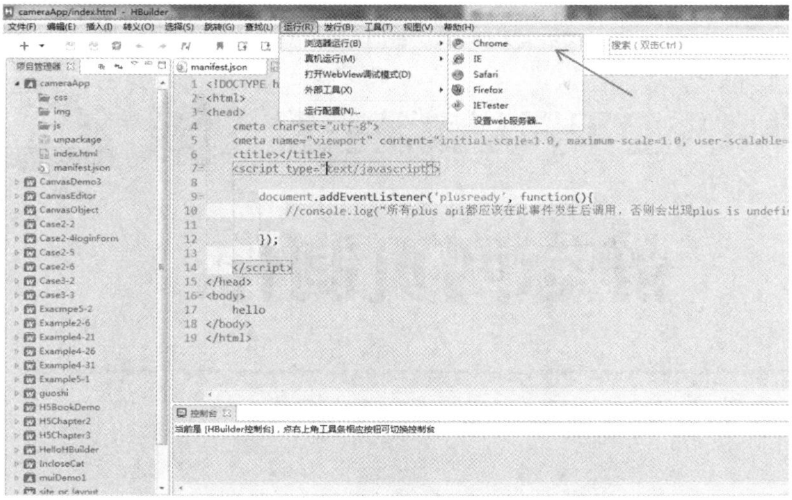

图 1-16
运行程序

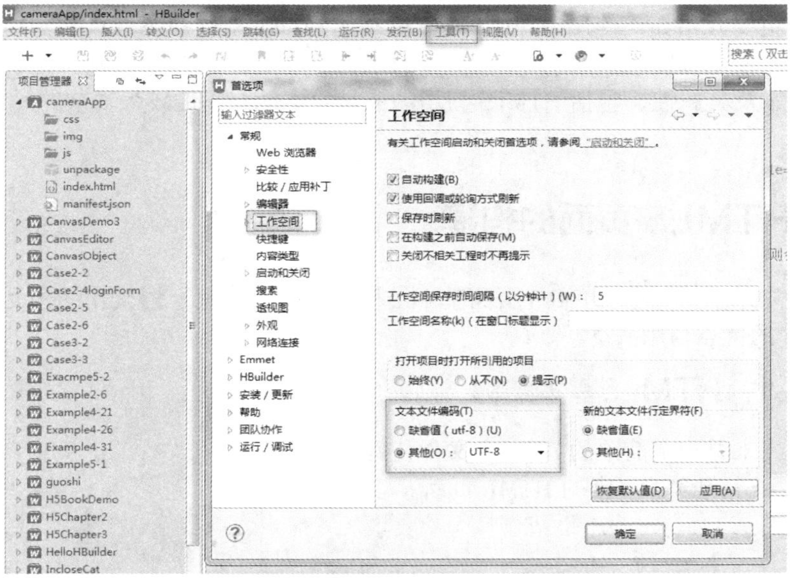

图 1-17
编码格式设置

由于篇幅限制，这里仅介绍常用功能，其他功能请读者自行学习。

在代码编写过程中，出现错误是不可避免的。一种情况是语法错误，一般开发人员自己检查发现，或是由 IDE 工具提示；另一种情况则是网页执行时出现异常，这时，运行时开发工具就派上用场了。Chrome、IE 浏览器均有内置开发工具，前者在调试网页样式方面较为方便，按"Ctrl+Shift+I"组合键可进入调试状态；后者则是使用"F12"调试；Firefox 浏览器较早版本需安装 firebug 插件，最新版本也已整合到开发工具中，且在网络访问方面表现更为突出。本书中交互处理不是重点，因此，主要使用 Chrome 浏览器的内置开发工具。

课后练习

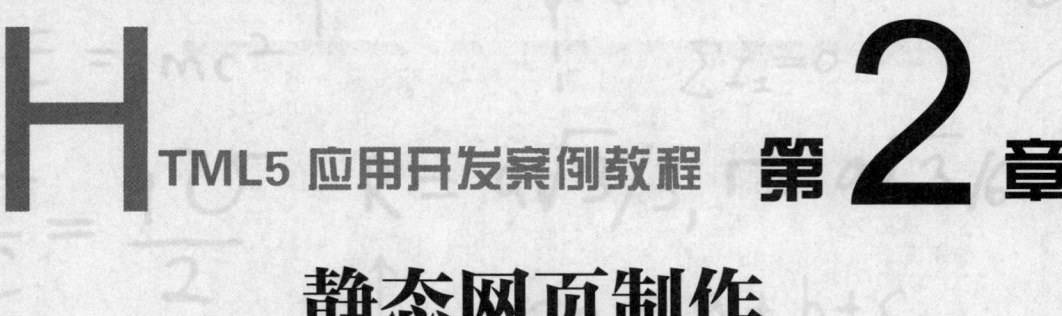

TML5 应用开发案例教程　第 2 章

静态网页制作

本章主要介绍如何使用 HTML5 制作静态的网页。制作静态网页是构建动态网站的基础，由于 HTML5 提供的元素及其属性非常丰富，受篇幅的限制，这里将着重介绍常用元素及其属性，包括 HTML5 新增的或是原本就有属性较为复杂的元素。

2.1　HTML5 页面的构建

我们先来了解一下 HTML5 页面基本结构中的组成元素、语义化结构元素，以及 CSS3 技术的特点与用法。

HTML5 新增标签

2.1.1　HTML5基本结构

我们先来看一个简单的 HTML5 文件代码。

【例 2-1】包含 p 元素的 HTML 页面。

```
<!-- 项目 Example2-1-->
<!DOCTYPE html>
<html lang="en">
    <head>
        <meta charset="utf-8" />
        <title> 测试 </title>
    </head>
    <body>
        <p> 这是一个测试页 </p>
    </body>
</html>
```

下面我们依据例 2-1 代码，来解析 HTML5 文档的基本结构。

（1）<!DOCTYPE html>

此标签为文档类型声明（Document Type Declaration，也称 Doctype）标签。用于告知浏览器所查看的文件类型。<!DOCTYPE html> 是对旧版 HTML 中头部内容的简写，原有文档类型声明如下。

```
<!DOCTYPE html PUBLIC "-//W3C//DTD XHTML 1.0 Transitional//EN"
"http://www.w3.org/TR/xhtml1/DTD/xhtml1-transitional.dtd">
<html xmlns="http://www.w3.org/1999/xhtml">
```

（2）<html lang="en">

此标签表示 HTML 文档开始。属性 lang 用于规定 HTML 页面元素内容的语言，也就是告诉浏览器，当前 HTML 文件中语言是哪一种，"en"表示英语。虽然此属性对于浏览器显示没有什么影响，但搜索引擎通过该属性可以获取网页语言信息，能够提供更为丰富的服务。如 Chrome 浏览器对于语言为英文的页面，会提示是否要翻译成中文。常用的语言代码为"zh-Hans"（中文简体），为了兼容起见，可使用"zh-cmn-Hans""yue-Hant"（中文粤语繁体）和"en"（英文）。

（3）<head>

此标签表示包含 HTML 文档的元数据开始。<head> 标签所包含的元数据包括：<title>、<meta>、<link>、<noscript>、<script> 和 <style>，这些标签在页面显示时不可见，主要是为浏览器提供信息，如 <title> 提供页面标题、<link> 提供外部 CSS 文件信息、<script> 提供 JavaScript 信息。

（4）<meta charset="utf-8">

此标签声明 HTML 文档所用的字符编码。除此之外，<meta> 标签还有许多重要的属性，如 content、name、initial-scale、maximum-scale 和 minimum-scale 等，后续章节会一一介绍。

（5）<title> 页面标题 </title>

此标签用于设置 HTML 文档标题，即网页左上角显示的标题。

（6）</head>

此标签包含 HTML 文档的元数据结束。

（7）<body>

此标签表示 HTML 文档主体内容的开始。

（8）<p> 段落内容 </p>

此标签表示一个文本段落。

（9）</body>

此标签表示 HTML 文档主体内容的结束。

（10）</html>

此标签表示 HTML 文档的结束。

下一步，我们来介绍 HTML5 元素的用法。HTML 是一种超文本标记语言，它是由 HTML 元素、元素属性和元素属性值 3 种基本部分构成的。其中，元素的属性定义了元素的样式和功能，如 name 属性定义了元素的名称，style 属性定义了元素的样式。HTML 元素的语法形式如下。

（1）双标签：< 标签名 属性名 1=" 属性 1 值 " 属性名 2=" 属性 2 值 "……> 内容 </ 标签名 >

（2）单标签：< 标签名 属性名 1=" 属性 1 值 " 属性名 2=" 属性 2 值 "……/>

这里的标签名即元素名，属性可以有一个或多个，也可以没有，示例如下。

语句 1：<p id="map" style="color:red;"> 测试段落 </p>

语句 2：<img src="http://www.html5.com/pic1.jpg" />

语句 1 为双标签结构，描述的是 p 元素，该元素有 id 和 style 属性，分别定义该元素的标记号和样式，元素内容为"测试段落"；语句 2 为单标签结构，描述的是 img 元素，该元素的 src 属性定义了图像文件所在位置。

需要说明的是，通常情况下，"HTML 标签"和"HTML 元素"描述的同一个意思，都是指 HTML 元素，但严格来讲，一个 HTML 元素包含了开始标签与结束标签，如"<p>

笔记

这是一个段落。</p>"，本书中的内容将采用严格的表示方式，将由尖括号包围的关键词，比如 <html>，称为 HTML 标签；将使用 HTML 标签定义的，从开始标签到结束标签的所有代码，称为 HTML 元素。

HTML5 是 HTML 的最新标准，同样也遵循上述规范。

2.1.2　HTML5新增的结构标签

标签语义化是 HTML5 的主要新增内容之一。所谓标签语义化是指使用具有一定意义的标签来定义 HTML 元素，如，HTML5 的 < header > 标签所定义的 header 元素，是一个具有引导和导航作用的结构元素，它可以包含通常放在页面头部的所有内容。HTML5 之前的版本，常用 <div> 标签来划分页面章节，但其本身是没有具体含义的，它只向浏览器表明网页中存在着一些章节。相对而言，标签语义化的好处在于，能够提示开发者，网页文档的某处内容的意义是什么；在无样式设置情况下，使得网页结构也同样清晰；让屏幕阅读器能够按标签"读"网页内容；有利于 SEO（搜索引擎优化）；可提高团队开发和维护的效率。

HTML5 标准中新增的具有含义的标签，被称为语义标签，主要用于描述章节所在位置和作用。根据用途的不同，语义标签可分为结构标签、文本标签和分组标签。本节主要介绍结构标签的使用方法；另两种标签的应用，后续章节会有详细介绍。图 2-1 展示了由常用的 HTML5 结构标签所定义的网页结构。

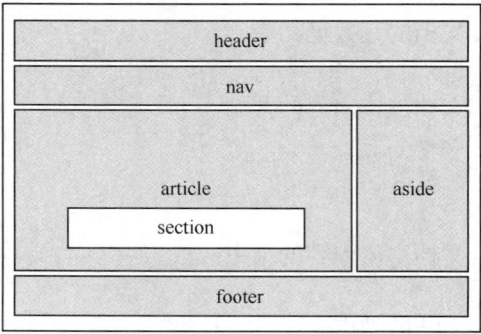

图 2-1
HTML5 语义标签定义的网页布局

表 2-1 列出了 HTML5 新增的结构标签。

表 2-1　HTML5 新增的结构标签

标　签	描　述
<header>	定义页面或区块的头部
<section>	定义页面或区块的主体部分
<nav>	定义导航部分
<aside>	定义侧导航部分或是补充性内容
<article>	定义正文或一个完整的内容
<footer>	定义页面或区块的尾部
<hgroup>	定义页面或 section 元素的标题内容
<address>	定义联系信息，如邮编、邮箱等，一般出现在 footer 元素中
<h1~h6>	定义区块中标题，一般出现在 hgroup、section 和 article 元素中

使用 HTML5 新增的结构元素标签可以定义网页结构，那么，是不是 <div> 标签就没

有应用价值了呢？答案是否定的。因为 HTML5 语义标签并非能够适应所有的网页设计需求，只是一定程度上的"通用"，应该说主要为了让搜索引擎能够"读懂"一些重要内容，在许多情况下，正是由于 <div> 标签不具特定含义，才更适用于构建网页任何部分的外观和结构。因此，好的 HTML5 网页应是 HTML5 语义标签和 <div> 标签完美结合的成果。

笔记

2.1.3　CSS3 技术

CSS（Cascading Style Sheet）即层叠样式表。在网页制作时采用 CSS 技术，能够有效地对页面的布局、字体、颜色、背景和其他效果实现更加精确的控制。CSS3 是 CSS 技术的升级版本，且朝着模块化方向发展，即从原有规范中将所有样式归入同一模块，改为分类形成多个模块，同时也增加了许多新的内容。CSS3 中最重要的模块有选择器、盒式模型、背景和边框、文字特效、2D/3D 转换、动画、多栏布局和用户界面。图 2-2 所示的是 CSS3 技术实现的 2D 和 3D 动画效果。

 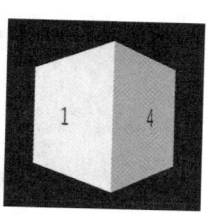

图 2-2
CSS3 实现的 2D 和 3D 效果

CSS 的语法形式：选择器｛属性 1: 值 1; 属性 2: 值 2; ……｝。其中使用花括号包围属性声明，这里属性是指样式属性，每个属性需对应一个值，属性与值之间用冒号分隔，每一个属性声明之间以分号分隔。

例如：

```
div {color: red; margin: 0; padding:0;}
```

其中 div 为选择器，color 为属性，red 为 color 属性的值。类似地，margin、padding 为属性，其值均为 0。

有些属性值的写法有多种方式，如像素（px），它是一个相对单位，而且在特定设备上是用一个近似值表示，可以理解为虚拟单位，用像素设置字体大小时，比较稳定和精确，但当浏览器窗口缩放时，原有布局会被打破，出现变形。HTML5 中新增了 em 和 rem 2 个单位，两者实质上都是相对值，而非具体的数值，均需要一个参考点，一般是以 <body> 标签中的"font-size"属性为基准，而所有浏览器的默认字体大小都是 16px，因此，在浏览器下默认设置为 1em=16px。em 是相对父元素属性而计算的，任何元素设置时，都有可能需要知道它的父元素大小，而 rem 是相对于根元素 html，即只需要在根元素确定一个参考值，因此，推荐使用 rem 单位。除了上述单位，还可以使用百分比，写法为"数字 +%"，百分比单位的一个特别之处是，即使为 0，也要写为 0%。

颜色值也有多种表达方式，如设置 div 的颜色属性为红色可写成：

```
div {color: red;}                    /* 颜色名 */
div {color: #ff0000;}                /* 颜色的十六进制值 */
div {color: #f00;}                   /* 颜色的十六进制值另一种写法 */
div {color: rgb(255,0,0);}           /* 颜色的 rgb 的数值 */
div {color: rgb(100%, 0%, 0%);}      /* 颜色的 rgb 的百分比值 */
```

在 HTML5 网页中，可以采取以下 4 种方法来引入 CSS 样式表。

（1）元素内嵌入式

直接在 HTML 标签中使用 style 属性定义 CSS 样式，这种方式只能控制单个

笔 记

HTML 元素，没有体现 CSS 的优势，因此不推荐使用。

例如：

```
<p style="color:red;font-size:20px;">这是一段文本 </p>
```

上例定义了一个 p 元素，并利用 style 属性声明了 CSS 样式，设定了 p 元素内容"这是一段文本"，字体大小为 20px，颜色为 red。

（2）文档内嵌入式

嵌入式 CSS 样式需要放在元素 head 的标签对内。对于单个页面来说，这种方式很方便。

【例 2-2】内嵌式 CSS 示例。

```
<!-- 项目 Example2-2-->
<head>
    <style type="text/css">
        p{
            color:red;
            font-size:20px;
        }
    </style>
</head>
<body>
    <p> 这是一段文本 </p>
</body>
```

这种方法的优缺点都很明显，优点是速度快，因为 CSS 直接定义在当前网页中，无须外引；缺点是页面会显得臃肿，较难维护，且代码可复用性差。对于追求速度的大型门户网站而言，会不惜开发成本采用这种方法来赢得用户访问量。

（3）外部导入式

这种方式是将 CSS 样式定义全部放在一个文件中，网页需要使用时，通过关键字 @import 来引入外部 CSS 样式文件。

【例 2-3】外部导入式 CSS 示例。

```
<!-- 项目 Example2-3-->
```

CSS 代码：

```
p{
    color:red;
    font-size:20px;
}
```

HTML 代码：

```
<head>
    <style type="text/css">
        @import "style.css";
    </style>
</head>
<body>
    <p>这是一段文本 </p>
</body>
```

（4）外部连接式

CSS 样式定义方法与第 3 种方式相同，也是放在一个独立的文件中，只是引入 CSS 文件的方法有些不同。

【例 2-4】外部连接式 CSS 示例。

```
<!-- 项目 Example2-4-->
```

CSS 代码：

```
p{
    color:red;
    font-size:20px;
}
```

HTML 代码：

```
<head>
    <link href="style.css" rel="stylesheet" type="text/css"/>
</head>
<body>
    <p>这是一段文本 </p>
</body>
```

这种方法是目前使用最多的一种，也是最能体现内容和显示分离思想的，代码复用性好，且易维护、可读性好。

对于后两种方法，在呈现效果和使用上有些区别。

显示效果方面，外部连接式，CSS 会在页面装载前加载，使得页面装载的同时带有 CSS 效果；而外部导入式，CSS 是在页面装载后才加载的，如果网页文件较大，在有些浏览器上有时会出现先显示无样式页面，闪烁一下之后，再出现设置样式后的效果，这是它的一个缺陷。

使用上，如果需要将所有 CSS 样式分类存放在几个文件中，可以先创建一个 CSS "目录"文件，包含分类的 CSS 文件名，再使用外部导入式，导入该"目录"文件，从而引入 CSS 样式。如果只有一个 CSS 文件，就使用外部连接式。另外，在使用 JavaScript 动态加载 CSS 时，则必须使用外部连接式。

2.1.4　实例2-1：编写一个简单的HTML5页面

问题描述：创建一个网页，由上、左、右、下 4 部分组成，每部分都包含有标题和正文内容。

执行效果（见图 2-3）：

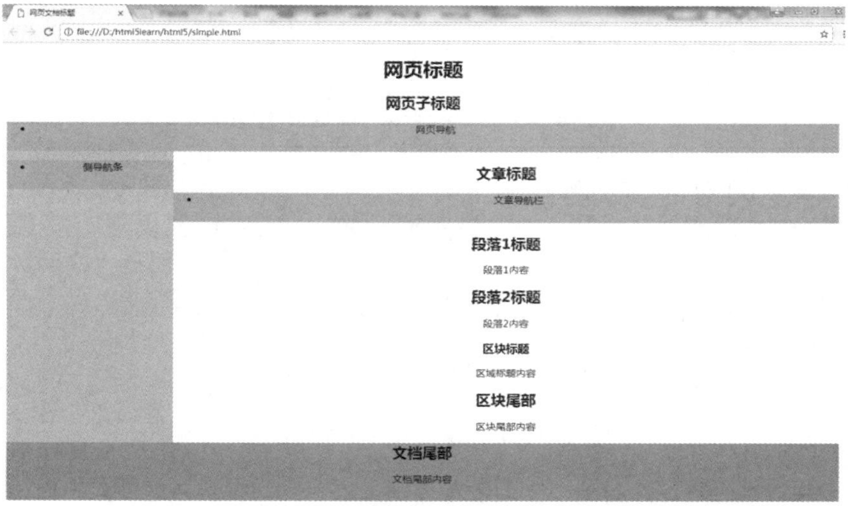

图 2-3
实例 2-1 执行效果

问题分析：本例是一个网页构架，内容没有具体要求，但布局要求明确，即要将页面分为 4 个部分，这种布局是一种常见的布局方式，即上面是网站导航，左侧是页面导航，右侧是页面主体内容，下部是页面的页脚。页面文字是对内容区域的划分表述，包括了标题、段落等，利用 HTML5 标签可以实现。

笔 记

实现步骤：
（1）使用 HBuilder 工具，创建一个 Web 项目，项目名为 Case2-1（见图 2-4）。

图 2-4
创建一个 Web 项目

（2）创建一个名为"html"的文件夹，在该文件夹下创建一个 HTML 文档（见图 2-5），HBuilder 会自动生成 HTML 页面的基本结构。

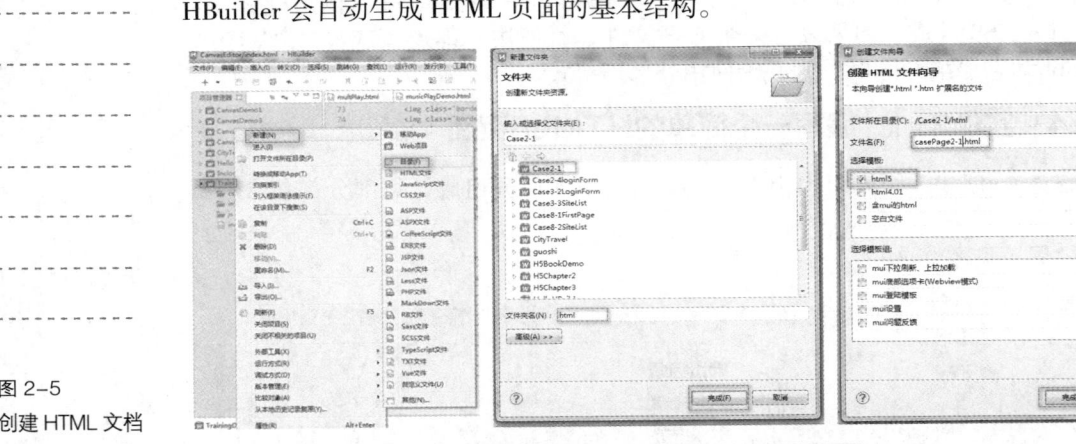

图 2-5
创建 HTML 文档

（3）编写 HTML5 文件代码。

```html
<!DOCTYPE html>
<html>
<head>
    <meta charset="utf-8" />
    <title>网页文档标题</title>
    <style type="text/css">
        header,nav,aside,article,footer{
            border: 1px #ccc;
            text-align: center;
        }
        nav{
            background-color:#aaa;
            height:50px;
            width:100%;
        }
        #marticle{
            float:right;
            width:80%;
            height:500px;
        }
        aside{
```

```html
                    background-color: #bbb;
                    float:left;
                    width:20%;
                    height:500px;
                }
                #hfoot{
                    background-color: #72a3a4;
                    clear:both;
                    width:100%;
                    height:100px;
                }
        </style>
    </head>
    <body>
        <header>
            <hgroup>
                <h1> 网页标题 </h1>
                <h2> 网页子标题 </h2>
            </hgroup>
            <nav>
                <ul>
                    <li> 网页导航 </li>
                </ul>
            </nav>
        </header>
        <article id="marticle">
            <header>
                <h1> 文章标题 </h1>
                <nav>
                    <ul>
                        <li> 文章导航栏 </li>
                    </ul>
                </nav>
            </header>
            <section>
                <h2> 段落 1 标题 </h2>
                <p> 段落 1 内容 </p>
                <p></p>
            </section>
            <section>
                <h2> 段落 2 标题 </h2>
                <p> 段落 2 内容 </p>
                <p></p>
            </section>
            <section>
                <h2></h2>
                <article>
                    <header>
                        <h3> 区块标题 </h3>
                        <p> 区域标题内容 </p>
                    </header>
                    <p></p>
                </article>
            </section>
            <footer>
                <h1> 区块尾部 </h1>
                <p> 区块尾部内容 </p>
            </footer>
        </article>
        <aside>
            <nav>
                <ul>
                    <li> 侧导航条 </li>
                </ul>
            </nav>
        </aside>
        <footer id="hfoot">
            <h2> 文档尾部 </h2>
            <p> 文档尾部内容 </p>
        </footer>
    </body>
</html>
```

笔 记

笔 记

（4）运行 HTML5 文件。

鼠标右击，在快捷菜单中选择"在浏览器中打开"命令，执行效果如图 2-3 所示。

问题总结：当前 HTML 代码应用了 HTML5 几乎所有新增的结构元素，但没有一个 <div> 标签。这里页面分为 4 个部分：header、article、aside 和 footer，其中 header 中包含了 hgroup 和 nav，而 article 中又嵌套了其自身的 header、section 和 footer。为了让页面结构更为清晰，在 head 元素中加入 CSS3 样式进行分栏设置，将 header、aside、article 和 footer 分别置于上、左、右和下栏中。对此例中 CSS3 设置代码本节先不做解释，留在后续章节详细介绍。

2.2　文本标签的应用

本节主要介绍 HTML5 中常用文本元素的语法以及应用方法。

2.2.1　文本标签

文本标签用于定义 HTML 文本元素。常用文本标签及其作用如表 2-2 所示。

表 2-2　常用文本标签

标　　签	描　　述
<a>	定义超链接
<acronym>	定义只取首字母的缩写
<abbr>	定义缩写
<address>	定义文档作者或拥有者的联系信息
<b>	定义粗体文本
 	强制换行
<bdi>　　　*	定义文本的文本方向，使其脱离其父元素的文本方向设置
<bdo>	定义文字方向
<big>	定义大号文本
<blockquote>	定义摘自另一个源的块引用
<cite>	定义引用（citation）
<code>	定义计算机代码文本
<del>	定义被删除文本
<dfn>	定义项目
<em>	定义强调文本
<i>	定义斜体文本
<ins>	定义被插入文本
<kbd>	定义键盘文本
<mark>　　*	定义有记号的文本
<meter>　　*	定义预定义范围内的度量
<pre>	定义预格式文本
<progress>　*	定义任何类型的任务的进度
<p>	定义段落，前后会重起一行，且段前和段后会再各空出一行
<q>	定义短的引用

续表

标　签	描　述
<rp>　　*	定义若浏览器不支持 ruby 元素显示的内容
<rt>　　*	定义 ruby 注释的解释
<ruby>　*	定义 ruby 注释
<samp>	定义计算机代码样本
<small>	定义小号文本
<strong>	定义语气更为强烈的强调文本
<sup>	定义上标文本
<sub>	定义下标文本
<time>　*	定义日期 / 时间
<tt>	定义打字机文本
<var>	定义文本的变量部分
<wbr>　*	定义可能的换行符

表 2-2 中 "*" 为 HTML5 中新增标签（本章后续表格中 "*" 含义相同，不再说明），HTML5 中标签数量较多，但实际应用中常用的主要为以下几个。

（1）<a>

<a> 标签用于定义 a 元素，该元素表示超链接，用于从一张页面链接到另一张页面，主要包括如下属性。

① id：元素标识号。

② href：指定链接的目标。

③ name：元素名。

④ target：指定在何处打开被链接文档，有 2 个属性值——_self（默认）和 _blank，前者是改变当前页面，并跳转到超链接地址；后者是打开新页面，并跳转至超链接的地址。

⑤ download：指定被下载内容的保存路径和文件名。

下面列出 href 属性具体用法。

● href=URL：表示链接指定目标。

当 URL 为绝对 URL 时，链接目标为站点网页。例：

```
<a href="http://www.html5test.com">html5 learning site</a>
```

当 URL 为相对 URL 时，链接目标则为站点内指定文件，单击可直接下载该文件。例：

```
<!-- 单击下载 html5test.txt-->
<a href="/html5test.txt">document</a>
```

如果和 download 属性结合使用，就可指定文件及其路径。例：

```
<!-- 单击下载 html5test.txt, 并保存为 newtest.txt-->
<a href="/html5test.txt" download="newtest.txt">document</a>
```

当 URL 为锚 URL 时，链接目标则为站点内页面指定元素。例：

```
<!-- 页面将滚动至元素 id 为 footer 的元素处 -->
<a href=" #footer" >footer</a>
```

● href="#"：返回页面顶端。

● href="javascript:;" onclick="js_function()"：表示执行 JavaScript 函数 js_function，也可写为 href="javascript:void(0);" onclick="js_function()"。其中，href="javascript:;" 表示执行了一条空语句；href="javascript:void(0);" 中 void 是操作符，返回 undefined，也不会发生跳转。因此，这 2 种方式都会执行 JavaScript 函数。

笔 记

（2）<p>

<p>标签用于定义 p 元素，该元素表示一个段落，段落的前后自动空一行。例：

```
<p>html5</p><!-- "html5" 所在行的前后各空一行 -->
```

（3）

标签用于定义 br 元素，该元素表示换行。例：

```
<span>html5</span><br> <!- 显示段落 "html5" 后换行 ->
```

（4）<b> 和 <strong>

<b> 标签定义的 b 元素和 <strong> 标签定义的 strong 元素均表示对于文本加粗，根据 HTML5 对其所赋予的语义，前者是侧重于实用目的，如文章摘要中的关键字，通常在无其他可用的标签情况下使用；后者则强调重要性和紧急性，且其语义性明显，因此推荐使用后者。

2.2.2　实例2-2：旅游网站介绍文字的制作

问题描述：创建一个网页，由上和下两部分组成，上面部分是公司简介，下面部分则是联系方式，每个部分均包含标题和正文。

执行效果（见图 2-6）：

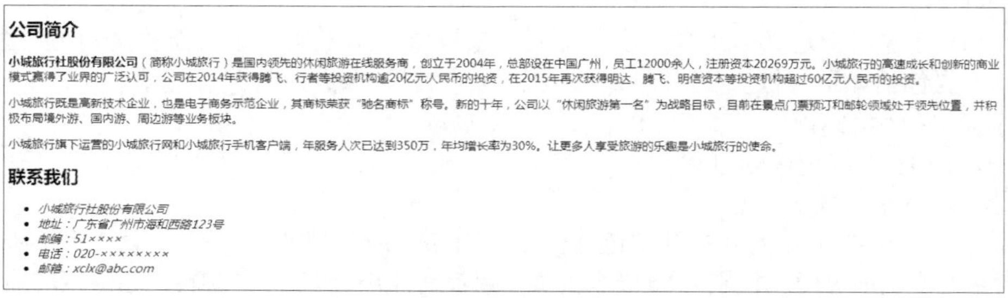

图 2-6
实例 2-2 执行效果

问题分析：小城旅行网站的公司介绍页面，用于介绍该公司概况、旗下 Web 及移动客户端，并显示公司的联系方式，包括公司地址、电话等信息。本例中，主要利用文本元素，针对文字进行处理，不涉及 CSS 样式。

实现步骤：

（1）使用 HBuilder 工具，打开项目 Case2-2 并创建 HTML 文件，网页代码如下。

```
<!DOCTYPE html>
<html>
<head>
    <meta charset="utf-8" />
</head>
<body>
    <div class="list intrduce"> <!-- 公司简介 -->
        <section>
            <h2> 公司简介 </h2>
            <p><strong> 小城旅行社股份有限公司 </strong>（简称小城旅行）是国内领先的休闲旅
游在线服务商，创立于2004年，总部设在中国广州，员工12000余人，注册资本20269万元。
            小城旅行的高速成长和创新的商业模式赢得了业界的广泛认可，公司在 2014 年获得腾飞、
            行者等投资机构逾 20 亿元人民币的投资，在 2015 年再次获得明达、腾飞、明信资本等投
            资机构超过 60 亿元人民币的投资。 </p>
            <p> 小城旅行既是高新技术企业，也是电子商务示范企业，其商标荣获 "驰名商标" 称号。
            新的十年，公司以 "休闲旅游第一名" 为战略目标，目前在景点门票预订和邮轮领域处于领
            先位置， 并积极布局境外游、 国内游、 周边游等业务板块。 </p>
            <p> 小城旅行旗下运营的小城旅行网和小城旅行手机客户端，年服务人次已达到 350 万，年
            均增长率为 30%。 让更多人享受旅游的乐趣是小城旅行的使命。 </p>
```

```
        </section>
        <section>
            <h2>联系我们</h2>
            <address>
                <ul>
                    <li>小城旅行社股份有限公司</li>
                    <li>地址：广东省广州市海和西路 123 号</li>
                    <li>邮编：51×××</li>
                    <li>电话：020-××××××××</li>
                    <li>邮箱：xclx@abc.com</li>
                </ul>
            </address>
        </section>
    </div>
</body>
</html>
```

（2）运行 HTML 文件。

鼠标右击，在快捷菜单中单击"在浏览器中打开"命令，执行效果如图 2-6 所示。

2.3　表格标签的应用

本节主要介绍 HTML5 中表格标签的语法，以及如何使用表格标签创建表格元素。

2.3.1　表格标签

表格标签用于定义 HTML 表格元素。表格标签的作用如表 2-3 所示。

表 2-3　表格标签

标　　签	描　　述
\<table\>	定义表格
\<caption\>	定义表格标题
\<th\>	定义表格中的表头单元格
\<tr\>	定义表格中的行
\<td\>	定义表格中的单元
\<thead\>	定义表格中的表头内容
\<tbody\>	定义表格中的主体内容
\<tfoot\>	定义表格中的表注内容（脚注）
\<colgroup\>	定义表格中表格列组
\<col\>	定义表格中表格列组的列属性

HTML 表格元素由表格头部、标题、主体、尾部组成，其中主体是基本组成部分。下面我们通过创建一个学生信息表来进一步了解表格元素各组成部分的使用方法。

利用 \<table\>、\<tr\> 和 \<td\> 标签可以构建出由行（tr）和单元格（td）子元素组成的表（table）元素，即基本表。如果希望获得更完整的表结构，可使用 \<caption\>、\<thead\>、\<th\>、\<tbody\> 和 \<tfoot\> 标签，构建由表名（caption）、表头（thead）、列标题（th）、表主体（tbody）和表脚（tfoot）子元素组成的 table 元素，基本表在这里将作为 tbody 元素的内容。

【例 2-5】表格标签应用示例。

```
<!-- 项目 Example2-5-->
<caption>学生信息表</caption>
<table border="1">
```

笔 记

```
<thead> <!-- 表头 -->
    <tr> <!-- 列标题 -->
        <th> 姓名 </th>
        <th> 性别 </th>
        <th> 专业 </th>
    </tr>
</thead>
<tbody><!-- 表主体 -->
    <tr>
        <td> 张三 </td>
        <td> 男 </td>
        <td> 计算机 </td>
    </tr>
    <tr>
        <td> 李四 </td>
        <td> 女 </td>
        <td> 财会 </td>
    </tr>
</tbody>
<tfoot><!-- 表脚 -->
    <tr>
        <td colspan="3"> 合计：2 人 </td>
    </tr>
</tfoot>
</table>
```

　　这里使用了 td 元素的合并属性 colspan。td 和 th 元素都属于单元格，均包含合并属性 colspan 和 rowspan。

2.3.2　实例2–3：旅游网站机票预订页面制作

　　问题描述：创建一个页面，能够让用户了解和预订机票，即显示机票信息，并提供预订功能。

　　执行效果（见图 2–7）：

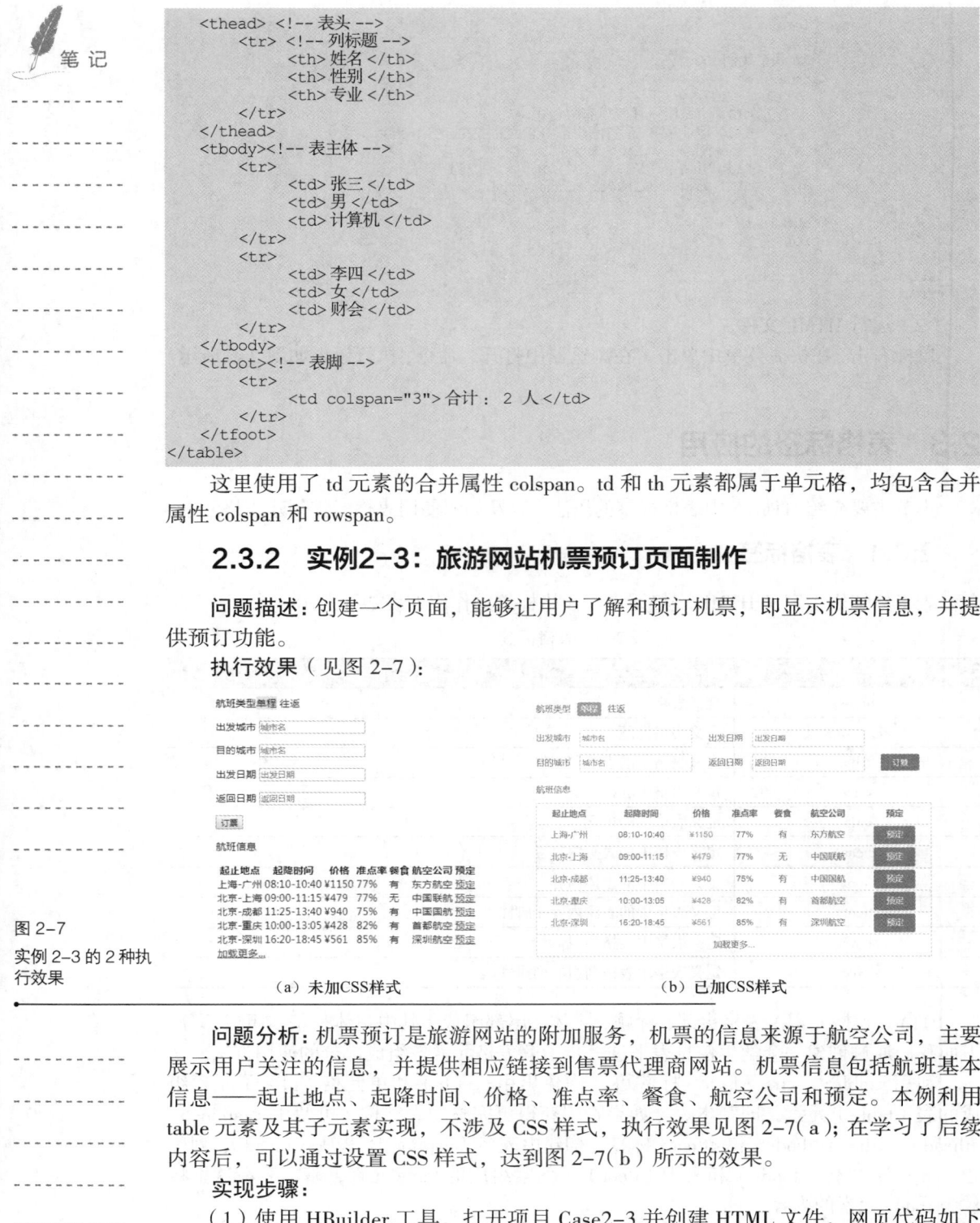

图 2–7
实例 2–3 的 2 种执行效果

（a）未加CSS样式　　　　　　　　（b）已加CSS样式

　　问题分析：机票预订是旅游网站的附加服务，机票的信息来源于航空公司，主要展示用户关注的信息，并提供相应链接到售票代理商网站。机票信息包括航班基本信息——起止地点、起降时间、价格、准点率、餐食、航空公司和预定。本例利用 table 元素及其子元素实现，不涉及 CSS 样式，执行效果见图 2–7(a)；在学习了后续内容后，可以通过设置 CSS 样式，达到图 2–7(b) 所示的效果。

　　实现步骤：

　　（1）使用 HBuilder 工具，打开项目 Case2–3 并创建 HTML 文件，网页代码如下（黑色字体部分为定义表格代码）。

```
<div>
    <form action="###">
```

笔记

```
<div>
    <p> 航班类型 <mark> 单程 </mark> 往返 </p>
</div>
<div>
    <p>
        <label for="fromcity" > 出发城市 </label>
        <input type="text" id="fromcity" name="fromcity" placeholder=" 城市名 " />
    </p>
    <p>
        <label for="tocity" > 目的城市 </label>
        <input type="text" id="tocity" name="tocity" placeholder=" 城市名 " />
    </p>
</div>
<div>
    <p>
        <label for="fromtime"> 出发日期 </label>
        <input type="text" id="fromtime" name="fromtime" placeholder=" 出发日期 "/>
    </p>
    <p>
        <label for="totime"> 返回日期 </label>
        <input type="text" id="totime" name="totime" placeholder=" 返回日期 " />
    </p>
</div>
<div>
    <p>
        <button type="submit" > 订票 </button>
    </p>
</div>
</form>
<div class="new">
    <table>
        <thead>
            <tr>
                <th> 起止地点 </th>
                <th> 起降时间 </th>
                <th> 价格 </th>
                <th> 准点率 </th>
                <th> 餐食 </th>
                <th> 航空公司 </th>
                <th> 预定 </th>
            </tr>
        </thead>
        <tbody>
            <tr>
                <td> 上海 - 广州 </td>
                <td>08:10-10:40</td>
                <td>¥1150</td>
                <td>77%</td>
                <td> 有 </td>
                <td> 东方航空 </td>
                <td><a href="###" > 预定 </a></td>
            </tr>
            <tr>
                <td> 北京 - 上海 </td>
                <td>09:00-11:15</td>
                <td>¥479</td>
                <td>77%</td>
                <td> 无 </td>
                <td> 中国联航 </td>
                <td><a href="###" > 预定 </a></td>
            </tr>
            <tr>
                <td> 北京 - 成都 </td>
                <td>11:25-13:40</td>
                <td>¥940</td>
                <td>75%</td>
                <td> 有 </td>
                <td> 中国国航 </td>
                <td><a href="###" > 预定 </a></td>
            </tr>
            <tr>
                <td> 北京 - 重庆 </td>
```

笔 记

```
            <td>10:00-13:05</td>
            <td>¥428</td>
            <td>82%</td>
            <td> 有 </td>
            <td> 首都航空 </td>
            <td><a href="###" > 预定 </a></td>
        </tr>
        <tr>
            <td> 北京 - 深圳 </td>
            <td>16:20-18:45</td>
            <td>¥561</td>
            <td>85%</td>
            <td> 有 </td>
            <td> 深圳航空 </td>
            <td><a href="###" > 预定 </a></td>
        </tr>
    </tbody>
    <tfoot>
        <td colspan="7"><a href="###" > 加载更多 ...</a></td>
    </tfoot>
</table>
</div>
</div>
```

（2）运行 HTML5 文件。

鼠标右击，在快捷菜单中单击"在浏览器中打开"命令，执行效果如图 2-7（a）所示。

问题总结：

（1）table 元素非常适合于大量数据列表，当需要列出的信息较多时，为避免加载时间过长，会采用逐步加载的方式，即首次显示一组信息，在表格尾部设计一个"加载更多"链接，结合 JavaScript 实现单击之后再加载一组信息，如此类推不断增加显示的信息；对于业务数据的呈现，如商品信息，则可使用传统的分页方式，每次仅显示一组信息。

（2）为了提高可读性，可利用 CSS 来设置奇偶行不同背景色，以及鼠标滑动时位置所在行的背景色，如图 2-7（b）所示。

（3）table 元素简单易用，但它会延迟页面加载时间，且 CSS 样式设置更为复杂，因此不建议使用 table 元素进行页面布局。

2.4 表单标签的应用

表单是指页面的一个区域。表单元素通常由多个子元素组成，如文本框、下拉列表、单选框和复选框等，并允许用户在其中输入信息。<form> 标签可用于定义表单元素。

2.4.1 表单标签

HTML5 表单标签

用于定义表单元素及其子元素的标签的作用如表 2-4 所示。

表 2-4 用于定义表单元素及其子元素的标签

标　签	描　述
<form>	定义供用户输入的 HTML 表单
<input>	定义文本输入框
<textarea>	定义多行的文本输入框
<select>	定义选择列表（下拉列表）

笔 记

续表

标 签		描 述
`<optgroup>`		定义选择列表中相关选项的组合
`<option>`		定义选择列表中的选项
`<label>`		定义 input 元素的标注
`<fieldset>`		定义围绕表单中元素的边框
`<legend>`		定义 fieldset 元素的标题
`<datalist>`	*	定义下拉列表
`<keygen>`	*	定义生成密钥
`<output>`	*	定义输出的一些类型

下面我们介绍表 2-4 中常用标签的用法。

（1）`<form>`

`<form>` 标签可定义 HTML 表单（form）元素，为用户提供输入界面，表单元素的属性较多（见表 2-5）。

表 2-5　form 元素属性

属 性 名	描 述
accept-charset	服务器可处理的表单数据字符集，常用的有 UTF-8 和 ISO-8859-1
action	表单数据提交的目标路径
autocomplete *	是否启动（on/off）表单的自动完成功能，若启动，则用户输入内容时，基于之前输入过的值，显示该字段将填写的选项
enctype	method 为 post 时，提交的表单数据所采用的编码格式有 3 种：application/x-www-form-urlencoded（默认编码，对所有上传字符编码）、multipart/form-data（仅用于上传文件到服务器，不对字符编码）、text/plain（未规范的编码，不推荐使用）
method	发送表单的 HTTP 方法：get（默认）和 post
name	表单的名称
novalidate *	若使用该属性，则提交表单时不进行验证
target	提交的表单在何处打开，有 4 种选项：_blank 在新窗口 / 选项卡中打开，_self 在同一框架中打开（默认），_parent 在父框架中打开，_top 在整个窗口中打开

（2）`<input>`

`<input>` 标签用于定义 input 元素，该元素作用是规定用户输入信息的输入字段，如通过 type 属性限定输入字段的类型。表 2-6 列出了 input 元素的常用属性。

表 2-6　input 元素常用属性

属 性 名	描 述
autocomplete *	功能与 form 中的相同，但仅对当前 `<input>` 标签有效
autofocus *	当页面加载时，将自动获得焦点
pattern *	验证 input 元素的值是否与正则表达式匹配
list *	引用 datalist 元素，且该元素包括 input 元素预定义选项
form *	为 input 元素所属的一个或多个表单，若引用一个以上表单，则需用空格分开
pattern *	用于验证 input 元素的值的正则表达式
placeholder *	描述输入字段预期值的提示信息
required *	设置为提交表单之前的必填项

属 性 名	描　　述
type	设置 input 元素的类型，包括 button、color*、date*、datetime*、email*、file、hidden、image、month*、number*、password、search*、submit 等，共 24 个

（3）<select> 和 <datalist>

由 <select> 标签定义的 select 和由 <datalist> 标签定义的 datalist 都为下拉列表，功能相近，但使用的场景不同。当选项较少时，一般使用前者；否则使用后者，当用户输入选项匹配的字符时，它会为用户提供对应的选项，从而快速锁定要选的选项。使用 <select> 标签时，还会用到 <optgroup> 和 <option> 标签；而 <datalist> 则仅需要与 <option> 标签配合使用即可。

下面列举 3 个应用例子。

① 应用 <select> 标签创建专业选项列表（见图 2-8（a））。

```
<select>
    <option value="software">软件技术专业 </option>
    <option value="network">网络技术专业 </option>
</select>
```

② 应用 <select> 标签创建分组的专业选项列表（见图 2-8（b））。

```
<select>
    <optgroup label=" 计算机工程系 ">
        <option value="application">计算机应用专业 </option>
        <option value="software">软件技术专业 </option>
        <option value="network">网络技术专业 </option>
    </optgroup>
    <optgroup label=" 机电工程系 ">
        <option value="CNC">数控技术 </option>
        <option value="auto">自动化专业 </option>
    </optgroup>
</select>
```

图 2-8
<select> 标签应用示
例执行效果

（a）专业选项列表执行效果　　　（b）分组专业选项列表执行效果

③ 应用 <datalist> 标签创建专业选项列表（见图 2-9）。

```
<form action="demo-form.php" method="get">
<input list="countrys" name="country">
<datalist id="countrys">
    <option value="China">
    <option value="America">
    <option value="Japan">
    <option value="French">
    <option value="Germany">
</datalist>
<input type="submit">
</form>
```

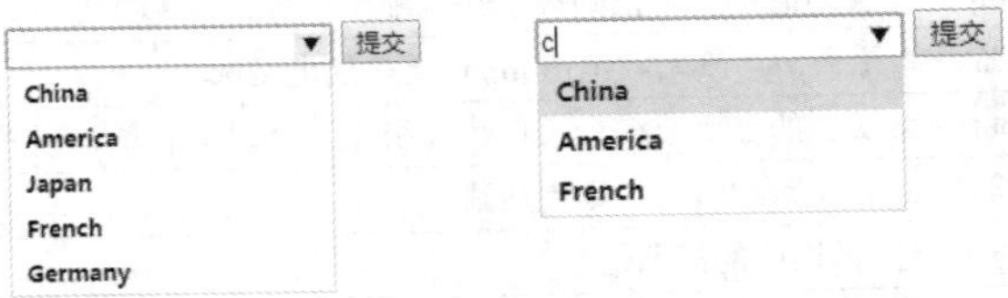

图 2-9
<datalist> 标签应用
示例执行效果

（a）双击输入框的效果　　　（b）输入单个字母匹配效果

2.4.2　实例2-4：旅游网站登录和注册页面制作

问题描述：创建一个页面，能够为用户提供登录和注册功能，要求页面设计简洁易用。
执行效果（见图2-10）：

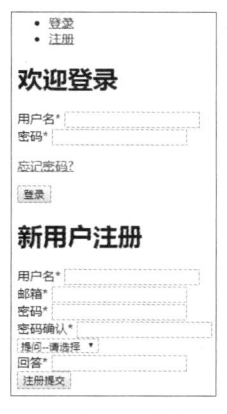
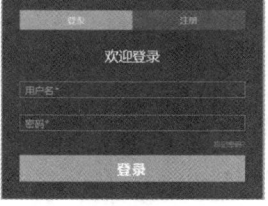
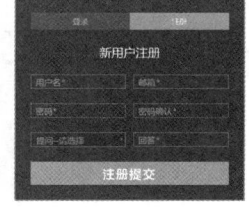

图 2-10
实例 2-4 执行效果

（a）未加CSS样式　　　（b）已加CSS样式登录form　　（c）已加CSS样式注册form

　　问题分析：登录和注册是网站提供的最常用功能，由于旅游网站注册仅需要用户的简单信息，包括用户名、邮箱和密码等，而登录信息要求用户名和密码，因此，可通过控制卡（tab）切换方式，将登录和注册用相同的方式呈现，如图 2-10(a)所示。在增加了 CSS 样式设置和 JavaScript 代码后，默认显示为登录界面，当单击注册 tab 时，则呈现注册界面，如图 2-10(b)和图 2-10(c)所示。

　　实现步骤：

　　（1）使用 HBuilder 工具，打开项目 Case2-4 并创建 HTML 文件，网页代码如下（黑色字体部分为表单代码）。

```
<div>
  <ul>
      <li><a href="#login">登录</a></li>
      <li><a href="#signup">注册</a></li>
  </ul>
  <div>
      <div id="login">
          <h1>欢迎登录</h1>
              <form action="###" >
                  <div>
                      <label>
                          用户名<span>*</span>
                      </label>
                      <input id="l_uname" type="text" required autocomplete="off"/>
                  </div>
                  <div>
                      <label>
                          密码<span>*</span>
                      </label>
                      <input id="l_upwd" type="password" required autocomplete="off"/>
                  </div>
                  <p><a href="#">忘记密码?</a></p>
                  <button id="l_btn">登录</button>
              </form>
      </div>
      <div id="signup">
          <h1>新用户注册</h1>
      <form action="###" >
          <div>
              <div>
                  <label>
                      用户名<span>*</span>
                  </label>
```

笔记

```
                                    <input id="s_uname" type="text" required autocomplete="off" />
                                </div>
                                <div>
                                    <label>
                                        邮箱 <span>*</span>
                                    </label>
                                    <input id="s_email" type="email" required autocomplete="off"/>
                                </div>
                            </div>
                            <div>
                                <div>
                                    <label>
                                        密码 <span>*</span>
                                    </label>
                                    <input id="s_upwd" type="password" required autocomplete="off" />
                                </div>
                                <div>
                                    <label>
                                        密码确认 <span>*</span>
                                    </label>
                                    <input id="s_uwpd_conf" type="password" required autocomplete="off"/>
                                </div>
                            </div>
                            <div>
                                <div>
                                    <select id="s_ques">
                                        <option value="no">提问—请选择 </option>
                                        <option value="teacher">你喜欢的老师 </option>
                                        <option value="film">你喜欢的电影 </option>
                                        <option value="sport">你喜欢的运动 </option>
                                        <option value="site">你喜欢的地方 </option>
                                    </select>
                                </div>
                                <div>
                                    <label>
                                        回答 <span>*</span>
                                    </label>
                                    <input id="s_answ" type="password" required autocomplete="off"/>
                                </div>
                            </div>
                            <button id="s_btn" >注册提交 </button>
                        </form>
                    </div>
                </div>
            </div>
```

（2）运行 HTML5 文件。

鼠标右击，在快捷菜单中单击"在浏览器中打开"命令，执行效果如图 2-10（a）所示。

问题总结：

（1）当网站对于用户信息要求严格时，注册字段会比较多，可能需要占用整个网页，就需单独设计注册页面。

（2）当页面中需要用户输入多个字段时，通常会使用表单元素 form，如查询购买机票 / 火车票等，它将作为一个页面中的一个部分出现，如实例 2-3 中的订票 form。

2.5　分组标签的应用

分组标签用于定义分组元素。分组元素用于组织相关内容的 HTML5 元素，对其进行归类。在页面内容很多时，可通过分组元素的归类，使得页面内容布局错落有致，用户使用体验更好。

2.5.1　分组标签

常用分组标签及其作用如表 2-7 所示。

表 2-7　常用分组标签

标　签	描　述
`<span>`	一个没有任何语义的通用标签，通常用于将文本标签的一部分独立出来
`<div>`	一个没有任何语义的通用标签，通常用于将一组标签独立出来
`<blockquote>`	定义摘自另一个源的块引用
`<pre>`	定义预格式化的文本
`<hr>`	表示文档内容的变化，如主题转换，显示为水平线
`<ul>`、`<ol>`、`<li>`	ul、ol 分别表示无序列表和有序列表，li 表示列表项
`<dl>`、`<dt>`、`<dd>`	分别定义列表、各项目名字和描述
`<figure>`、`<figcaption>`	figure 定义一个或多个插图，figcaption 定义每个插图的标题

下面我们分别介绍表 2-7 中标签的具体用法。

（1）`<span>`

`<span>` 标签用于定义 span 元素，span 元素表示对 HTML 文档中的行内元素进行组合。当某个元素的文本内容需要设置组合样式时，通常采用 span 元素将具有特殊样式的内容部分独立出来，当样式应用生效时，在同一元素内将会产生视觉上的变化。span 是一种常用的内联元素，其样式可使用其自身的 style 属性定义，也可以通过 JavaScript 代码进行设置。

例：`<p>` 在 `<span style="color:blue;">` 蓝色 `</span>` 的天空中，正放飞着一只 `<span style="color:red;">` 红色 `</span>` 的风筝，画面非常的美。`</p>`

其中，span 实际作用就是将 p 元素的内容分为不同样式的几个部分，产生多样的视觉效果。

（2）`<div>`

`<div>` 用于定义 div 元素，该元素表示分隔区块。当使用 div 元素来表示 HTML 文档中一个区域时，该区域会重起一行，但前后无空行。div 是一个常用的块元素，HTML5 之前的版本中，页面布局时多会使用它；在 HTML5 中，由于语义上的原因，div 会被新增的结构元素所代替。

例如：

```
<div>
    <span class="price">¥<strong>3248</strong> 起 </span>
    <span class="sat"> 满意度 80%</span>
</div>
<div>
    <span class="price">¥<strong>8039</strong> 起 </span>
    <span class="sat"> 满意度 95%</span>
</div>
```

说　明

大部分的 HTML 标签都是有意义的，如 `<h1>` 标签创建的标题，`<a>` 标签创建的链接，而 `<span>` 和 `<div>` 标签本身没有任何内容上的意义，但与 CSS 结合起来后，它们的应用就变得十分广泛了。`<span>` 和 `<div>` 标签的不同之处在于，`<span>` 标签定义的 span 元素是内联的，只用在行内 HTML 代码中；而 `<div>` 标签定义的 div 元素是块级的，即显示出来后，块的前后会重起一行，它可以为 HTML 文档内大块的内容提供结构和背景，这里大块的内容可以包含 table、form、p 等多个子元素。

例如，

```
<div class="my-div">
    <p>
        This is <span style="color:red;">crazy</span>
    </p>
    <button name="confirm">confirm</button>
    </div>
......
```

笔记

```
<style>
    .my-div {
        background-color : "gray";
    }
</style>
```

上述代码中，div 元素包含了 p、button、span 元素，通过 class 属性为 div 元素下的所有子元素，定义了统一的背景颜色样式，同时，利用 span 元素的 style 属性，为 span 元素的内容部分设置了单独的前景颜色样式，突出了"crazy"的显示效果。

需要注意的是，标签 < div >、< span > 不能过多使用，以免降低代码的整洁度与可维护性。

（3）<blockquote>

<blockquote> 标签用于定义 blockquote 元素，以表示摘自另一个源的内容。其作用与 p 元素相同，但会产生一个缩进，且内容是来源于其他地方的。下面我们来编写一个应用 <blockquote> 标签的网页 blockquteDemo.html，注意观察字体加粗部分代码的显示效果。

主要代码如下：

```
<h1>About china W3C</h1>
<p>Here is a quote from chinaW3C's website:</p>
<blockquote cite="http://www.chinaw3c.org/about.html">
    万维网联盟（World Wide Web Consortium，简称 W3C）创建于 1994 年，是
    Web 技术领域最具权威和影响力的国际中立性技术标准机构（W3C 视频）。
</blockquote>
```

执行效果如图 2-11 所示。

图 2-11
blockquteDemo.html
执行结果

About china W3C

Here is a quote from chinaW3C's website:

万维网联盟（World Wide Web Consortium，简称 W3C）创建于 1994 年，是 Web 技术领域最具权威和影响力的国际中立性技术标准机构（W3C 视频）。

（4）<pre>

<pre> 用于定义 pre 元素，以表示预格式化的文本。通常 pre 元素的文本内容，通常会保留其空格和换行符，且文本也会呈现为等宽字体。常用于展示程序源代码。

（5）<hr>

<hr> 标签用于定义 hr 元素，其显示效果为水平线，其作用是分隔页面中的 2 个部分，从而表示文档内容的变化。

（6）<ul>、<ol> 和 <li>

<ul>、<ol> 和 <li> 分别用于定义 ul、ol 和 li 元素，这 3 个元素都表示列表。其中 ul 和 li 元素组合成为无序列表，而 ol 和 li 元素组合成为有序列表。

例如：

```
<ul>
    <li><a href="###">首页 </a></li>
    <li><a href="information.html">旅游咨询 </a></li>
    <li><a href="###">名胜景点 </a></li>
    <li><a href="###">公司简介 </a></li>
</ul>
```

上例中，利用 <ul> 和 <li> 标签定义了导航栏栏目列表，<ol> 和 <li> 标签的应用与之类似。

（7）<dl>、<dt> 和 <dd>

<dl>、<dt> 和 <dd> 分别用于定义 dl、dt 和 dd 元素，对应表示列表、各项目名字和描述。

例如：

```
<dl> <!-- 列表 -->
    <dt>奶茶 </dt>      <!-- 项目名称 -->
    <dd>热饮类 </dd>     <!-- 项目描述 -->
    <dt>可乐 </dt>
    <dd>冷饮类 </dd>
</dl>
```

将上面的代码植入网页后，执行效果如图 2-12 所示。

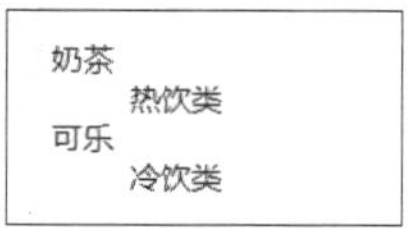

奶茶
　　热饮类
可乐
　　冷饮类

图 2-12
<dl>、<dt> 和
<dd> 标签应用示例
执行结果

（8）<figure> 和 <figcaption>

<figure> 标签用于定义 figure 元素，以表示独立的流内容（如图像、图表、照片和代码等）；<figcaption> 标签用于定义 figcaption 元素，该元素表示流内容的标题，可以作为 figure 元素中的第一个子元素或是最后一个。

例如：

```
<figure >
    <img src="./img/t3.jpg" alt=" 旅游热点 ">
    <figcaption>
        <strong>&lt;海南双飞 5 日游 &gt;</strong> 含机场接送，全程挂牌四星酒店，一价全含，
零自费 " 自费项目 " 免费送
    </figcaption>
</figure>
```

> **说　明**
>
> 　　块元素（block element）和内联元素（inline element）都是 HTML 规范中的概念；块元素和内联元素的基本差异在于块元素一般都从新行开始，但可通过 CSS 来控制这种差异，如对于内联元素，加上属性 display:block，会变成和块元素一样。

2.5.2　实例2-5：旅游网站首页制作（一）

问题描述：创建一个页面，作为旅游网站首页面，提供登录 / 注册入口、网站导航，以及旅游热点等信息，且要求具有较好的视觉效果。

执行效果（见图 2-13 和图 2-14）：

问题分析：作为网站的门户，首页是非常重要的，展示的风格和内容直接影响到网站的访问率，页面结构、内容和美工设计都是至关重要的。根据问题描述，我们将该页面分为 4 个部分（见图 2-15）：头部、背景图片、主体内容和尾部，其中头部又包括了顶部导航条、logo/ 搜索框和主导航条；主体内容则由多个旅游热点信息组成；尾部则包含了网站的一些相关信息及版权信息等。在这里我们主要关注页面结构和内容的展示所涉及元素如何应用，对于 CSS 样式不做讨论。

实现步骤：

（1）利用页面元素将页面划分为头部、背景图片、主体内容和尾部，其中头部采用 header 元素，背景图片和主体内容采用 div 元素，尾部则使用 footer 元素。内容部分的旅游热点标题采用 section 元素，而旅游点信息是配图与说明，使用 figure 元素更为合适。对于一些局部性的文字内容组织，还使用了 ul、dl 等元素。

（2）使用 HBuilder 工具，打开项目 Case2-5 并创建 HTML 文件，网页的完整代码如下（黑色字体部分是分组元素相关代码）。

笔 记

图 2-13
未加 CSS 样式的
执行效果

图 2-14
已加 CSS 样式的执
行效果

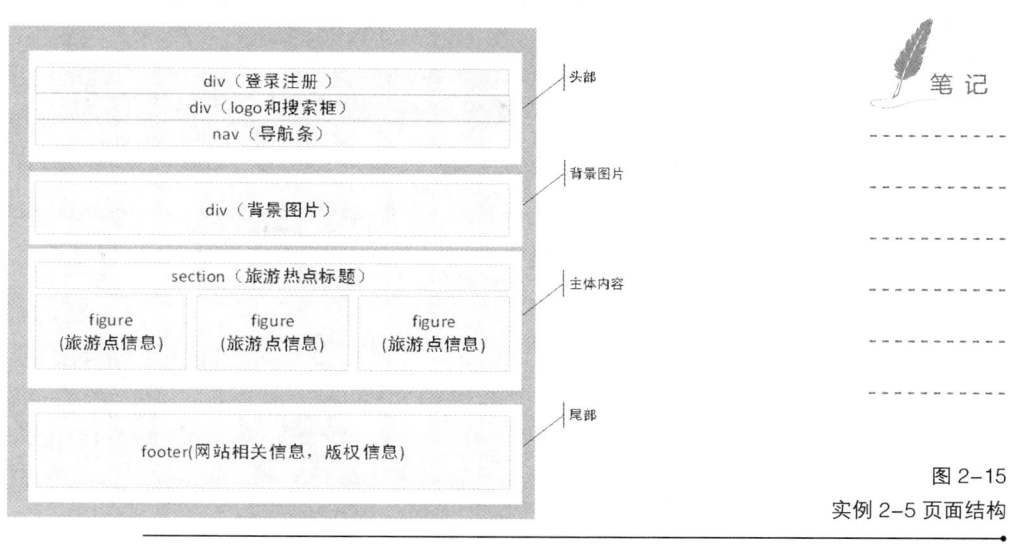

笔 记

图 2-15

实例 2-5 页面结构

```html
<!DOCTYPE html>
<html lang="en">
<head>
    <meta charset="UTF-8">
    <title> 小城旅行 </title>
    <link rel="stylesheet" href="./css/siteStyle.css"/>
    <link rel="stylesheet" href="./css/index.css" />
</head>
<body>
    <header id="header">
        <div id="topnav" class="center">
            <div class="tnav">
                <h2 class="nodisplay"> 网站顶部导航 </h2>
                <ul>
                    <li><a href="###"> 登录  |  注册 </a></li>
                </ul>
            </div>
        </div>
        <div id="topcontainer" class="center">
            <h1 class="logo"> 小城旅行 </h1>        <!--1 个页面 1 个 h1-->
            <div id="search">
                <h2 class="nodisplay"> 网站 logo 和搜索 </h2>
                <input type="text" class="searchInput" name="search" placeholder="
                请输入景点或城市名 " />
                <button class="submit"> 搜索 </button>
            </div>
        </div>
        <div class="center">
            <nav class="hnav">
                <h2 class="nodisplay"> 网站导航 </h2>
                <ul>
                    <li class="active"><a href=""> 首页 </a></li>
                    <li><a href="###"> 旅游资讯 </a></li>
                    <li><a href="###"> 名胜景点 </a></li>
                    <li><a href="###"> 机票订购 </a></li>
                    <li><a href="###"> 关于我们 </a></li>
                </ul>
            </nav>
        </div>
    </header>
    <div id="topbackground">
        <div class="center"></div>
    </div>
    <div id="tourist">
        <section class="center">
            <h2> 旅游热点 </h2>
            <p>跟团游、自助游、邮轮旅游、自驾游、定制游以及景点门票预订、机票预订、火车票预
```

笔 记

```
订服务 </p>
        </section>
        <figure class="content">
            <img src="img/t1.jpg" alt=" 曼谷 - 芭提雅 6 日游 "/>
            <figcaption>
                <strong class="title">&lt; 曼谷 - 芭提雅 6 日游 &gt; </strong>团特惠，超
                丰富景点， 升级 1 晚国五， 无自费， 更赠送 600 元 / 成人自费券
                <div class="others">
                    <span class="price">¥<strong>3248</strong> 起 </span>
                    <span class="rate"> 满意度 80%</span>
                </div>
                <div class="type"> 自助旅游 </div>
            </figcaption>
        </figure>
        <figure class="content">
            <img src="img/t2.jpg" alt=" 马尔代夫双鱼岛 Olhuveli 4 晚 6 日自助游 "/>
            <figcaption>
                <strong class="title">&lt; 马尔代夫双鱼岛 Olhuveli 4 晚 6 日自助游 &gt;
                </strong> 上海出发， 机 + 酒包含：早晚餐 + 快艇
                <div class="others">
                    <span class="price">¥<strong>3248</strong> 起 </span>
                    <span class="rate"> 满意度 80%</span>
                </div>
                <div class="type"> 自助旅游 </div>
            </figcaption>
        </figure>
        <figure class="content">
            <img src="img/t3.jpg" alt=" 海南双飞 5 日游 "/>
            <figcaption>
                <strong class="title">&lt; 海南双飞 5 日游 &gt;</strong> 含机场接送， 全
                程挂牌四星酒店， 一价全含， 零自费 " 自费项目 " 免费送
                <div class="others">
                    <span class="price">¥<strong>3248</strong> 起 </span>
                    <span class="rate"> 满意度 80%</span>
                </div>
                <div class="type"> 自助旅游 </div>
            </figcaption>
        </figure>
        <figure class="content">
            <img src="img/t4.jpg" alt=" 富山大阪东京 8 日游 "/>
            <figcaption>
                <strong class="title">&lt; 富山大阪东京 8 日游 &gt; </strong>团特惠，超
                丰富景点， 升级 1 晚国五， 无自费， 更赠送 600 元 / 成人自费券
                <div class="others">
                    <span class="price">¥<strong>3248</strong> 起 </span>
                    <span class="rate"> 满意度 80%</span>
                </div>
                <div class="type"> 自助旅游 </div>
            </figcaption>
        </figure>
        <figure class="content">
            <img src="img/t5.jpg" alt=" 法瑞意德 12 日游 "/>
            <figcaption>
                <strong class="title">&lt; 法瑞意德 12 日游 &gt;</strong> 上海出发， 机
                + 酒包含：早晚餐 + 快艇
                <div class="others">
                    <span class="price">¥<strong>3248</strong> 起 </span>
                    <span class="rate"> 满意度 80%</span>
                </div>
                <div class="type"> 自助旅游 </div>
            </figcaption>
        </figure>
        <figure class="content">
            <img src="img/t6.jpg" alt=" 巴厘岛 6 日半游 "/>
            <figcaption>
                <strong class="title">&lt; 巴厘岛 6 日半游 &gt;</strong> 含机场接送， 全
                程挂牌四星酒店， 一价全含， 零自费 " 自费项目 " 免费送
                <div class="others">
                    <span class="price">¥<strong>3248</strong> 起 </span>
                    <span class="rate"> 满意度 80%</span>
                </div>
                <div class="type"> 自助旅游 </div>
```

```
                </figcaption>
            </figure>
            <figure class="content">
                <img src="img/t7.jpg" alt=" 芭提雅 4 日游 "/>
                <figcaption>
                    <strong class="title">&lt; 芭提雅 4 日游 &gt;</strong> 团特惠，超丰富景
                    点， 升级 1 晚国五， 无自费， 更赠送 600 元 / 成人自费券
                    <div class="others">
                        <span class="price">¥<strong>3248</strong> 起 </span>
                        <span class="rate"> 满意度 80%</span>
                    </div>
                    <div class="type"> 自助旅游 </div>
                </figcaption>
            </figure>
            <figure class="content">
                <img src="img/t8.jpg" alt=" 马尔代夫 3 日自助游 "/>
                <figcaption>
                    <strong class="title">&lt; 马尔代夫 3 日自助游 &gt;</strong> 上海出发，
                    机 + 酒包含：早晚餐 + 快艇
                    <div class="others">
                        <span class="price">¥<strong>3248</strong> 起 </span>
                        <span class="rate"> 满意度 80%</span>
                    </div>
                    <div class="type"> 自助旅游 </div>
                </figcaption>
            </figure>
            <figure class="content">
                <img src="img/t9.jpg" alt=" 海南双飞 4 日游 "/>
                <figcaption>
                    <strong class="title">&lt; 海南双飞 4 日游 &gt;</strong> 含机场接送， 全
                    程挂牌四星酒店， 一价全含， 零自费 " 自费项目 " 免费送
                    <div class="others">
                        <span class="price">¥<strong>3248</strong> 起 </span>
                        <span class="rate"> 满意度 80%</span>
                    </div>
                    <div class="type"> 自助旅游 </div>
                </figcaption>
            </figure>
        </div>
        <footer id="footer">
            <div class="info">
                <dl>
                    <dt> 合作伙伴 </dt>
                    <dd> 金一旅游 </dd>
                    <dd> 远二旅游 </dd>
                    <dd> 诚三旅游 </dd>
                    <dd> 同四旅游 </dd>
                </dl>
                <dl>
                    <dt> 在线帮助 </dt>
                    <dd> 旅游合同有哪几种? </dd>
                    <dd> 自助游是基于什么制定的? </dd>
                    <dd> 旅游的线路品质如何保障? </dd>
                    <dd> 国外游需要注意些什么? </dd>
                    <dd> 旅游保险有哪些种类? </dd>
                </dl>
                <dl>
                    <dt> 联系方式 </dt>
                    <dd> 地址： 广东省广州市海和西路 123 号 </dd>
                    <dd> 邮编： 51×××</dd>
                    <dd> 电话： 020-×××××××</dd>
                    <dd> 邮箱： xclx@abc.com</dd>
                </dl>
            </div>
            <div class="corp">Copyright © 小城旅行 | 粤 ICP 备 12345678 号 | 旅行社经营许
                可证： Y-AB-CD12345
            </div>
        </footer>
    </body>
</html>
```

笔 记

问题总结:

（1）分组元素是每个页面中不可缺少的。针对场景需要，选择适用的分组元素是关键。

（2）header 元素适用于页面头部，首页头部除了导航条外，通常会有一些其他内容，如 logo、在线客服、登录/注册等链接，可以使用 div 元素来分块，而导航条则可用 nav 元素制作。

（3）主体内容部分，如果是文字居多，使用 section 和 article 元素；若是以图片为主，则采用 figure 元素，同时结合 img 元素显示图片、figcaption 元素进行配图说明，会更为方便。

（4）对于一行内需要设置不同样式时，使用 span 元素是非常合适的，如代码中的旅游点信息图片最下方的那行文字。

（5）网页中常出现的一行/列文字组合，如代码中的导航条，多会采用 ul 元素，并结合 CSS 样式，可达到一行或一列显示效果；如果是多行文字组合，如代码中页尾部的那组信息，则用 dl 元素会令代码的可读性和可维护性更好。

（6）<dl> 标签所定义的 dl 元素，也称为 dl 表格元素，它不但可以表示一组标题加多个列表项（见图 2-16），还可以制作小型表格。与传统表格（table 元素）相比，它更为简捷和语义化。

图 2-16
使用 dl 表格元素展示热点列表

但要注意的是，dl 元素中的 dt 和 dd 子元素都是按列显示的，需要配合 CSS 的左浮动设置，才能做成表格形式。下面我们以机票预订表格为例进行介绍，使用 dl 表格的代码片段如下。

【例 2-6】dl 表格应用示例。

```
<!-- 项目 Example2-6-->
<!--html 代码 -->
<dl>
    <dt></dt>
    <dd class="title"> 起止地点 </dd>
    <dd class="title"> 起降时间 </dd>
    <dd class="title"> 价格 </dd>
    <dd class="title"> 准点率 </dd>
    <dd class="title"> 餐食 </dd>
    <dd class="title"> 航空公司 </dd>
    <dd class="title"> 预订 </dd>

    <dt></dt>
    <dd> 上海 - 广州 </dd>
    <dd>08:10-10:40</dd>
    <dd class="price">¥1150</dd>
    <dd>77%</dd>
    <dd> 有 </dd>
    <dd> 第一航空 </dd>
    <dd><a href="###" class="reserve"> 预订 </a></dd>

    <dt></dt>
    <dd> 北京 - 上海 </dd>
    <dd>9:00-11:15</dd>
    <dd class="price">¥479</dd>
    <dd>77%</dd>
    <dd> 有 </dd>
    <dd> 第二航空 </dd>
    <dd><a href="###" class="reserve"> 预订 </a></dd>
```

笔 记

笔记

```
          <dt></dt>
          <dd>北京 - 成都 </dd>
          <dd>11:25-13:40</dd>
          <dd class="price">¥940</dd>
          <dd>75%</dd>
          <dd>有 </dd>
          <dd>第一航空 </dd>
          <dd><a href="###" class="reserve">预订 </a></dd>

          <dt></dt>
          <dd>北京 - 重庆 </dd>
          <dd>10:00-13:05</dd>
          <dd class="price">¥428</dd>
          <dd>82%</dd>
          <dd>有 </dd>
          <dd>第三航空 </dd>
          <dd><a href="###" class="reserve">预订 </a></dd>
</dl>
<!--CSS 样式 -->
dl{
     width:900px;
     margin:0 auto;
     text-align:center;
     font-size:14px;
}
dd{
     float:left;   /*左浮动，使得 dd 可按行显示 */
     width:120px;
     text-align: center;
     height: auto;
     border-bottom:solid 1px #CCC;
     margin:0px;   /*使得每个 dd 间无间隙 */
     padding: 5px 0;
}
.title{   /*定义表格标题的特殊字体 */
     text-align:center;
     font-size:16px;
     font-weight:bold;
     color:#333;
}
```

以上代码执行效果如图 2-17 所示。

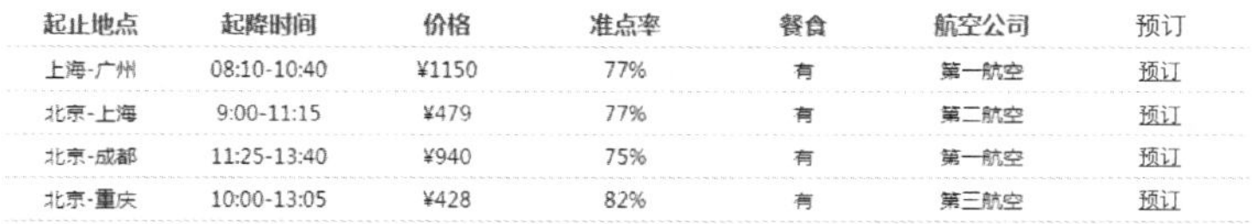

起止地点	起降时间	价格	准点率	餐食	航空公司	预订
上海·广州	08:10-10:40	¥1150	77%	有	第一航空	预订
北京·上海	9:00-11:15	¥479	77%	有	第二航空	预订
北京·成都	11:25-13:40	¥940	75%	有	第一航空	预订
北京·重庆	10:00-13:05	¥428	82%	有	第三航空	预订

图 2-17
例 2-6 示例执行效果

2.6 嵌入标签的应用

嵌入元素主要用于将一些外部资源插入 HTML 页面中，外部资源包括图片、视频、音频等。

2.6.1 嵌入标签

嵌入标签及其作用如表 2-8 所示。

表 2-8 嵌入标签及其作用

标　签	作　用
<img>	定义嵌入图片
<map>	定义客户端图像映射。图像映射是指可单击区域的图像
<area>	定义图像映射的内部区域，与 map 配合使用

笔记

标　签		作　用
\<audio\>	*	表示一个音频资源，结合 source 使用
\<video\>	*	表示一个视频资源，结合 source 使用
\<embed\>	*	定义一个容器，用于嵌入外部应用或插件
\<canvas\>	*	生成一个动态的图形画布
\<object\>		在 HTML 文档中嵌入内容
\<param\>		定义通过 object 元素传递给插件的参数
\<progress\>		用图形表示目标进展或任务完成情况
\<source\>		表示媒体资源，如音频、视频资源

下面，我们来介绍表 2-8 中各标签的具体用法，其中 \<canvas\> 标签将在后续的动画和游戏制作相关章节详述。

（1）\<img\>、\<map\> 和 \<area\>

\<img\>、\<map\> 和 \<area\> 分别用于定义 img、map 和 area 元素，均用来表示区域热点。例如：

```
<img src="planets.gif" width="145" height="126" alt="Planets" usemap="#planetmap">
<map name="planetmap">
    <area shape="rect" coords="0,0,82,126" href="sun.html" alt="Sun" />
</map>
```

上例中，在图片 planets.gif 中定义了一个矩形区域，尺寸为 coords 属性值，单击该区域可链接到 sun.html 页面。map 元素中可以有一个或多个 area 子元素，以表示可链接的多个区域。

（2）\<audio\> 和 \<source\>

\<audio\> 和 \<source\> 分别用于定义 audio 和 source 元素，这两个元素组合起来可表示播放音频。例如：

```
<audio controls>
    <source src="horse.ogg" type="audio/ogg">
</audio>
```

将上例代码放在 html 文档中，可实现音乐播放（见图 2-18），其中 source 元素中包含了一个音频资源，但 audio 元素不支持多首音乐播放，因此，播放多首音乐时，需要利用事件绑定来实现。

图 2-18
利用 audio 和 source
播放音频的执行结果

（3）\<video\> 和 \<source\>

\<video\> 和 \<source\> 标签分别用于定义 video 和 source 元素，两者组合表示播放视频。例如：

```
<video controls muted poster="images/p1.jpg">
    <source src="video/myvideo.mp4" type="video/mp4" />
</video>
```

这段代码能够实现 MP4 格式的视频播放效果，其中 poster 属性表示视频下载时的静态图像，muted 属性表示静音。

（4）\<embed\> 和 \<object\>

\<embed\> 和 \<object\> 分别用于定义 embed 和 object 元素，这 2 个元素均可用来嵌入内容，但 object 元素仅适用于 IE 浏览器，而 embed 元素则得到了 FireFox、Chrome

和 Safari 浏览器的支持。为了兼容不同的浏览器，在代码中可先判断浏览器类型，再动态加载相应的元素，或者将两者结合使用。

例如：

```
<object width="550" height="400" data="helloworld.swf" id="myMovieName">
    <param name="quality" value="high"><!-- 动画质量 -->
    <param name="bgcolor" value="#00FFFF"><!-- 背景颜色 -->
    <param name="type" value="application/x-shockwave-flash"><!-- 媒体类型 -->
    <embed src="helloworld.swf" name="myMovieName" quality="high" bgcolor=
"#00FFFF" width="550" heigth="400" type="application/x-shockwave-flash">
    </object>
```

上例中，定义了 object 元素，同时定义了 embed 元素作为其子元素，相当于重复定义一次。如此以来，object 元素的 id 属性与 embed 元素的 name 属性形成了关联，可以解决浏览器兼容问题。

两者在属性定义方面有较大区别。

① 媒体资源：object 元素使用 data 属性，而 embed 元素使用 src 属性，但都可以引用外部网站或是内部文件。

② 属性定义：object 元素可通过属性或是 param 元素设置插件功能及参数，但 embed 元素则只能通过属性来设置。

（5）<progress>

<progress> 用于定义 progress 元素，以表示任务进度。例如：

```
<progress value="30" max="100">
</progress>
```

将上述语句加入 HTML 文件中，可显示下载进度，执行效果如图 2-19 所示。

下载进度：

图 2-19
<progress> 标签应用示例执行效果

2.6.2　实例 2-6：旅游网站首页制作（二）

问题描述：创建一个页面，作为旅游网站首页面，要求有网站导航，突出网站功能，且具有较好的动态视觉效果。

执行效果（见图 2-20）：

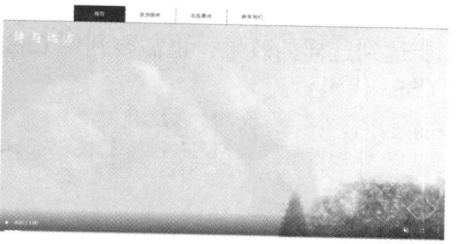

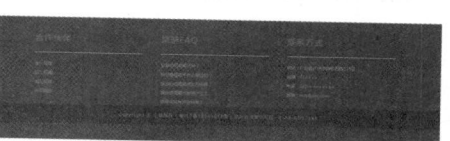

图 2-20
实例 2-6 执行效果

问题分析：实例 2-5 已完成了网站首页的制作，本例从另一角度来突出网站特色——将图片与视频播放相结合。网页的头部、背景图片、主体内容和尾部各部分基本与实例 2-5 相同，只是在背景图片部分加入了视频播放效果。同样，本例中也会涉及 CSS 和 JavaScript 的应用，读者可暂时略过。

实现步骤：

（1）使用 HBuilder 创建项目 Case2-6，HTML 页面的大部分代码与实例 2-5 类似，主要是在背景图片代码部分进行扩展。这里的视频格式采用 MP4，相关的实现代码如下：

```html
<a href="index.html" id="logo"><h1>一起去远行</h1></a>
<img id="cycle-loader" src="images/ajax-loader.gif" alt="" />
<div id="maximage">       <!-- 视频播放 -->
    <div class="video">
        <!-- 视频播放的背景图像 -->
        <img src="images/pattern_1.png" alt="" />
        <!-- 视频播放 -->
        <video controls muted poster="images/video-image.jpg">
            <source src="video/bunny.mp4" type="video/mp4" />
            你的浏览器不支持 HTML5 视频。
        </video>
    </div>
</div>
<script type="text/javascript" src="js/jquery-2.1.4.min.js"></script><!-- Required-js -->
<script src="js/bootstrap.min.js"></script>
<script src="js/jquery.cycle.all.js" type="text/javascript" charset="utf-8"></script>
<script src="js/jquery.maximage.js" type="text/javascript" charset="utf-8"></script>
<script type="text/javascript">
    $(function(){
        $('#maximage').maximage({
            onFirstImageLoaded: function(){
                jQuery('#cycle-loader').hide();
                jQuery('#maximage').fadeIn('fast');
            }
        });
        jQuery('video,object').maximage('maxcover');
    });
</script>
```

（2）加载时，需要借助 JavaScript 代码来达到完美的效果。

为了让视频播放区域与页面指定区域相吻合，可以通过 JS 插件来实现：

```javascript
jQuery('video,object').maximage('maxcover');  // 视频加载时，完全覆盖整个背景图片区域
```

本例中，对于视频还设置了相应的背景图片，当页面加载时，将先显示该图片，当用户单击"播放"按钮时，视频才会开始播放。

要达到这样的效果，也需要利用 CSS3 和 JavaScript 代码实现。

CSS3 代码：

```css
#maximage {
    display:none;/* 设置视频初始状态为隐藏 */
}
```

JavaScript 代码：

```javascript
jQuery('#cycle-loader').hide();   // 图片首次加载时，将加载进程图标隐藏
// 以淡入效果显示视频背景图片，等待用户单击 "播放" 按钮
jQuery('#maximage').fadeIn('fast');
```

问题总结：video 元素中加上"你的浏览器不支持 HTML5 视频。"是为了兼容浏览器，当浏览器不支持时，视频无法正常播放，则以此提示用户需要更换浏览器。

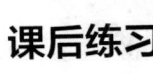课后练习

H

结合 JavaScript 的交互式网页制作

JavaScript 是目前主流浏览器上都支持的脚本语言。利用 JavaScript 操作 HTML 页面元素的样式和结构，可实现页面特效；将 JavaScript 控制逻辑与 HTML5 特性相结合，则可进行游戏开发。因此，JavaScript 是让网页展示生动、具有交互性的关键。本章重点介绍 JavaScript 的基本语法和访问 HTML DOM 节点的方法。

3.1 初识 JavaScript

本节将介绍 JavaScript 的概况，包括定义、作用和特点。

3.1.1 什么是JavaScript

JavaScript 是一种基于对象和事件驱动的，并具有相对安全性的、解释型的程序设计语言（脚本语言）。脚本语言程序的作用与演戏用的脚本类似，演员能够根据剧情脚本来表演动作和台词，计算机则根据脚本语言程序中的指令自动完成一系列动作。脚本语言程序由一组指令组成，可用文本编辑器编辑，且无须编译，由解释器直译执行，而解释器又被称为脚本语言引擎，即前面提到的 JS 引擎。

就前端开发而言，描述网页内容的 HTML、网页样式的 CSS 和网页行为的 JavaScript 是 3 种必备技能。这里的网页行为是指客户端请求数据的验证、用户互动的实现、用户体验度的增强等。

需要说明的是，目前，JavaScript 已经不仅仅是客户端（浏览器）脚本语言，还可以用于服务器端开发，如用 Node.js 搭建的服务器，甚至于用来开发硬件编程。因此，称 JavaScript 为客户端脚本语言不过是一种习惯叫法而已。

3.1.2 JavaScript的特点

（1）动态性

JavaScript 采用事件驱动的方式，当 HTML 页面控件的相关事件被触发时，将自动执行事件回调函数，以实现一些与服务器端没有任何联系的前端效果。

笔 记

（2）松散性

JavaScript 语言核心与 C、C++、Java 相似，比如条件判断、循环、运算符等，但作为解释性语言，即弱类型语言，它的变量是松散类型变量，即变量不必具有一个明确的类型，不存在类型转换的问题，开发过程相对简单。

（3）基于对象

JavaScript 中的对象（Object），并非像面向对象语言（如 Java）中的对象那样由类实例化而来，而只是一些映射对的集合，类似于 Map，即把属性名映射为任意的属性值，属于引用类型。

（4）基于原型链的继承机制

JavaScript 中面向对象的继承是从原型链来的，这一点与 C++ 以及 Java 中的继承大不相同。原型链模式中摒弃了类的概念，转而专注于对象，通过先构造一个有用的对象，继而构造出更多类似的对象。

（5）相对安全

JavaScript 程序不可访问本地硬盘，不可将数据存入服务器，且不能修改或删除网络文档，只能通过浏览器实现信息浏览或动态交互，从而有效地防止了数据的丢失或对系统的非法访问。

（6）事件驱动开发机制

JavaScript 是以事件驱动来实现用户交互的，即事件驱动开发。用户在网页上进行某种操作所产生的动作，如单击某个菜单选项，被称为"事件"，将会触发相应的事件响应，从而执行对应的函数。

从上述特点可知，JavaScript 可以有效地避免不必要的网络传输，减轻服务器端的压力，且可以很方便地控制 HTML 页面元素的外观、行为及运行方式，但会受到不同浏览器支持程度的影响，同时相对安全性也会导致其在文件处理方面受限。

3.2　JavaScript 基本语法

JavaScript 本身是一种编程语言，内容非常多，受篇幅限制，这里仅介绍交互式网页制作相关的部分。

3.2.1　JavaScript的应用方法

一个动态网页文件中必然包含 HTML、CSS 和 JavaScript 3 类代码。下面我们通过一个简单的 HTML 网页来认识 JavaScript 的应用方法。

【例 3-1】JavaScript 简单示例。

```
<!-- 项目 Example3-1-->
<!DOCTYPE html>
<html>
    <head>
        <meta charset="utf-8" />
        <title></title>
        <script type="text/javascript">
            alert("hello, javascript");
        </script>
    </head>
    <body>
    </body>
</html>
```

例 3–1 中，处于 head 标签中字体加粗部分为 JavaScript 代码，执行效果如图 3–1 所示。

笔　记

图 3–1
例 3–1 执行效果

其实，HTML 页面中引入 JavaScript 代码可以有以下几种方式。

（1）在 <head> 标签中嵌入

创建 script 元素，设置 type 属性为 "text/javascript"，表示代码使用的脚本语言的内容类型，将 JavaScript 代码置于 <script> 标签内，作为 script 元素的内容，当 HTML 页面完全加载后，这些代码将被执行。通常 script 元素会作为 head 元素的最后一个子元素。例 3–1 采用的就是这种方式。

（2）在 <body> 标签中嵌入

此方式与第一种方式类似，但需要等到嵌入位置前的 HTML 代码执行完才会执行。

（3）以文件形式导入

当 JavaScript 代码较长时，通常会将其另存为一个后缀为 .js 的文件，并通过 script 元素的 src 属性来引入。

如创建 demo1.js 文件，并在其中编写如下代码：

```
alert("hello, javascript");
```

在 HTML 页面嵌入语句：

```
<script type="text/javascript" src="demo1.js"></script>
```

表示引入了名为 demo1.js 的 JavaScript 文件，同样可以实现例 3–1 的功能。

3.2.2　标识符、数据类型和运算符

1. ECMAScript 的基本概念

ECMAScript（简称 ES）是由 ECMA 国际（前身为欧洲计算机制造商协会，European Computer Manufacturers Association）按照 ECMA–262 和 ISO/IEC 16262 标准制定的一种脚本语言规范。JavaScript 是按 ECMAScript 实现的一种脚本语言，因此我们有必要先了解 ECMAScript 的基本概念。

● 区分大小写。无论是变量名、函数名、运算符，还是其他，均严格区分大小写。

● 变量是弱类型的。变量无特定的类型，使用 var 运算符就可以将变量初始化为任意值。当然，也可以随时改变变量所存数据的类型，但建议尽量避免这样做。

● 字面量（直接量）。一般是指给变量赋值时，右侧表达式的值，包括字符串、数组和对象，此外，函数表达式也是一种字面量。

● 每行结尾的分号可有可无。允许开发者自行决定是否以分号结束一行代码。若无分号，在没有破坏代码语义的前提下，ECMAScript 会将这行代码的结尾作为该行的结果。但建议读者养成每句加分号的良好习惯，有些浏览器对此还是有要求的。

● 注释与 Java 等语言相同，即单行注释和多行注释。单行注释以双斜线（//）开头；多行注释以单斜线和星号（/*）开头，以星号加单斜线结尾（*/）。

● 花括号表明代码块。代码块是被封装在左花括号（{）和右花括号（}）之间的

笔 记

语句系列，并将按顺序执行。

例如：

```
var str = "this is my string";        // 使用 var 为 str 变量声明和赋值，"this is my string"
                                           是字符串字面量
STR = "other string";                  //STR 未声明，也可直接赋值
alert(str==STR);                       //false
var str2 = "this is next string"       // 分号可有可无
var str3 = "No"; var str4 = "Yes";     // 使用分号，可在一行上写多条语句
/*
* 这里是
* 多行注释
*/
if (str3!=str4") {                     // 代码块
      alert(true);
}
(function () {});                      // 函数字面量
var a = function () {};                // 函数字面量
var obj = {fn: function () {}};        // 函数字面量
```

2. 标识符

标识符是指变量、函数、属性的名字，或者函数的参数。标识符可以是下列规则组合起来的一个或多个字符。

① 第一字符必须是一个字母、下划线（_）或一个美元符号（$）。

② 其他字符可以是字母、下划线、美元符号或数字。

③ 不能把关键字、保留字、true、false 和 null 作为标识符。

例如：myName、book123 等是合法的标识符，而 3Name 是非法标识符。

关键字用于标识语句的开头或结尾，如 var、void、new、break 等；保留字则是有特殊含义的单词，如 abstract、boolean、float、implements 等，建议采用与业务相关的单词或词组来命名标识符。

3. 数据类型

ECMAScript 提供了 5 个简单数据类型：Undefined、Null、Boolean、Number 和 String，以及 1 个复杂数据类型 Object，但不支持任何自定义类型。本节仅介绍简单类型的使用方法，复杂类型部分详见 3.3 节。

（1）Undefined

Undefined 类型只有一个值，即特殊值 undefined。在使用 var 声明变量，但没有对其初始化时，该变量将会被隐式地赋值为 undefined。建议声明变量的同时赋初始值。

（2）Null

Null 类型也只有一个值，即特殊值 null。它表示一个空对象引用（指针）。需要说明的是，undefined 派生于 null，等式 "undefined == null" 是成立的，即未被赋值的变量与赋值 null 的变量是相等的。如果是用于保存对象的变量，应将其初始值赋为 null。

（3）Boolean

Boolean 类型有两个值：true 和 false。String、Number、Object 和 Undefined 类型都可以转为 Boolean 类型，转换规则是：String 变量（非空）、Number 变量（非零）和 Object（非 null）为 true，反之为 false，同时 Number 变量（NaN）、Undefined 类型为 false。例如：

```
var str="hello";
if(str){         // "hello" 被隐式转为 Boolean 类型，值为 true
      alert(true);      //true
}
```

（4）Number

Number 类型包含 2 种数值：整型和浮点型。整型可以表示为十、八和十六进制。例如：

```
var num = 100;       // 十进制整数
var num = 070;       // 八进制，56
```

```
var num = 0xA;          // 十六进制，10
```

浮点数值中必须包含一个小数点，并且小数点后面必须至少有一位数字。例如：

```
var num = 3.8;
```

Number 类型中有一个特殊的值 NaN（非数值），用于表示原本应返回值，但却未能返回值的情况，这样不会影响程序的正常执行。

在实际应用中，经常需要将非数值类型转为数值类型，ECMAScript 提供了 3 个函数：Number、parseInt 和 parseFloat，后两个较为常用，分别用于转整型和浮点型数。

函数 parseInt 是从第一位解析到非整数值位置为止的。例如：

```
parsetInt('123');        // 返回数值 123
parsetInt('123str');     // 返回数值 123
parsetInt('str123');     // 由于第一个字符不是数字，返回 NaN
parsetInt('123.45');     // 由于小数点为非数字，小数字及后面数字将被去掉，返回 123
parseInt('');            // 空返回 NaN
parseInt('AB',16)        // 转十六进制 AB 为十进制整数 171
```

函数 parseFloat 与 parseInt 的用法类似。例如：

```
parseFloat('123.4');     // 返回数值 123.4
parseFloat('123.4.5');   // 返回数值 123.4，去掉第二个小数点及后面的数字
parseFloat('0123.40');   // 返回数值 123.4，去掉前后 0
```

（5）String

String 类型用于表示字符串。即用双引号（"）或单引号（'）括起，由零或多个 16 位 Unicode 字符组成的字符序列。例如：

```
var str='this is a string';
```

也可以使用 toString 方法，实现数值到字符串的转换。例如：

```
var val=10;
val.toString();    // 返回字符串 10
```

当变量为 null 或 undefined 时，toString 方法将返回 null 或 undefined。

4. 运算符

常用运算符为 +（加）、–（减）、*（乘）、/（除）、++（递增）、––（递减）、!（非）、>（大于）、<（小于）、==（相等）、!=（不等）、&&（逻辑与）、||（逻辑或）。例如：

```
var val = 1 + 2;         // 返回 3
var val = 1 - NaN;       // 返回 NaN
var val = 1; val++;      // 返回 2，递增了 1
var num = 1;
var val = num++;         // 先执行赋值，再执行递增，因此，var 值为 1，num 为 2
var val = ++num;         // 先执行 num 递增 1，再赋值给 var，因此 var 值为 2，num 为 2
var val=1; alert(!val);  // 将 val 转为布尔值，再取反，得到结果为 false
var num=2, val=1;
alert(num>val);          // 利用 > 比较 2 个数值，由于 num 大于 val，得到结果为 true
alert(num==val);         // 利用 == 比较 2 个数值，由于 num 大于 val，得到结果为 false
var num=2, val=1;
if(num>0 && val>0){alert('true');};   // 2 个条件同时满足时，显示 true
if(num>0 || val>0){alert('true');};   // 只要满足其中一个条件，显示 true
```

3.2.3　实例3-1：货币汇率兑换器

问题描述：创建一个页面，能实现多个币种间的金额换算，且要求兑换金额为整数。

执行效果（见图 3-2）：

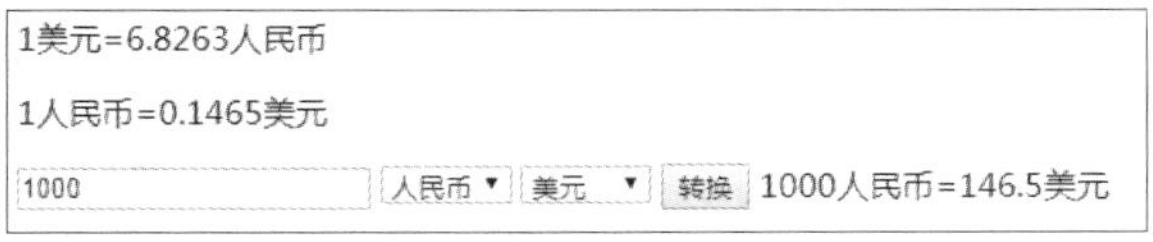

```
1美元=6.8263人民币
1人民币=0.1465美元
[1000]        [人民币 ▾] [美元 ▾] [转换] 1000人民币=146.5美元
```

图 3-2
实例 3-1 的执行效果

笔 记

JavaScript 在线计算器

笔 记

　　问题分析：要实现对于多个币种间的任意金额兑换，需要原始金额的输入框元素，以及原始和目标币种的下拉列表元素。为了实现货币的兑换，还需要利用 JavaScript 代码，以获取用户输入数据和选项，同时根据公式计算出兑换后的金额，并显示结果。

　　实现步骤：

　　（1）选用 input、select、button 和 span 元素，分别创建原始金额输入框、币种下拉选项框、"转换"按钮，以及兑换后的金额。

　　（2）通过操作 DOM 节点获取用户输入的信息，即利用 document 对象的 getElement–ById 方法得到 input 元素对象；由于 input 元素中输入的是字符串类型数字，因此，需要将 input 元素对象的值（原始金额）转换为整型数字，然后才能进行兑换计算；"转换"按钮的单击（click）事件被触发时，回调函数（兑换计算函数）会被执行，3.4 节将对于这部分内容做进一步介绍。

　　（3）使用 HBuilder 工具，创建项目 Case3-1，并在该项目中创建网页文件，主要代码如下。

```
<div>
    <p>1 美元 =6.8263 人民币 </p>
    <p>1 人民币 =0.1465 美元 </p>
    <input type="text" id="s_money" placeholder=" 请输入要兑换的金额 "/>
    <select id="s_select">
        <option value="USD:CUR"> 美元 </option>
        <option value="CNY:CUR"> 人民币 </option>
    </select>
    <select id="t_select">
        <option value="USD:CUR"> 美元 </option>
        <option value="CNY:CUR"> 人民币 </option>
    </select>
    <button id="change"> 转换 </button>
    <span id="c_rs"></span>
</div>
<script type="text/javascript">
    var span_rs = document.getElementById("c_rs");      // 获取结果显示 span 元素
    var btn = document.getElementById("change");        // 获取 button 元素
    //button 单击事件触发的兑换计算
    btn.onclick = function(){
        // 获取选择的原始币种
        var t_mon = document.getElementById("result")
        var s_sel = document.getElementById("s_select")
        var s_ind = s_sel.selectedIndex;
        var s_Cur_name = s_sel.options[s_ind].text;
        // 获取选择的目标币种
        var t_sel = document.getElementById("t_select")
        var t_ind = t_sel.selectedIndex;
        var t_Cur_name = t_sel.options[t_ind].text;

        if(s_Cur_name == t_Cur_name){      // 原始币种与目标币种相同，不做任何处理
            return ;
        }
        // 将输入的原始金额转为整数
        var s_mon = document.getElementById("s_money");
        var s_num = parseInt(s_mon.value);
        // 当输入值首个字符不是数字时，不做任何处理
        if(isNaN(s_num)){
            return;
        }
        if(s_Cur_name == " 美元 " && t_Cur_name == " 人民币 "){
            t_mon = s_num*6.8263;
            span_rs.innerText = s_num + s_Cur_name + "=" + t_mon + t_Cur_name;
        }
        if(s_Cur_name == " 人民币 " && t_Cur_name == " 美元 "){
            t_mon = s_num*0.1465;
            span_rs.innerText = s_num + s_Cur_name + "=" + t_mon + t_Cur_name;
        }
    };
</script>
```

（4）运行 HTML5 文件。

单击鼠标右键，在右键菜单中单击"在浏览器中打开"命令，执行效果如图 3-2 所示。

问题总结：

（1）利用 document 对象 getElementById 方法，获取与兑换计算相关的节点对象；利用 select 元素的 SelectIndex 和 options 属性得到原始和目标币种，这 2 个属性常配合使用，其中 options 属性是一个对象数组，本例就是使用 options[].text 获得其选择文本，而它的另一个属性 options[].value，则可得到该选项的 value 值；通过 parseInt 方法将字符数据转为整数，结合 isNaN 方法，确保参与兑换计算的是整数。

（2）本例的计算非常简单，但代码却不少，原因在于计算前需要获取数据，计算后又需要将其显示到页面上，准备和后续工作的工作量较大。一般情况下，前期准备工作包括从页面元素获取用户输入的数据，进行合法性判断，以及格式转换等；后续工作主要是按照需求的格式，将结果显示在页面元素中。

3.3　JavaScript 程序构成

JavaScript 程序由流程控制语句、函数、对象、方法和属性等组成。利用不同的流程控制语句或是其组合，可以实现程序的算法；函数可以将程序逻辑单元封装起来，使得各功能部分相互独立，程序代码结构清晰，利于维护和扩展；JavaScript 中所有事物都是对象，而对象是拥有属性和方法的数据，由此可知，除了 3.2 节所提及的简单类型外，其他复杂类型 Object，如函数、数组、null 等皆为对象。

3.3.1　流程控制语句

ECMAScript 规定了一组流程控制语句，通常由一个或者多个关键字来完成给定的任务，如判断、循环等。流程控制语句包括 if…else、switch、for、for…in、do…while 和 while，语法规则与其他编程语言类同。

例如：

JavaScript 数组
学生信息

```
//switch 语句
var num = 1;
switch (num) {                    // 判断 num 的值
    case 1 :
        alert('number one');
        break;                    // 用于防止语句的穿透
    case 2 :
        alert('number two');
        break;
    default :                     // 否则
        alert('no number');
}
//for…in 语句
var obj = {                       // 创建对象 obj
    name : '张三',                // 键值对——属性名：属性值
    age : 20,
    height : 170
};
for (var prop in obj) {           // 遍历对象 obj 中所有属性
    alert(prop);
}
```

3.3.2　函数

1. 函数的基本用法

函数是 ECMAScript 的一个核心概念。函数是定义一次却可以任意多次被调用或

笔 记

被事件驱动执行的一段 JavaScript 代码。它允许带参或不带参，也允许有或无返回值。

ECMAScript 中的函数使用 function 关键字来声明，后跟一组参数以及函数体。函数的定义和使用主要有以下 2 种方式。

（1）通过声明定义函数，通过函数名调用，函数被执行。

```
function myFn(){   //定义函数
      //执行代码
}
myFn();   // 函数被执行
```

（2）通过表达式定义函数，通过变量名调用，函数被执行。

```
var x = function(a){return a;};        //定义函数，该函数实际上是一个匿名函数
x(2);   // 函数被执行
```

下面我们通过几个例子来了解函数的用法。

```
function fun() {      //定义无参、无返回值的函数
      alert('一个无参数，无返回值的函数');
}
fun();      //调用函数

function fun() {      //定义无参、有返回值的函数
      var ret = '一个无参数，有返回值的函数';
      return ret;
}
alert(fun());      //显示结果为 "一个无参数，有返回值的函数"

var x = function(num1, num2){      //定义带参、有返回值的函数
      return num1+num2;
}
alert(x(2,3));   //显示结果为 5
```

2. 函数参数

ECMAScript 函数对于参数的值不做任何检查，但其内置对象 arguments 包含了函数调用的参数数组，因此，通过对象 arguments 来获取实际传递进来的参数及值。

例如：

```
function myFun(x, y) {  //函数声明定义了 2 个参数
      if (y === undefined) {      //参数未提供时，默认值为 undefined
            y = 1;
      }
      return x * y;
}
myFun(3);   //调用时仅提供了参数 x，执行结果为 3
```

通过对象 arguments，函数也可以实现对于上例中参数的处理。

```
function myFun(x, y) {  //函数声明定义了 2 个参数
      var len = arguments.length;
      if(len == 0) {x=0; y=0;}   //未传递 x，y
      if(len == 1) {y = 1;}      //仅传递 x
      return x * y;
}
myFun(3);   //执行结果仍为 3
```

3.3.3 对象

JavaScript 对象

JavaScript 是基于对象的编程语言。前面提到的 5 种简单数据类型也称为值类型或包装类型，而复杂类型 Object 也称为引用类型，前者的值是原始值，如数字 "2" 的值不可能等于 "3"，原始值是不可改变的；而后者的值则是由用户创建的对象和一些函数 / 数组对象等，是可以改变的。可以说，对象是属性变量的容器，而 JavaScript 中属性变量通常表示为健值对，即 name:value，因此也可以说对象是键值对的容器，JavaScript 对象中的键值对通常被称为对象属性。

下面我们先介绍 2 种常用的对象创建方法。

（1）字面量方式

```
var obj={        // 字面量对象
    name: 'zhangsan',     // 定义对象属性
    age: '20'
}
obj.name = 'lisi';

var stud = {
    sno: 's001',
    name: 'zhangsan',
    init: function(){alert('initialize...');}   // 定义对象方法
}
```

（2）原型 + 构造函数方式

```
function Student(){   // 构建函数创建对象
    this.sno = 's001';
    this.sname = 'zhangsan';
}
Student.prototype.getInfo = function(){    // 原型定义方法
        alert(this.sno + ", " + this.sname);
}
var s1 = new Student();
var s2 = new Student();
s2.sno = 's002';     // 改变对象的属性值
s2.sname = 'lisi'
s1.getInfo();// 显示结果为 "s001, zhangsan"
s2.getInfo();// 显示结果为 "s002, lisi"
```

　　字面量定义方式简单、清晰，且易读，而第 2 种方式则更利于对象的扩展，常用于自定义插件。实际上，字面量定义方式等同于利用内置构造函数创建对象，如：

```
// 字面量方式
var obj={
    name: 'zhangsan'
};
// 内置构造函数方式
var obj=new Object();     // 内置构造函数
obj.name='zhangsan';
```

　　由此可知，对象是通过函数创建的，而函数本身又是一种对象。如果想更深入地理解，还请读者查阅更多原型概念的资料。

　　下面我们再来看一个例子。

```
var str1 = new String('string object');     // 创建 String 类型对象
alert(str1.length);    // 显示结果为 13
var str2='hello';      // 创建原始值字符串
alert(str2.length);    // 显示结果为 5
```

　　例子中 str1 是基本类型对象，可引用其对象属性，而 str2 是一个原始值字符串（非对象），却也可以引用对象属性 length，这是为什么呢？原来在 JavaScript 中，当读取原始值字符串时，会通过构造函数 new String() 创建一个临时对象——String 包装对象，引用属性结束后，该对象将被销毁。同样地，在读取数字、布尔值时，也会通过其对应值类型的构造函数来创建临时对象，并像对象一样引用各自的属性，因此，字符串、数字、布尔原始值都可以看成是对象，但严格地说，它们并非对象，因为这些临时对象的属性都是可读不可写的。

　　值类型 Null 和 Undefined 较为特殊，Null 类型值 null 是一个特殊的空对象，Undefined 类型值 undefined 则表示未定义，当变量只声明没有初始化或引用一个不存在的属性时，输出为 undefined，它仅仅是一个全局变量，而不是对象。

　　最后，我们来了解一下 JavaScript 中的数组。一般意义上，数组是一段线性分配的内存，它通过整数计算偏移并访问其中的元素。不过，JavaScript 中没有这种数据结构，作为替代，JavaScript 提供了一种类数组特性的对象，它将数组下标转为字符

笔 记

串，作为其属性，且操作方式与对象相同，效率虽不如真正的数组，但使用起来方便、灵活，也是常用的引用类型。例如：

```
var arr_1 = new Array();    // 创建数组对象
arr_1.push('element1');     // 增加一个元素
alert(arr_1[0]);    // 显示结果为 "element1"

var arr_2 = new Array(3);    // 创建一个数组对象，元素个数为3
alert(arr_2.length);    // 显示结果为3

var arr_3 = [1,"hello",null,undefined,false,{'name':'lisi'}]; // 字面量定义方式，且各元素类型不同
```

需要说明的是，将 "alert(arr_1[0]);" 语句改写为 "alert(arr_1['0']);"，程序仍能正常执行，原因是 JavaScript 数组下标是属性，而数组中元素值是该属性值，即可理解为：

```
var arr_1 = {
    0:'element1',
    length:1   //length 也是一个属性
};
```

由于 length 是可以改变的，因此也将其作为数组的一个属性来理解，当 length 变小时，多出的元素也会自动被裁减，那么当 length 变大时，又会发生什么呢？读者试一试便知。

3.3.4   实例3-2：旅游网站用户注册的合法性验证

问题描述：在实例 2-4 制作登录注册页面的基础上，要求页面能够进行用户登录和新用户注册操作。

执行效果（见图 3-3）：

图 3-3
实例 3-2 执行效果

问题分析：登录和注册的操作流程是相似的：用户输入信息→系统判断合法性→输出判断结果→根据结果进入下一个页面或重置当前页面。因此，对于它们的判断处理也类似，这里以注册为例，用户名要求包含字母和数字，长度为 2 ~ 20 位，且首字符只可以是大小写字母和下划线；密码要求包含字母和数字，不可含空格，长度为 6 ~ 10 位；邮箱按照常规格式；问题回答可包含任意字符，但长度要求为 1 ~ 24 位。对于用户输入的每项内容，利用正则表达式进行格式匹配，所有注册项内容都符合要求，则显示提示信息 "注册成功"，否则显示 "注册信息不完整"，并重置出错项的文本输入框。

║ 知识延伸：正则表达式的基本用法。

正则表达式是一种功能强大而简明的字符组，其中可包含大量的逻辑，常常用于字符串的格式匹配处理。比如，实例 3-2 中邮箱合法性验证，若采用普通字符串函数，就需要判断 "@、." 是否存在，判断 "@" 之前和之后是否有字符串等，而且很容

易出现规则遗漏现象；而使用正则表达式就会简单很多。正则表达式中的字符定义和使用规则有以下几点。

（1）元字符

"^"：匹配行或字符串的起始位置。

"$"：匹配行或字符串的结尾位置。

"\w"：匹配字母、数字、下划线。

"\d"：匹配数字。

"."：匹配除了换行符以外的任何字符。

"[abc]"：匹配包含括号内元素的字符。

（2）反义

"\W"：匹配任意不是字母、数字、下划线的字符。

"\S"：匹配任意不是空白符的字符。

"\D"：匹配任意非数字的字符。

"\B"：匹配不是单词开头或结束的位置。

"[^abc]"：匹配除了 abc 以外的任意字符。

（3）量词

"*"：重复 0 次或更多次。

"+"：重复 1 次或更多次。

"?"：重复 0 次或 1 次。

"{n, m}"：重复 *n* 到 *m* 次。

"{n}"：重复 *n* 次。

"{n,}"：重复 *n* 次或更多次。

（4）限定符

"*?"：重复任意次，但尽可能少重复。

"+?"：重复 1 次或更多次，但尽可能少重复。

"??"：重复 0 次或 1 次，但尽可能少重复。

"{n,m}?"：重复 *n* 到 *m* 次，但尽可能少重复。

"{n,}?"：重复 *n* 次以上，但尽可能少重复。

实现步骤：

（1）登录处理："登录"按钮单击事件发生，将触发事件处理程序（登录验证函数 loginCheck）的执行。loginCheck 函数中将获取与登录操作相关的页面元素对象，处理"登录"按钮单击事件，判断登录信息的合法性。

（2）注册处理：与登录处理类似，创建了一个注册验证函数 signup，它将获取用户录入的每个注册项，并利用正则表达式作为匹配模式，来判断是否符合要求。

（3）注册处理的匹配模式有以下 2 种。

① 用户名 /^[a-zA-Z_]\w{1,19}$/ 表示首个字母为"a-zA-Z_"，从第 2 个字符开始为任意字符，且长度为 1~19 位；

② 密码有 2 个表达式模式，!/\s/ 表示非空格，/[\w]/ 表示包含字母数字下划线。

（4）定义了一个字面量对象 s_just，其属性与注册项相对应，以标识各注册项的合法性状态。在单击"注册"按钮事件处理的代码部分，通过遍历 s_just 中的属性值来确定注册项是否全部合法。

（5）使用 HBuilder 工具，创建项目 Case3-2，在 Case2-4 的网页代码基础上，加

笔 记

笔 记

入 JavaScript 处理代码，具体代码如下。

```javascript
window.onload = function(){
    var tabs = document.getElementsByClassName("tab");
    var ac_tabs = "";
    tabs[0].onclick = function(){
        loginCheck();
    };
    tabs[1].onclick = function(){
        signup();
    };
};
function loginCheck(){    // 登录验证函数
    /*** 获取登录相关的页面元素 ***/
    var l_form = document.getElementById("l_form");
    var l_user = document.getElementById("l_uname");
    var l_pwd = document.getElementById("l_upwd");
    var l_btn = document.getElementById("l_btn");
    l_btn.onclick = function(){    // "登录" 按钮单击事件处理
        if(l_user.value="zhangsan" && l_pwd.value == "123"){
            alert("登录成功");
        }else{
            alert("用户名密码错误");
            l_form.reset();
        }
    };
}
function signup(){    // 注册验证函数
    /*** 获取各注册项对应的 input（输入框）元素对象 ***/
    var s_user = document.getElementById("s_uname");
    var s_pwd = document.getElementById("s_upwd");
    var s_pwd_conf = document.getElementById("s_upwd_conf");
    var s_email = document.getElementById("s_email");
    var s_ques = document.getElementById("s_ques");
    var s_answ = document.getElementById("s_answ");
    var s_btn = document.getElementById("s_btn");
    s_btn.onclick = function(){    // "注册" 按钮单击事件处理
        // 创建字面量对象，用于最终的注册判断
        var s_just = {'user':'0','email':'0','pwd':'0','pwd_conf':'0','answ':'0'};
        // 用户合法性判断
        if(/^[a-zA-Z_]\w{1,19}$/.test(s_user.value.trim())){
            s_just["user"] = "1";
        }else{
            document.getElementById("lbl_s_uname").innerText= "用户名不合法";
            s_user.value = "";
        }
        // 邮箱合法性判断
        if(/^[\w\-\.]+@[\w\-]+(\.[a-zA-Z]{2,4}){1,2}$/.test(s_email.value)){
            s_just["email"] = "1";
        }else{
            document.getElementById("lbl_s_email").innerText= "邮箱不合法";
            s_email.value = "";
        }
        // 密码合法性判断
        var flag = 0;
        var pwd = s_pwd.value;
        if(pwd.length > 6 && pwd.length < 10){
            flag ++;
        }
        if((!/\s/.test(pwd)) && (/[\w]/.test(pwd))){
            flag ++;
        }
        if(flag==2){
            s_just["pwd"] = "1";
        }else{
            document.getElementById("lbl_s_upwd").innerText= "密码不合法";
            s_pwd.value = "";
        }
        // 密码确认一致性判断
        if(s_just["pwd"] == 1 && s_pwd_conf.value == s_pwd.value){
            s_just["pwd_conf"] = "1";
        }else{
```

```
                    document.getElementById("lbl_s_upwd_conf").innerText=
                                                    " 密码确认不一致 ";
                    s_pwd_conf.value = "";
            }
            // 问题回答合法性判断
            if(s_ques.selectedIndex > 0 && s_answ.value.length > 0 &&
                                        s_answ.value.length < 24){
                var ind = s_ques.selectedIndex;
                var ques = s_ques.options[ind].value;
                s_just["answ"] = "1";
            }else{
                document.getElementById("lbl_s_answ").innerText=
                                                    " 未选问题或回答不合法 ";
                s_answ.value = "";
            }
            var s_just_flag = true;
            for(var i=0; i<Object.keys(s_just).length; i++){    // 遍历对象每个属性
                var key = Object.keys(s_just)[i];
                if(s_just[key] != "1"){    // 判断每个属性值是否为 "1"
                    s_just_flag = false;    // 属性值非 "1"，则表示某项信息未正确填写
                    alert(" 注册信息不完整 ");
                    break;
                }
            }
            if(s_just_flag){    // 所有项均填写正确
                alert(" 注册成功 ");
            }
        };
    }
```

问题总结：

（1）本例中采用 2 种方式调用函数：一是通过声明定义函数，再调用函数，使之被执行，如函数 loginCheck 和 singup；二是由表达式定义函数，并通过事件触发函数的执行，而非显式调用，如 s_btn.onclick 事件处理函数，在交互处理过程中，这种方式更为常见。

（2）类似于注册功能，有多个输入框时，除了本例采用的方式（即按钮单击事件中，一次性对各项进行判断），还有一种方式，就是每输入一项即在输入框的周边显示提示信息，如输入新用户的用户名后，显示该用户名是否已有人使用等，这种方式可以利用 input 的失焦（onblur）事件来实现。

（3）对象属性的遍历方法也有多种，本例通过 Object.keys(s_just) 获得所有属性的集合，从中得到属性名，进而判断对应的属性值是否已改变。还有 2 种方法也可达到同样的目的，如下所示。

① 获取自身以及原型链上的属性：

```
for(var o in s_just){alert(o);}      // 依次得到 s_just 的每个属性
```

② 获取对象自身的全部属性名：

```
var props = Object.getOwnPropertyNames(s_obj);
for(var i=0; i<props.length; i++){    // 依次得到 props 的各属性及其值
    alert(props[i] + ":" + s_obj[props[i]]);
}
```

3.4　JavaScript 访问 DOM 节点

观察实例 3–1 和实例 3–2 代码，会发现无论是从 HTML 元素中获取数据，还是将数据写入 HTML 元素，作为其内容，都要用到 document 对象的方法，如 getElementById 和 getElementsByClassName 等，先获得元素对象，而 document 就是文档对象模型中的节

笔记

点对象。可以说，JavaScript 是通过操作文档对象模型中的节点对象实现网页交互性的。

3.4.1　文档对象模型

文档对象模型（Document Object Model，DOM）也称为 HTML 文档树，是 W3C 组织推荐的处理可扩展标记语言的标准编程接口，独立于任何平台或语言。其中 D（Document）是指浏览器加载的网页页面，O（Object）是指页面及页面中的任何元素，它们都是对象，M（Model）则可理解为网页文档的树型结构（见图 3-4）。

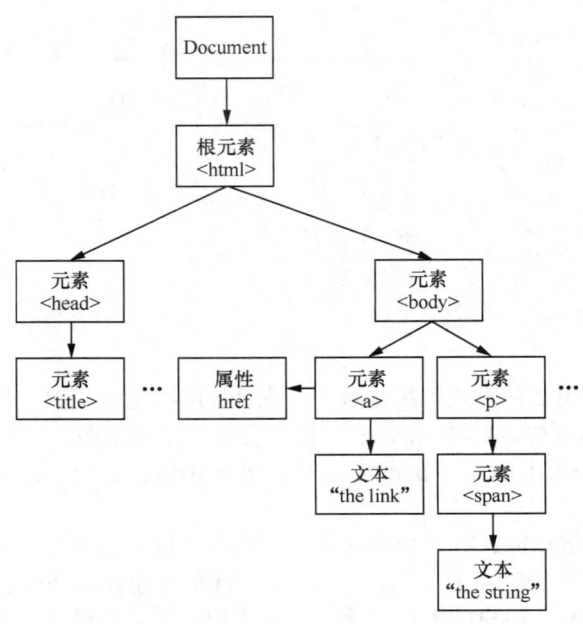

图 3-4
DOM 树型结构

由图 3-4 我们可了解一些概念。DOM 模型是 HTML 页面的层级结构，它由元素（Element Node）、属性（Attribute Node）和文本（Text Node）组成，它们都是节点。元素内可以仅包含文本节点，也可嵌套元素，即子元素（Child Node），外部的元素成为父元素（Parent Node），如元素 p 和 span。随着嵌套的深入，二层以下的子元素将成为后代元素（Descendant），二层以上的父元素则成为祖先元素（Ancestor），拥有共同父元素节点的元素则称为兄弟元素（Sibling），如元素 a 和 p。

> **知识延伸：BOM（Browser Object Model）模型。**

DOM 主要包括对于 HTML 页面的所有节点的操作，而 BOM 则主要涉及浏览器相关的一些属性和方法，其核心对象是 window，表示浏览器中打开的窗口。当网页在浏览器中被打开时，浏览器会自动创建 window 对象。window 对象具有双重身份，它既是通过 JavaScript 访问浏览器窗口的接口，又是一个全局对象，我们创建的所有全局变量和全局函数都将存储到 window 对象下。

利用 window 对象的属性和方法，可以操作浏览器，如调整浏览器窗口尺寸，打开新的浏览器窗口，获取浏览器版本及分辨率等用户屏幕信息；也可以使用其 document 属性，作为访问 HTML 文档的入口。

3.4.2　DOM节点的基本操作

笔 记

W3C 提供了许多方法和属性，可以方便简单地定位节点，从而能够快速地对节点进行操作，包括获取各节点对象，以及改变其属性、样式等。

1. Document 对象

HTML DOM 中，每个元素都是节点，HTML 文档也是一个节点，一旦被浏览器加载，就会成为一个文档节点对象——Document 对象。由图 3-4 可知，Document 对象是 DOM 树的根节点，通过它可以对于树上所有元素节点进行访问。Document 对象是 window 对象的一部分，可通过 window.document 属性对其进行访问，使用时可直接写成 "document. 属性" 或 "document. 方法"。例如：

```
var root = document.documentElement;              // 获取根元素 html 节点对象
var node = document.getElementById('myDiv');      // 根据属性 id 获取节点对象
var nodes = document.getElementsByTagName();      // 根据标签获取一组节点
var box = document.createElement('div');          // 创建 div 节点
var text = document.createTextNode('hello.');     // 创建 text 节点
document.write('hello');                          // 向输入流写字符串 "hello"
```

2. 节点属性

对于 DOM 中的元素、属性和文本 3 种节点，均有 nodeName、nodeType 和 nodeValue 属性，具体见表 3-1。

表 3-1　元素、属性和文本节点对应的属性及值

节点类型	nodeName	nodeType	nodeValue
元素	元素名称	1	null（不可用）
属性	属性名称	2	属性值
文本	#text	3	文本内容（不包含 HTML 代码）

3. 操作节点

对节点的操作包括获取节点、节点内容或值，以及增删节点等。

【例 3-2】遍历层次节点。

JavaScript 动态学生信息

```
<!-- 项目 Example3-2-->
<div id="mydiv">
    <strong id="stg">this is a section</strong>
    <a href="#">alink</a>
</div>
<script type="text/javascript">
    // 遍历层次节点
    var odiv = document.getElementById('mydiv');
    for (var i = 0; i < odiv.childNodes.length; i ++) {
        if (odiv.childNodes[i].nodeType === 1) {   // 判断是否为元素节点
            alert(odiv.childNodes[i].nodeName);
        } else if (odiv.childNodes[i].nodeType === 3) {   // 判断是否为文本节点
            alert(odiv.childNodes[i].nodeName);
        }
    }
    // 获取指定节点类型，以及其文本内容
    var str = document.getElementById("stg");
    alert(str.childNodes[0].nodeType + " " + str.childNodes[0].nodeValue);
</script>
```

代码中，<strong></strong> 标签间的内容即为其第 1 个文本节点，通过 childNodes[0] 属性可获得，但更为常用的是 innerText 属性，与之相关的还有 innerHTML 和 value 属性。

【例 3-3】修改节点内容。

```
<!-- 项目 Example3-3-->
<div id="mydiv">
```

笔记

```
        <p id="parg">hello, this is a section</p>
        <input id="inp" type="text" value="1234"/>
    </div>
    <script type="text/javascript">
        var odiv = document.getElementById('mydiv');            // 读取 div 节点
        //odiv.innerHTML = "html is changed......"              // 改变 innerHTML 属性值
        alert("div html:" + odiv.innerHTML);                    // 输出 <div> 标签间的 HTML 语句
        var op = document.getElementById('parg');               // 获取 p 节点
        //op.innerText = "hi,how are you";                      // 改变 innerText 属性值
        alert("p content:" + op.innerText);                     // 输出 <p> 标签间的文本
        var oinp = document.getElementById('inp');              // 获取 input 节点
        //oinp.value = "5678";                                  // 改变 value 属性值
        alert("input value:" + oinp.value);                     // 显示 value 属性值
    </script>
```

本例运行结果如图 3-5 所示。

图 3-5
例 3-3 运行结果

从例 3-3 的运行结果我们可以了解到 innerHTML 得到的是标签内的 HTML 标签 + 文本信息，innerText 得到的是标签内的文本信息，value 是 input 元素的特有属性，表示输入框中的字符串。当代码中注释的语句被恢复，再运行会发现结果有了相应的改变。

需要说明的是，innerHTML 和 innerText 都可以获取或设置标签的内容，但 innerHTML 是所有浏览器都支持的，而 innerText 只在 IE 和 Chome 浏览器上能正常工作，因此建议读者尽量使用 innerHTML，但它不适用于文本框。

【例 3-4】增删节点。

```
<!-- 项目 Example3-4-->
<div id="mydiv">
    <p id="parg">hello, this is a section</p>
</div>
<script type="text/javascript">
    // 增加节点操作
    var nnode = document.createElement("h4");        // 创建 h4 节点
    var nh4_txt = document.createTextNode("this is new section");    // 创建文本节点
    nnode.appendChild(nh4_txt);        // 将文本节点作为子节点加入 h4 节点中
    document.body.appendChild(nnode);    // 将 h4 节点作为子节点加入 body 节点中
    // 替换节点操作
    var op_1 = document.getElementById('parg_1');    // 获取 id 为 parg_1 的 p 节点
    var npar = document.createElement("p");    // 创建 p 节点
    var npar_txt = document.createTextNode("p is replaced");    // 创建文本节点
    npar.appendChild(npar_txt);        // 将文本节点作为子节点加入 p 节点
    odiv_2.replaceChild(npar, op_1);    // 用新的 p 节点替换 parg_1 节点
    // 移除节点操作
    var op_2 = document.getElementById('parg_2');    // 获取 id 为 parg_2 的 p 节点
    odiv_2.removeChild(op_2);    // 从 div 节点中移除 id 为 parg_2 的 p 子节点
</script>
```

执行例 3-4 代码，运行结果如图 3-6 所示。

hello，this is first section	p is replaced
hello，this is second section	this is new section

图 3-6
例 3-4 运行结果

（a）未进行增删操作前　　　　　（b）增删操作处理后

4. 改变元素的 CSS 样式

　　HTML 元素的 CSS 样式，可以通过元素的 style、class 属性或是外部 CSS 文件来设置。下面我们通过例子介绍 3 种方式的具体实现。

　　【例 3-5】通过 style 属性改变元素的 CSS 样式。

```
<!-- 项目 Example3-5-->
<button id="btn">button</button>
<script type="text/javascript">
    var obtn = document.getElementById('btn');    // 获取 button 节点对象
    obtn.style.cssText = "color:red;font-size:20px;";  // 设置 button 节点对象的 CSS 样式
</script>
```

　　这种方式可针对某个元素单独设置其需要的 CSS 样式，简单且直接。

　　【例 3-6】通过 class 属性来改变元素的 CSS 样式。

```
<!-- 项目 Example3-6-->
<head>
    <meta charset="UTF-8">
    <title></title>
    <style>
        .btn_css {    /*定义一个类选择器*/
            color:red;
            font-size:20px;
        }
    </style>
</head>
<body>
    <button id="btn" class="">button</button>
    <script type="text/javascript">
        var obtn = document.getElementById('btn');
        if(obtn.className==""){
            // 通过 className 属性设置元素的 class 属性
            obtn.className = 'btn_css';    // 或者为 obtn.setAttribute("class", "btn_css");
        }
    </script>
</body>
```

　　由于 className 属性可设置或返回元素的 class 属性，因此，例 3-6 先使用 <style> 标签声明一个类选择器 ".btn_css"，再替换 className 来改变元素的 class 属性，以实现样式的更新。利用元素的 setAttribute('class','xxxclass') 方法也可以达到同样的效果，但后者不适用于 IE 浏览器。

　　【例 3-7】通过外部 CSS 文件改变元素的 CSS 样式。

```
<!-- 项目 Example3-7-->
<head>
    <meta charset="UTF-8">
    <!-- 引入外部 CSS 文件 -->
    <link href="style.css" rel="stylesheet" type="text/css" id="lcss"/>
</head>
<body>
    <button id="btn" >button</button>
    <script type="text/javascript">
        var obtn = document.getElementById('btn');
        obtn.onclick = function(){
            this.className="btn_css";    // 通过 className 属性设置元素的 class 属性
        }
    </script>
</body>
```

　　例 3-7 采用的是外部 CSS 文件来改变元素样式，可以一次性改变页面的多个元素，它是网页换肤的最佳方案。

3.4.3　DOM 事件机制

　　事件是 HTML 元素天生具备的行为方式。当用户操作 HTML 元素时，会触发该

笔 记

JavaScript 事件

JavaScript 填图
游戏

元素的某个事件；通过 JavaScript 可以为该事件绑定方法，即事件绑定，其目的是使得该事件被触发时，会做出一些相应的反应。

【例 3-8】鼠标单击事件的绑定。

```html
<!-- 项目 Example3-8-->
<body>
    <button id='btn' >button</button>    <!-- 按钮元素 -->
    <script type='text/javascript'>
        var obtn = document.getElementById('btn');    // 获取按钮元素
        obtn.onclick = function(){    // 鼠标单击按钮，触发单击事件，执行绑定的方法
            alert('button is clicked');    // 显示 "button is clicked"
        };
    </script>
</body>
```

对于鼠标而言，除了例 3-8 中的单次单击（click）事件，还有双击（dblclick）事件（300ms 之内连续两次单击）事件、滑过（mouseover）事件、滑出（mouseout）事件、进入（mouseenter）事件、离开（mouseleave）事件、按下（左键）（mousedown）事件、释放（左键）（mouseup）事件，以及滚轮滚动（mousewheel）事件。

键盘常用事件有：按下键（keydown）事件和释放键（keyup）事件。

表单常用事件有：失去焦点（blur）事件、获取焦点（focus）事件、内容改变（change）事件和被选中（select）事件。

其他常用事件有：加载成功（load）事件、加载失败（error）事件、文档滚动（scroll）事件、窗口大小改变（resize）事件。

例 3-8 中，字体加粗部分代码实现了 button 元素的单击事件绑定，当 button 元素被鼠标单击时，这段代码将会自动执行。在 JavaScript 中，事件绑定方式有 DOM0 和 DOM2 2 种，其具体的语法规则如下

（1）DOM0 级事件绑定。

元素 . 事件类型 = 监听函数

（2）DOM2 级事件绑定。

标准浏览器及 IE 8 以上：obtn.addEventListener('click',function(){},false);

标准及 IE 8 以上浏览器：元素 .addEventListener(事件类型，监听函数，事件执行顺序)

IE 6~IE 8 浏览器：元素 .attachEvent(事件类型，监听函数)

例 3-8 采用的是 DOM0 方式，但由于 DOM0 存在着覆盖、可读等方面的局限性，而 DOM2 是在 DOM0 基础上的升级和扩展，因此，本书后续章节都将采用 DOM2 级事件绑定方式。

DOM2 级事件绑定的实现要素如下。

（1）事件绑定使用的是 addEventListener/attachEvent 方法，其中 attachEvent 专门用于兼容 IE 6 ~ IE 8 浏览器。

（2）事件绑定后，浏览器会将事件绑定方法置于该事件专用的事件池中。

（3）对于元素的某一事件可以绑定多个不同方法。

（4）当元素的某一事件被触发时，浏览器会到对应事件池中依次执行所有方法。

（5）如果需要，可以使用 removeEventListener/detachEvent 方法解除绑定。

【例 3-9】采用 DOM2 方法，实现鼠标单击事件的绑定和解除绑定。

JavaScript 城市
级联

JavaScript 实现
购物车案例

```html
<!-- 项目 Example3-9-->
<button id="btn">button</button>
<script type="text/javascript">
    var bindEvent = function(obj, type, fn){    // 定义事件绑定方法
        if(document.addEventListener){
            obj.addEventListener(type,fn,false);
        }else if(document.attachEvent){
            obj.attachEvent('on' + type, fn);
```

```
        }
    }
    var unbindEvent = function(obj, type, fn){      // 定义事件解除绑定方法
        if(document.addEventListener){
                obj.removeEventListener(type, fn, false);
        }else if(document.detachEvent){
                obj.detachEvent('on' + type, fn);
        }
    }
    var obtn = document.getElementById('btn');
    bindEvent(obtn, 'click', function(){alert('button is clicked');}));      // 为 obtn
绑定单击事件
    </script>
```

为了提高代码复用性，可以将事件绑定和事件解除绑定方法作为自定义库函数。

3.4.4 实例3-3：旅游网站的景点查询动态生成页面制作

问题描述： 创建旅游网站的内容展示页面，页面的主体内容包括左、右两部分，当用户搜索某个景点或城市时，在左侧能够以列表形成显示相关的信息；同时右侧显示网站的微信号、热门景点，以及推荐线路。

执行效果（见图 3-7）：

图 3-7
实例 3-3 执行效果

问题分析： 从执行效果可知，页面包括头部、背景图片、主体内容和尾部，其中主体内容由左侧和右侧两个部分组成，左侧显示的是主要内容，右侧包括辅助和导航信息，可采用 <article> 和 <aside> 标签来组织两部分内容。右侧可再分为 3 个小部分，通过 <div> 标签进行布局，其中推荐线路仍可采用 <div> 和 <figure> 标签相结合的方式，热门景点则可利用 dl 表格来布局；当用户输入查询关键字并单击"搜索"时，需要通过 JavaScript 编程，实现对事件的捕获和处理，并将结果以左侧列表的形式显示。

实现步骤：

笔 记

（1）景点查询：当用户输入查询关键字，并单击"搜索"时，触发 click 事件，事件处理函数实现搜索结果获取和展示。事件绑定采用 DOM2 方式。结果展示是通过遍历左侧列表节点，并改变其文本节点内容来完成的。为了简化问题，搜索结果以对象数组形式事先定义好，其中对象属性与元素节点某个属性相对应，如 <img> 标签的 src 属性，可定义为对象的属性名 / 值对——"src":"img/hot5.jpg"。

（2）热门景点列表：采用动态生成的方式来展示。与景点查询类似，热门景点的内容也事先定义为对象数组。

（3）使用 HBuilder 工具，打开项目 Case3-3 并创建 HTML 文件，具体代码如下。

```javascript
//JavaScript 代码部分
<script type="text/javascript">
    var bindEvent = function(obj, type, fn){    // 定义事件绑定方法
        if(document.addEventListener){
            obj.addEventListener(type,fn,false);
        }else if(document.attachEvent){
            obj.attachEvent('on' + type, fn);
        }
    }
    var unbindEvent = function(obj, type, fn){    // 定义事件解除绑定方法
        if(document.addEventListener){
            obj.removeEventListener(type, fn, false);
        }else if(document.detachEvent){
            obj.detachEvent('on' + type, fn);
        }
    }
    bindEvent(window, 'load', readyDo);    // 为 window 绑定 load 事件
    function readyDo(){    //load 事件处理函数，动态生成热门景点的列表
        var dl = document.getElementById('sidehot');
        // 热门景点信息
        var arr_citys = [
            {"href":"###","innerText":" 巴厘岛 "},
            {"href":"###","innerText":" 毛里求斯 "},
            {"href":"###","innerText":" 普吉岛 "},
            {"href":"###","innerText":" 希腊 "},
            {"href":"###","innerText":" 法瑞意德 "},
            {"href":"###","innerText":" 马尔代夫 "},
            {"href":"###","innerText":" 新西兰 "},
            {"href":"###","innerText":" 埃及 "},
            {"href":"###","innerText":" 迪拜 "},
            {"href":"###","innerText":" 斯里兰卡 "},
            {"href":"###","innerText":" 曼哈顿 "},
            {"href":"###","innerText":" 大阪 "},
            {"href":"###","innerText":" 曼谷 "},
            {"href":"###","innerText":" 东京 "},
            {"href":"###","innerText":" 西双版纳 "}
        ];
        for(var i=0; i<arr_citys.length; i++){
            var attr_href = "";
            var txt_a = "";
            for(var o in arr_citys[i]){
                if(o == "href") attr_href = arr_citys[i][o];
                if(o == "innerText") txt_a = arr_citys[i][o];
            }
            var dd_node = document.createElement("dd");
            var a_node = document.createElement("a");
            a_node.setAttribute("href", attr_href);
            a_node.innerText = txt_a;
            dd_node.append(a_node);
            dl.appendChild(dd_node);
        }
        // 搜索的结果信息
        var arr_sites = [
            {"src":"img/hot5.jpg","strong":"法瑞意德12日游","author":"qingqing",
            "typename":" 日志 ","timer":"2020-07-07","view":"1"},
            {"src":"img/hot6.jpg","strong":"巴厘岛6日半游","author":"qingqing",
            "typename":" 游记 ","timer":"2020-07-07","view":"1"},
        ];
        // 获取 "搜索" 按钮节点对象
        var o_search_btn = document.getElementById('search_btn');
```

```javascript
        // 为 "搜索" 按钮节点绑定点击事件
        bindEvent(o_search_btn, 'click', function(){
            var div_tours = document.getElementById("contours");
            // 获取其子节点集，不包含文本节点
            var figure_nodes = div_tours.children;
            // 以搜索结果信息来替换前 n 个节点的对应属性值
            // 这里 n 为 arr_sites 元素个数
            for(var i = 0, j = 0; i < figure_nodes.length, j < arr_sites.length; i++, j++){
                getChildNode(figure_nodes[i],arr_sites[j]);
            }
            // 移除多余节点
            var j = figure_nodes.length;
            while(j-->arr_sites.length){
                div_tours.removeChild(figure_nodes[j]);
            }
        });
        // 遍历子节点，替换对应属性的值
        function getChildNode(node, cla){
            // 获取所有子节点，包括文本节点
            var nodeList = node.childNodes;
            for(var i = 0;i < nodeList.length;i++){
                var myChildNode = nodeList[i];
                // 判断是否是元素节点
                if(myChildNode.nodeType == 1){
                    if(myChildNode.tagName.toLowerCase() == "img" &&
                                    myChildNode.className == 'tour_img'){
                        myChildNode.src = cla["src"];
                    }
                    if(myChildNode.tagName.toLowerCase() == "strong"){
                        myChildNode.innerText = cla["strong"];
                    }
                    if(myChildNode.tagName.toLowerCase() == "a" &&
                                    myChildNode.className=="typename"){
                        myChildNode.innerText = cla["typename"];
                    }
                    if(myChildNode.tagName.toLowerCase() == "li" &&
                                    myChildNode.className != "blogtype"){
                        myChildNode.innerText = cla[myChildNode.className];
                    }
                    // 如果没有符合替换条件的节点，就继续遍历其子节点
                    getChildNode(myChildNode, cla);
                }
            }
        }
    }
</script>
<!-- 页面主体部分的 html 代码 -->
<div id="container">
    <article id="contours" class="tours">
        <figure id="test" class="blog">
            <img class="tour_img" src="img/hot7.jpg" alt=" 塞舌尔迪拜 9 日游 "/>
            <figcaption>
                <h2 class="blogtitle">
                    <a href="#"><strong> 塞舌尔迪拜 9 日游 </strong></a>
                </h2>
                <div class="bloginfo">
                  <ul>
                    <li class="author">zhaoyi</li>
                    <li class="blogtype">
                        <a href="###" title=" 游记 " class="typename"> 游记 </a>
                    </li>
                    <li class="timer">2018-01-12</li>
                    <li class="view"><span>0</span></li>
                  </ul>
                </div>
            </figcaption>
        </figure>
        <figure class="blog">
            <img class="tour_img" src="img/hot8.jpg" alt=" 曼谷 - 芭提雅 6 日游 "/>
            <figcaption>
```

笔 记

```
                          <h2 class="blogtitle">
                              <a href="#"><strong>不一样的自助游，发现曼谷</strong></a>
                          </h2>
                          <div class="bloginfo">
                            <ul>
                              <li class="author">zhangsan</li>
                              <li class="blogtype">
                                  <a href="###" title="游记" class="typename">游记</a>
                              </li>
                              <li class="timer">2018-03-19</li>
                              <li class="view"><span>0</span></li>
                            </ul>
                          </div>
                      </figcaption>
                  </figure>
                  <figure class="blog">
                      <img src="img/hot9.jpg" alt="土耳其10日游"/>
                      <figcaption>
                          <h2 class="blogtitle">
                              <a href="#"><strong>土耳其10日游</strong></a>
                          </h2>
                          <div class="bloginfo">
                            <ul>
                              <li class="author">lisi</li>
                              <li class="blogtype">
                                  <a href="###" title="游记" class="typename">游记</a>
                              </li>
                              <li class="timer">2017-12-08</li>
                              <li class="view"><span>0</span></li>
                            </ul>
                          </div>
                      </figcaption>
                  </figure>
                  <figure class="blog">
                      <img src="img/hot10.jpg" alt="西塘古镇"/>
                      <figcaption>
                          <h2 class="blogtitle">
                              <a href="#"><strong>西塘古镇，静谧的夜晚</strong></a>
                          </h2>
                          <div class="bloginfo">
                            <ul>
                              <li class="author">wangwu</li>
                              <li class="blogtype">
                                  <a href="###" title="游记" class="typename">游记</a>
                              </li>
                              <li class="timer">2018-05-02</li>
                              <li class="view"><span>0</span></li>
                            </ul>
                          </div>
                      </figcaption>
                  </figure>
                  <figure class="blog">
                      <img src="img/hot11.jpg" alt="帕米尔高原"/>
                      <figcaption>
                          <h2 class="blogtitle">
                              <a href="#"><strong>帕米尔高原4日游</strong></a>
                          </h2>
                          <div class="bloginfo">
                            <ul>
                              <li class="author">dashan</li>
                              <li class="blogtype">
                                  <a href="###" title="游记" class="typename">游记</a>
                              </li>
                              <li class="timer">2017-10-19</li>
                              <li class="view"><span>0</span></li>
                            </ul>
                          </div>
                      </figcaption>
                  </figure>
                  <figure class="blog">
                      <img src="img/hot12.jpg" alt="普吉岛游记"/>
                      <figcaption>
```

```
            <h2 class="blogtitle">
                <a href="#"><strong> 普吉岛游记，热的风，蓝的海 </strong></a>
            </h2>
            <div class="bloginfo">
                <ul>
                    <li class="author">chenchen</li>
                    <li class="blogtype">
                        <a href="###" title=" 游记 " class="typename"> 游记 </a>
                    </li>
                    <li class="timer">2018-01-12</li>
                    <li class="view"><span>0</span></li>
                </ul>
            </div>
        </figcaption>
    </figure>
    <figure class="blog">
        <img src="img/hot13.jpg" alt=" 巴哈伊空中花园 "/>
        <figcaption>
            <h2 class="blogtitle">
                <a href="#">
                    <strong> 巴哈伊空中花园，带你一起去漫步花间，共赏蓝天大海 </strong>
                </a>
            </h2>
            <div class="bloginfo">
                <ul>
                    <li class="author">dafen</li>
                    <li class="blogtype">
                        <a href="###" title=" 游记 " class="typename"> 游记 </a>
                    </li>
                    <li class="timer">2018-01-12</li>
                    <li class="view"><span>0</span></li>
                </ul>
            </div>
        </figcaption>
    </figure>
</article>
<aside class="sidebar">
    <div class="about">
        <div class="gzh"><img src="./img/code.png"></div>
        <p class="abinfo"> 身体和灵魂，必须有一个在路上！请关注公众号（ID:
        citytrip），让我们一起去旅行吧！</p>
    </div>
    <dl id="sidehot" class="side recommend">
        <dt class="stitle"> 热门景点 </dt>
        <!--JavaScript 代码生成 -->
    </dl>
    <div class="side hot">
        <h2 class="stitle"> 推荐线路 </h2>
        <div class="pic">
            <figure>
                <img src="img/hot1.jpg" alt=" 曼谷 - 芭提雅 6 日游 "/>
                <figcaption> 曼谷 - 芭提雅 6 日游 </figcaption>
            </figure>
            <figure>
                <img src="img/hot2.jpg" alt=" 马尔代夫双鱼 6 日游 ">
                <figcaption> 马尔代夫双鱼 6 日游 </figcaption>
            </figure>
            <figure>
                <img src="img/hot3.jpg" alt=" 海南双飞 5 日游 ">
                <figcaption> 海南双飞 5 日游 </figcaption>
            </figure>
            <figure>
                <img src="img/hot4.jpg" alt=" 富山大阪东京 8 日游 "/>
                <figcaption> 富山大阪东京 8 日游 </figcaption>
            </figure>
            <figure>
                <img src="img/hot5.jpg" alt=" 法瑞意德 12 日游 ">
                <figcaption> 法瑞意德 12 日游 </figcaption>
            </figure>
            <figure>
                <img src="img/hot6.jpg" alt=" 巴厘岛 6 日半游 ">
                <figcaption> 巴厘岛　6 日半游 </figcaption>
```

笔 记

笔记

```
                </figure>
            </div>
        </div>
    </aside>
</div>
```

问题总结：

（1）本例中有 2 个事件：window 的 load 事件和 button 的 click 事件，window 绑定的语句是 bindEvent(window, 'load', readyDo)，而 button 绑定的是 bindEvent(o_search_btn, 'click', function(){…}，前者是非匿名函数，参数要求的是函数名，而不是调用函数，所以切不可写成 readyDo()。

（2）动态生成页面内容。一般都需要对 DOM 节点对象进行操作，包括增、删、改和查。appendChild 方法是按顺序增加子节点的，如果需要特别指定增加的位置，可采用 insertBefore(childnode, targetnode)，将 childnode 加到 targetnode 之前。

（3）更新节点内容前的判断。可根据实际情况，灵活借助节点的各种属性，如标签名 tagName、样式类名 className、节点类型 nodeType 和节点名称 nodeName。

3.4.5　JavaScript事件处理模型

本节将讲解 JavaScript 的事件冒泡、事件捕获、JSON 格式数据处理和 JavaScript Ajax 的内容。请读者扫描二维码学习。

JavaScript 事件
冒泡

课后练习

JavaScript 事件
捕获

JavaScript JSON
格式数据处理

JavaScript Ajax

CSS3 界面美化

CSS3 是 CSS 的最新标准，增加了 CSS 选择器和属性，使得网页特效实现起来更加简单，且功能更加强大。虽然 W3C 的 CSS3 标准目前仍未开发完毕，但该标准的许多新属性已在各浏览器中得以兼容。由于 CSS3 已完全能够向后兼容，且各版本浏览器均已支持 CSS2，因此不必改变现有的设计，节省了不少开发成本。

CSS3 语言开发是朝着模块化方向发展的，它将以前庞大且较复杂的单一模块规范分解为多个小的模块，并通过加入新的模块来不断地丰富其功能特性。

4.1　CSS3 选择器

CSS 选择器是一种模式，用于选择需要添加样式的元素，包括关系选择器、属性选择器、伪类选择器、伪元素选择器和元素选择器几类。CSS3 新增的特性主要体现在前 4 类选择器上，以及新增的反选伪类选择器。

4.1.1　CSS3选择器的用法

表 4-1 中列出了 CSS3 中几类选择器的规则，包括关系选择器（序号 1）、属性选择器（序号 2 ~ 4）、伪类选择器（序号 5 ~ 19）、反选伪类选择器（序号 20）和伪元素选择器（序号 21）。

CSS3 选择器

表 4-1　CSS3 选择器规则

序号	属　性	描　述
1	element1 ~ element2	如：p ~ ul，选择 p 元素之后的每个 ul 元素
2	[attribute^=value]	如：a[src^="https"]，选择其 src 属性值以 "https" 开头的每个 a 元素
3	[attribute$=value]	如：a[src$=".pdf"]，选择其 src 属性以 ".pdf" 结尾的每个 a 元素
4	[attribute*=value]	如：a[src*="abc"]，选择其 src 属性中包含 "abc" 子串的每个 a 元素
5	:first-of-type	如：p:first-of-type，选择属于其父元素下所有 p 元素中第一个 p 元素
6	:last-of-type	如：p:last-of-type，选择属于其父元素下所有 p 元素中最后一个 p 元素
7	:only-of-type	如：p:only-of-type，选择每个 p 元素是其父级的唯一 p 元素

续表

序号	属　　性	描　　述
8	:only-child	如：p:only-of-child，选择每个 p 元素是其父级的唯一子元素
9	:nth-child(n)	如：p:nth-child(2)，选择每个 p 元素是其父级的第二个子元素
10	:nth-last-child(n)	如：p:nth-last-child(2)，选择每个 p 元素的是其父级的第二个子元素，从最后一个子项计数
11	:nth-of-type(n)	如：p:nth-of-type(2)，选择每个 p 元素是其父级的第二个 p 元素
12	:nth-last-of-type(n)	如：p:nth-last-of-type(2)，选择每个 p 元素是其父级的第二个 p 元素，从最后一个子项计数
13	:last-child	如：p:nth-last-of-type(2)，选择每个 p 元素是其父级的最后一个子级
14	:root	如：html:root，选择文档的根元素
15	:empty	如：p:empty，选择每个没有任何子级的 p 元素（包括文本节点）
16	:target	如：#news:target，选择当前活动的 #news 元素
17	:enabled	如：input:enabled，选择每个启用的 input 元素
18	:disabled	如：input:disabled，选择每个禁用的 input 元素
19	:checked	如：input:checked，选择每个被选中的 input 元素
20	:not(selector)	如：not(p)，选择非 p 元素的每个元素
21	::selection	如：::selection，选择被用户选取的元素部分

下面我们对表 4-1 中各类选择器分别进行介绍。

（1）关系选择器

element ~ element2 是兄弟选择器，选择的是出现在 element1 后面的 element2，element1 和 element2 这两种元素必须具有相同的父元素，但 element2 不必紧跟在 element1 的后面。

【例 4-1】将紧跟在 p 后的 h3 背景设置为红色，执行效果如图 4-1 所示。

```
<!-- 项目 Example4-1-->
```

CSS 样式：

```
p~h3{background:#f00;}
```

HTML 代码：

```
<h3> 这是一个标题 </h3>
<p> 这是一个文字段落 </p>
<p> 这是一个文字段落 </p>
<h3> 这是一个标题 </h3>
<p> 这是一个文字段落 </p>
<h3> 这是一个标题 </h3>
<p> 这是一个文字段落 </p>
<p> 这是一个文字段落 </p>
```

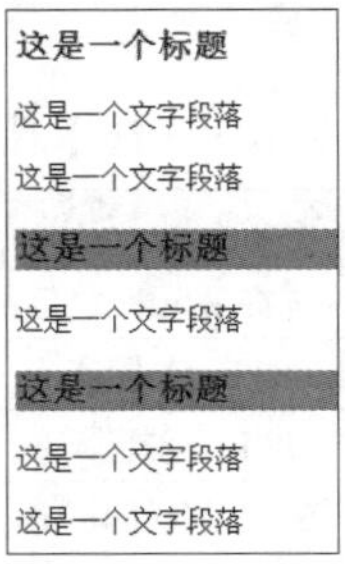

图 4-1
例 4-1 执行效果

（2）属性选择器

① E[attribute^=value]：选择具有 attribute 属性，且属性值为以 value 开头的字符串

的 E 元素。

【例 4-2】将 class 属性以 a 开头的 li 元素背景设置为红色,执行效果如图 4-2 所示。

```
<!-- 项目 Example4-2-->
```

CSS 样式:

```
li[class^="a"]{background:#f00;}
```

HTML 代码:

```
<ul>
    <li class="abc">列表项目</li>
    <li class="acb">列表项目</li>
    <li class="bac">列表项目</li>
    <li class="bca">列表项目</li>
</ul>
<p class="abc">段落元素</p>
```

例 4-2 中最后一个元素的 class 属性虽然是以 a 开头,但该元素不是 li 元素,所以也不在选择范围内。

② E[attribute$=value]:选择具有 attribute 属性,且属性值为以 value 结尾的字符串的 E 元素。

【例 4-3】将 class 属性以 a 结尾的 li 元素背景设置为红色,执行效果如图 4-3 所示。

```
<!-- 项目 Example4-3-->
```

CSS 样式:

```
li[class^="a"]{background:#f00;}
```

HTML 代码:

```
<ul>
    <li class="bac">列表项目</li>
    <li class="bca">列表项目</li>
    <li class="cab">列表项目</li>
    <li class="cba">列表项目</li>
</ul>
```

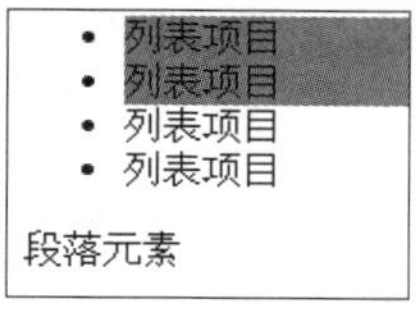

图 4-2
例 4-2 执行效果

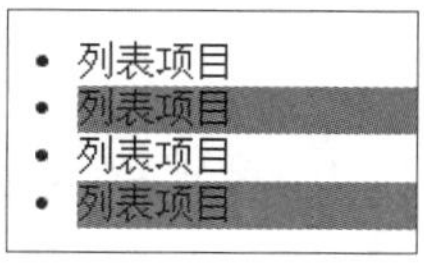

图 4-3
例 4-3 执行效果

③ E[attribute*=value]:选择具有 attribute 属性且属性值包含 value 字符串的 E 元素。

【例 4-4】将 class 属性中包含 a 的 li 元素背景设置为红色,执行效果如图 4-4 所示。

```
<!-- 项目 Example4-4-->
```

CSS 样式:

```
li[class*="a"]{background:#f00;}
```

HTML 代码:

```
<ul>
    <li class="acb">列表项目</li>
    <li class="bac">列表项目</li>
    <li class="bca">列表项目</li>
    <li class="cab">列表项目</li>
    <li class="cba">列表项目</li>
</ul>
```

笔 记

（3）伪类选择器

① E:not(selector)：匹配不含有 s 选择器的 E 元素，即满足括号中条件以外的 E 元素。E 元素也可以省略，省略后就匹配所有的标签元素。

【例 4-5】将 class 属性不是"abc"的 p 元素的背景均设置为红色，执行效果如图 4-5 所示。

```
<!-- 项目 Example4-5-->
```

CSS 样式：

```
p:not(.abc){background:#f00;}
```

HTML 代码：

```
<p class="abc">class=abc 的段落 </p>
<p id="abc">id=abc 的段落 </p>
<p class="abcd">class=abcd 的段落 </p>
<p>无 class 的段落 </p>
```

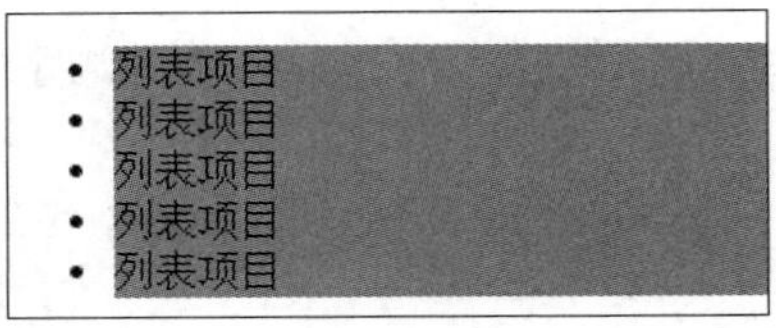

图 4-4
例 4-4 执行效果

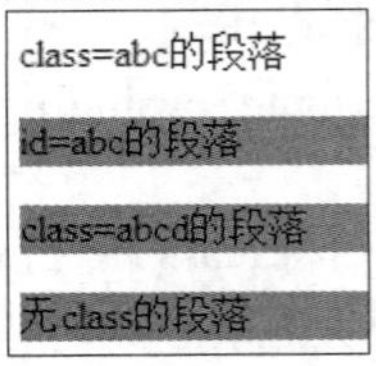

图 4-5
例 4-5 执行效果

② E:root：匹配 E 元素在文档的根元素。用来设置全局的 CSS 样式。

③ E:last-child：匹配父元素的最后一个子元素 E。要使该属性生效，E 必须是某个对象的子元素。

【例 4-6】假设 li 是其父节点的最后一个 li 子元素，将 li 的背景设置为红色，效果如图 4-6 所示。

```
<!-- 项目 Example4-6-->
```

CSS 样式：

```
li:last-child{background:#f00;}
```

HTML 代码：

```
<ul>
    <li>结构性伪类选择器 E:last-child</li>
    <li>结构性伪类选择器 E:last-child</li>
    <li>结构性伪类选择器 E:last-child</li>
    <li>结构性伪类选择器 E:last-child</li>
</ul>
```

④ E:only-child：匹配父元素仅有的一个子元素 E。其中，E 必须是某个对象的子元素，且是唯一的子元素。

【例 4-7】假设 li 为其父元素的唯一子节点，将 li 背景设置为红色，执行效果如图 4-7 所示。

```
<!-- 项目 Example4-7-->
```

CSS 样式：

```
li:only-child{background:#f00;}
```

HTML 代码：

```
<h1>只有唯一一个子元素 </h1>
```

```
<ul>
    <li> 结构性伪类选择器 E:only-child</li>
</ul>
<h1> 有多个子元素 </h1>
<ul>
    <li> 结构性伪类选择器 E:only-child</li>
    <li> 结构性伪类选择器 E:only-child</li>
    <li> 结构性伪类选择器 E:only-child</li>
</ul>
```

- 结构性伪类选择符 E:last-child
- 结构性伪类选择符 E:last-child
- 结构性伪类选择符 E:last-child
- 结构性伪类选择符 E:last-child

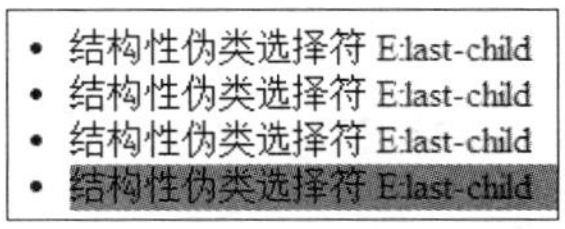

图 4-6
例 4-6 执行效果

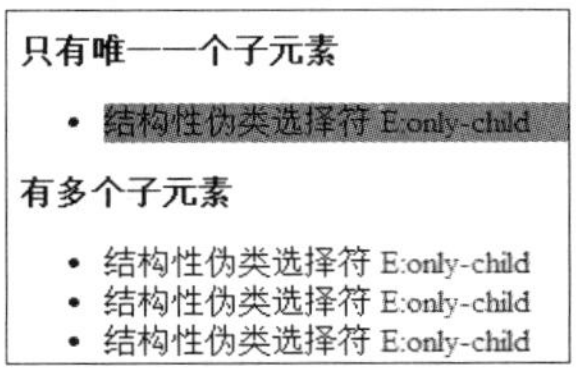

只有唯——个子元素
- 结构性伪类选择符 E:only-child

有多个子元素
- 结构性伪类选择符 E:only-child
- 结构性伪类选择符 E:only-child
- 结构性伪类选择符 E:only-child

图 4-7
例 4-7 执行效果

⑤ E:nth-child(n)：匹配父元素的第 n 个子元素 E。其中，E 必须是某个对象的子元素。n 可以是数字，也可以是函数关系，如 $2n$，$3n-1$。如果 n 为奇偶数，就可表示为 nth-child(odd) 和 nth-child(even)，且第 1 个节点数为 1。

【例 4-8】假设 li 和 p 均为其父元素的第 2 个子元素，将 li 和 p 的背景设置为红色，执行效果如图 4-8 所示。

```
<!-- 项目 Example4-8-->
```

CSS 样式：

```
li:nth-child(2), p:nth-child(2){background:#f00;}
```

HTML 代码：

```
<ul>
    <li> 列表 1</li>
    <li> 列表 2</li>
    <li> 列表 3</li>
    <li> 列表 4</li>
</ul>
<div>
<p> 第 1 个段落 </p>
<p> 第 2 个段落 </p>
</div>
```

例 4-8 采用的是 E:nth-child(n)，E:nth-last-child(n) 与之使用方法类似，但要从最后一个开始倒数。

⑥ E:first-of-type：匹配同类型中的第 1 个同级兄弟元素 E。与 first-of-child 不同的是，范围限定在同类型的元素。

【例 4-9】将同一层级下第 1 个 p 和 div 的背景设置为红色，效果如图 4-9 所示。

```
<!-- 项目 Example4-9-->
```

CSS 样式：

```
p:first-of-type,div:first-of-type{background:#f00;}
```

HTML 代码：

```
<body>
    <div> 我是 1 个 div 元素 </div>
    <p> 我是 1 个 p 元素 </p>
    <p> 我是 1 个 p 元素 </p>
    <div> 我是 2 个 div 元素 </div>
</body>
```

例 4-9 中采用的是 E:first-of-type，E:last-of-type 与之使用方法类同，但要求匹

配的是最后一个。

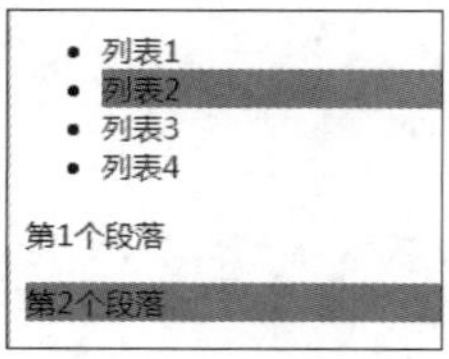

图 4-8
例 4-8 执行效果

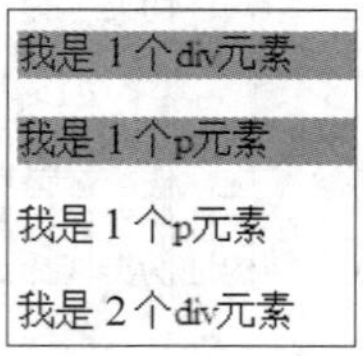

图 4-9
例 4-9 执行效果

⑦ E:only-of-type：匹配同类型中无同级兄弟元素 E。

【例 4-10】将代码中所有标签是同类型，但无同级兄弟元素的背景设置为红色，执行效果如图 4-10 所示。

```
<!-- 项目 Example4-10-->
```

CSS 样式：

```
li:only-of-type ,p:only-of-type{
    background: #f00;
}
```

HTML 代码：

```
<ul>
    <li>列表 1</li>
    <li>列表 2</li>
    <li>列表 3</li>
    <li>列表 4</li>
</ul>
<p>段落文本 </p>
```

例 4-10 中的 li 和 p 元素，只有 p 元素应用了红色背景，li 元素由于有 4 个同级兄弟元素，不符合要求，因此颜色未变。

⑧ E:nth-of-type(n)：匹配同类型中的第 n 个同级兄弟元素 E。

【例 4-11】假设 p 和 div 元素均为匹配同类型中的第 2 个元素，将 p 和 div 元素的背景设置为红色，执行效果如图 4-11 所示。

```
<!-- 项目 Example4-11-->
```

CSS 样式：

```
p:nth-of-type(2), div:nth-of-type(2){background: #f00;}
```

HTML 代码：

```
<p>段落文本 1</p>
<div>div 文本 1</div>
<p>段落文本 2</p>
<p>段落文本 3</p>
<div>div 文本 2</div>
```

例 4-11 采用了 E:nth-of-type(n)，E:nth-last-of-type(n) 的使用方法与 E:nth-of-type(n) 类似，但要从最后一个开始倒数。

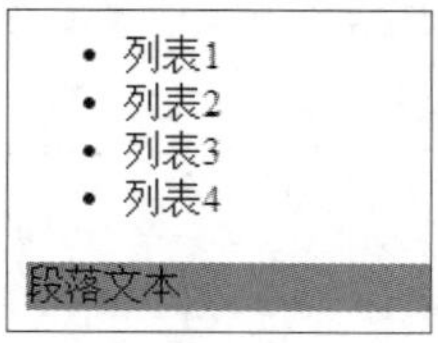

图 4-10
例 4-10 执行效果

图 4-11
例 4-11 执行效果

⑨ E:empty：匹配没有任何子元素（包括 text 节点）的 E 元素。

【例 4-12】将无子元素的 p 元素的背景设置为红色，执行效果如图 4-12 所示。

```
<!-- 项目 Example4-12-->
```

CSS 样式：

```
p:empty{height:2em;border:1px solid #ddd;background:#f00;}
```

HTML 代码：

```
<p> 段落文本 1</p>
<p><!-- 此处为空节点 p， 请注意显示时的效果 --></p>
<p> 段落文本 2</p>
```

⑩ E:checked：表示 E 元素处于选中状态。只可用于表单中的单选 / 复选框。

【例 4-13】将表单中性别和兴趣选项的背景设置为红色，并在其后面打勾，执行
效果如图 4-13 所示。

```
<!-- 项目 Example4-13-->
```

CSS 样式：

```
input:checked+span{background:#f00;}
input:checked+span:after{content:" √ ";}
```

HTML 代码：

```
<form method="post" action="#">
<fieldset>
    <legend> 性别 </legend>
    <ul>
        <li><label><input type="radio" name="gender" value="0" /><span> 男 </span>
</label></li>
        <li><label><input type="radio" name="gender" value="1" /><span> 女 </span>
</label></li>
    </ul>
</fieldset>
<fieldset>
    <legend> 我的兴趣 </legend>
    <ul>
        <li><label><input type="checkbox" name="hobbies" value="0" /><span> 打球
</span></label></li>
        <li><label><input type="checkbox" name="hobbies" value="1" /><span> 看书
</span></label></li>
        <li><label><input type="checkbox" name="hobbies" value="2" /><span> 游泳
</span></label></li>
    </ul>
</fieldset>
</form>
```

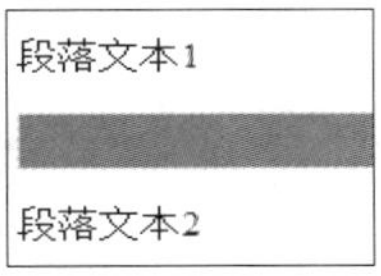

图 4-12
例 4-12 执行效果

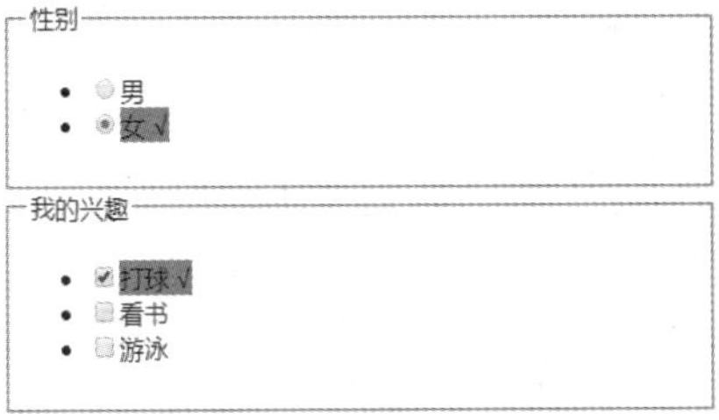

图 4-13
例 4-13 执行效果

⑪ E:enabled/E:disabled：表示 E 元素为可用 / 禁止状态。该属性也仅限于表单元素。

【例 4-14】将状态为可用 / 禁用的 input 元素背景设置为灰色 / 白色，执行效果如
图 4-14 所示。

```
<!-- 项目 Example4-14-->
```

笔 记

CSS 样式：

```
li{padding:3px;}
input[type="text"]:enabled{border:1px solid #090;background:#fff;color:#000;}
input[type="text"]:disabled{border:1px solid #ccc;background:#eee;color:#ccc;}
input[type="radio"]:enabled{background:#fff;color:#000;}
input[type="radio"]:disabled,input[type="radio"]:disabled+span{border:1px solid #ccc;
background:#eee;color:#ccc;}
```

HTML 代码：

```
<form method="post" action="#">
<fieldset>
    <legend>E:enabled 与 E:disabled</legend>
    <ul>
        <li><input type="text" value=" 可用状态 " /></li>
        <li><input type="text" value=" 禁用状态 " disabled="disabled" /></li>
    </ul>
</fieldset>
<fieldset>
    <legend>E:enabled 与 E:disabled</legend>
    <ul>
        <li><label><input type="radio" name="gender" value="0" /><span> 可用状态 </span></label></li>
        <li><label><input type="radio" name="gender" value="1" disabled="disabled"  /><span> 禁用状态 </span></label></li>
    </ul>
</fieldset>
</form>
```

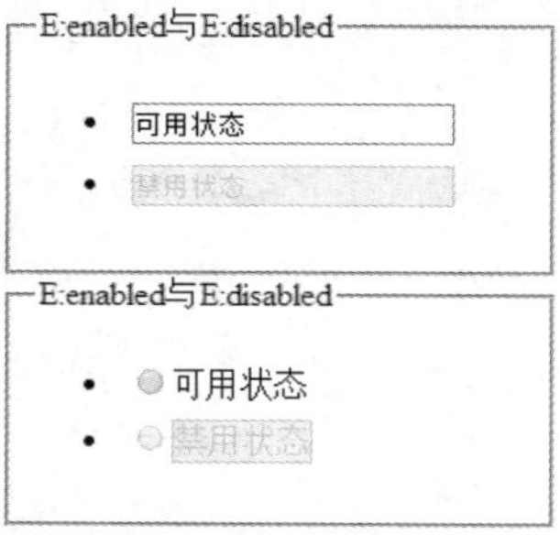

图 4-14

例 4-14 执行效果

⑫ E:target：指当 URL 路径中以该元素为目标，即当运用到页内锚点链接时，在地址栏中出现"# 锚点名称"，如图 4-15（a）所示。

【例 4-15】单击链接"前往链接 1""前往链接 2"后，对应锚点"#panel1""#panel2"元素将呈现边框为红色的效果，如图 4-15（b）所示。

```
<!-- 项目 Example4-15-->
```

CSS 样式：

```
.links{padding:10px 0;}
.blocks .panel{width:500px;margin-top:5px;border:1px solid #aaa;}
.blocks h2{border-bottom:1px solid #ddd;}
.blocks .panel:target, .blocks .panel:target h2{border:2px dashed #f00;}
h2,p{margin:0;padding:10px;font-size:1.2em;}
```

HTML 代码：

```
<div class="links">
        <a href="#panel1"> 前往链接 1</a>
        <a href="#panel2"> 前往链接 2</a>
    </div>
    <div class="blocks">
        <div id="panel1 "class="panel">
            <h2> 链接 1</h2>
            <div><p> 链接 1 内容 </p><p> 链接 1 内容 </p></div>
        </div>
        <div id="panel2" class="panel">
            <h2> 链接 2</h2>
```

笔 记

```
        <div><p>链接 2 内容 </p><p>链接 2 内容 </p></div>
    </div>
</div>
```

① 127.0.0.1:8020/h5/a16.html?__hbt=1533250326016#panel1

（a）锚点名称

前往链接1 前往链接2

链接1	
链接1内容	
链接1内容	

链接2
链接2内容
链接2内容

（b）例4-15执行效果

图 4-15

单击链接对应的锚点
边框背景为红色的执
行效果

（4）反选伪类选择器

E:not(s)：该选择器用于选择非 s 元素的每个 E 元素。

下面的代码段就是利用 E:not(s) 对于页面中的元素颜色分别进行设置。

CSS 样式代码：

```
p{
    color:#0ff;    /* 设置 p 元素的内容为浅蓝色 */
}
:not(p){
    color:#f00;    /* 设置非 p 元素的内容为红色 */
}
```

HTML 代码片段：

```
<h1>一个标题 </h1><!-- 显示为红色 -->
<p>一个段落。 </p><!-- 显示为浅蓝色 -->
<span>一行文本 </span><!-- 显示为红色 -->
```

（5）伪元素选择器

E::selector：该选择器匹配元素中被用户选中或处于高亮状态的部分。但它只可应用于少数的 CSS 属性：color、background、cursor 和 outline。

例如，::selection 定义颜色为"红色"，则双击选中当前页面中的任一元素时，都会变成红色。

```
/*CSS 样式 */
::selection{ /*IE9+、 Opera、 Google Chrome 和 Apple Safari 浏览器支持 */
    color:#ff0000;
}
::-moz-selection{/*Firefox 支持 */
    color:#ff0000;
}
/*HTML 代码 */。
<h1>这是标题 </h1>
<p>这是段落 </p>
<div>这是 div 中的文本 </div>
<a href="#"  target="_blank">这是链接 </a>
```

4.1.2 实例4-1：旅游网站的后台订单管理页面制作

问题描述：创建旅游网站后台订单管理页面。由于订单表行数较多，为了提高可

笔 记

阅读性，要求相邻行背景色为斑马纹，奇偶列标题的背景色不同，同时突出旅游线路热度榜的内容。

执行效果（见图 4-16（a）、（b）、（c））：

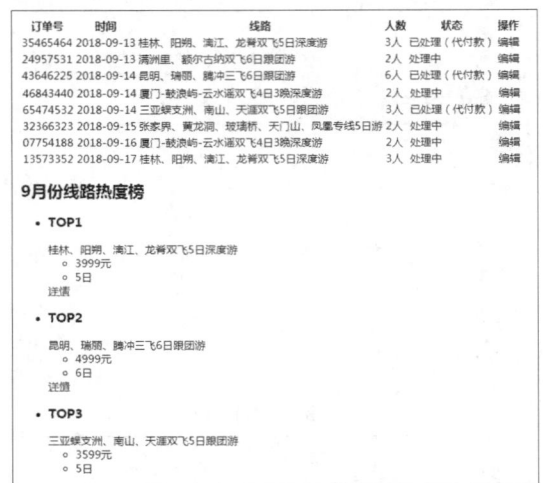

（a）未加CSS样式的执行效果

（b）　CSS样式下的后台订单管理页面

图 4-16
实例 4-1 的执行效果

（c）鼠标指针滑过线路信息

问题分析：

（1）对于相邻行或列进行不同设置，可使用属性选择器 tr:nth-child(n)，实现上可以采用函数区分行或列，也可以利用奇偶数 odd/even。订单管理页面的上半部分为订单记录列表，是一个 8 行 6 列的表格。为了提高阅读的舒适度，可从 2 个方面来考虑，一是对于相邻行采用斑马线背景，具体实现是采用基于奇偶数的属性选择器 tr:nth-child(odd) 和 tr:nth-child(even)，以区分 tr 子元素的奇偶状态。二是对于表标题行，采用同样的方式，由 thead th:nth-child(odd) 和 thead th:nth-child(even) 为 thead 元素的子元素 th 设置不同背景色，以达到区别各列的效果。

（2）页面下半部分是线路热度排行，为了有效地突出排名前三的线路信息，可采用属性选择器 li.rating_block:nth-child(1) .features，按左中右排列顺序来设置不同的背景色。为了进一步凸现选中的线路，在鼠标指针滑过时再改变一下样式，即放大该部分的整个 li 板块及背景色。页面中的元素放大和阴影效果，将在后续章节中详细讲解。

实现步骤：

（1）使用 HBuilder 工具，创建项目 Case4-1，新建 HTML 文件，网页代码如下。

```html
<div class="table-wrapper">
    <table class="fl-table">
        <thead>
        <tr>
            <th> 订单号 </th>
            <th> 时间 </th>
            <th> 线路 </th>
            <th> 人数 </th>
            <th> 状态 </th>
            <th> 操作 </th>
        </tr>
        </thead>
        <tbody>
        <tr>
            <td>35465464</td>
            <td>2018-09-13</td>
            <td> 桂林、 阳朔、 漓江、 龙脊双飞 5 日深度游 </td>
            <td>3 人 </td>
            <td> 已处理 （代付款） </td>
            <td> 编辑 </td>
        </tr>
        <tr>
            <td>24957531</td>
            <td>2018-09-13</td>
            <td> 满洲里、 额尔古纳双飞 6 日跟团游 </td>
            <td>2 人 </td>
            <td> 处理中 </td>
            <td> 编辑 </td>
        </tr>
        <tr>
            <td>43646225</td>
            <td>2018-09-14</td>
            <td> 昆明、 瑞丽、 腾冲三飞 6 日跟团游 </td>
            <td>6 人 </td>
            <td> 已处理 （代付款） </td>
            <td> 编辑 </td>
        </tr>
        <tr>
            <td>46843440</td>
            <td>2018-09-14</td>
            <td> 厦门 - 鼓浪屿 - 云水谣双飞 4 日 3 晚深度游 </td>
            <td>2 人 </td>
            <td> 处理中 </td>
            <td> 编辑 </td>
        </tr>
        <tr>
            <td>65474532</td>
            <td>2018-09-14</td>
            <td> 三亚蜈支洲、 南山、 天涯双飞 5 日跟团游 </td>
            <td>3 人 </td>
            <td> 已处理 （代付款） </td>
            <td> 编辑 </td>
        </tr>
        <tr>
            <td>32366323</td>
```

笔 记

```
                        <td>2018-09-15</td>
                        <td> 张家界、 黄龙洞、 玻璃桥、 天门山、 凤凰专线 5 日游 </td>
                        <td>2 人 </td>
                        <td> 处理中 </td>
                        <td> 编辑 </td>
                    </tr>
                    <tr>
                        <td>07754188</td>
                        <td>2018-09-16</td>
                        <td> 厦门 – 鼓浪屿 – 云水谣双飞 4 日 3 晚深度游 </td>
                        <td>2 人 </td>
                        <td> 处理中 </td>
                        <td> 编辑 </td>
                    </tr>
                    <tr>
                        <td>13573352</td>
                        <td>2018-09-17</td>
                        <td> 桂林、 阳朔、 漓江、 龙脊双飞 5 日深度游 </td>
                        <td>3 人 </td>
                        <td> 处理中 </td>
                        <td> 编辑 </td>
                    </tr>
                </tbody><tbody>
            </tbody></table>
<h2 class="rating_header">9 月份线路热度榜 </h2>
<ul class="rating_table">
    <li class="rating_block">
        <h3>TOP1</h3>
        <div class="rating">
            <div class="rating_figure">
                <span class="rating_name"> 桂林、阳朔、漓江、龙脊双飞 5 日深度游 </span>
            </div>
        </div>
        <ul class="features">
            <li>3999 元 </li>
            <li>5 日 </li>
        </ul>
        <div class="footer">
            <a href="#" class="action_button"> 详情 </a>
        </div>
    </li>
    <li class="rating_block">
        <h3>TOP2</h3>
        <div class="rating">
            <div class="rating_figure">
                <span class="rating_name"> 昆明、 瑞丽、 腾冲三飞 6 日跟团游 </span>
            </div>
        </div>
        <ul class="features">
            <li>4999 元 </li>
            <li>6 日 </li>
        </ul>
        <div class="footer">
            <a href="#" class="action_button"> 详情 </a>
        </div>
    </li>
    <li class="rating_block">
        <h3>TOP3</h3>
        <div class="rating">
            <div class="rating_figure">
                <span class="rating_name"> 三亚蜈支洲、 南山、 天涯双飞 5 日跟团游 </span>
            </div>
        </div>
        <ul class="features">
            <li>3599 元 </li>
            <li>5 日 </li>
        </ul>
        <div class="footer">
            <a href="#" class="action_button"> 详情 </a>
        </div>
    </li>
    <div class="clear" ></div>
```

```
</ul>
</div>
```

（2）添加以下样式表，代码如下。

```css
<style>
    /* 全局设定，* 通常去掉所有元素的内外边距，*/
* {
    margin: 0;
    padding: 0;
}
body {
    font-family: Helvetica;
    -webkit-font-smoothing: antialiased;
    background: rgba( 71, 147, 227, 1);
}
h2 {
    text-align: center;
    font-size: 18px;
    text-transform: uppercase;
    letter-spacing: 1px;
    color: white;
    padding: 30px 0;
}
div.clear {
    clear: both;
}
.wrapper {
    margin: 10px 70px 70px;
    box-shadow: 0px 35px 50px rgba( 0, 0, 0, 0.2);
}
/* 订单表格样式 */
.fl-table {
    border-radius: 5px;
    font-size: 12px;
    font-weight: normal;
    border: none;
    border-collapse: collapse;    /* 相邻 td 单元格边界线交叠 */
    width: 100%;
    max-width: 100%;
    white-space: nowrap;
    background-color: white;
}
.fl-table td,
.fl-table th {
    text-align: center;
    padding: 8px;
}
.fl-table td {
    border-right: 1px solid #f8f8f8;
    font-size: 12px;
}
.fl-table thead th {
    color: #ffffff;
    background: #4FC3A1;
}
.fl-table thead th:nth-child(odd) {    /* 表格中奇数列显示的效果 */
    color: #ffffff;
    background: #324960;
}
.fl-table tr:nth-child(even) {    /* 表格中偶数行显示的效果 */
    background: #F8F8F8;
}
/* 线路热度排行榜效果 */
.rating_table {
    line-height: 150%;
    font-size: 12px;
    margin: 0 auto;
    width: 100%;
    max-width: 800px;
    padding-top: 10px;
}
.rating_block {
```

笔 记

笔 记

```css
        text-align: center;
        width: 100%;
        color: #fff;
        float: left;
        list-style-type: none;
        transition: all 0.25s;      /* 鼠标指针滑过发生形变的动画效果 */
        position: relative;
        box-sizing: border-box;
        margin-bottom: 10px;
        border-bottom: 1px solid transparent;
}
/* 热门线路排名的标题 */
.rating_table h3 {
        text-transform: uppercase;
        padding: 5px 0;
        background: #333;
        margin: -10px 0 1px 0;
}
/* 热门线路排名的线路名称 */
.rating {
        display: table;
        background: #444;
        width: 100%;
        height: 70px;
}
.rating_figure {
        font-size: 14px;
        text-transform: uppercase;
        vertical-align: middle;
        display: table-cell;
}
.rating_name {
        font-weight: bold;
        display: block;
}
.rating_header {
        color: #eee;
}
/* 热门线路详细内容区域效果 */
.features {
        background: #DEF0F4;
        color: #000;
}
.features li {
        padding: 8px 15px;
        border-bottom: 1px solid #ccc;
        font-size: 11px;
        list-style-type: none;
}
/* 热门线路排名前三的分别设置不同背景色 */
li.rating_block:nth-child(1) .features {
        background: #FFCC99;
}
li.rating_block:nth-child(2) .features {
        background: #FFCCCC;
}
li.rating_block:nth-child(3) .features {
        background: #99CCCC;
}
/* 热门线路按钮效果 */
.footer {
        padding: 15px;
        background: #DEF0F4;
}
.action_button {
        text-decoration: none;
        color: #fff;
        font-weight: bold;
        border-radius: 5px;
        background: linear-gradient(#666, #333);
        padding: 5px 20px;
        font-size: 11px;
```

```
        text-transform: uppercase;
    }
    .rating_block:hover {
        box-shadow: 0 0 0px 5px rgba(0, 0, 0, 0.5);
        transform: scale(1.04) translateY(-5px);
        z-index: 1;
        border-bottom: 0 none;
    }
    .rating_block:hover .rating {
        background: #F9B84A;
        box-shadow: inset 0 0 45px 1px #DB7224;
    }
    .rating_block:hover h3 {
        background: #222;
    }
    .rating_block:hover .action_button {
        background: #DB7224;
    }
    /* 响应式排名区块排列，768px 以下屏幕水平显示 2 列，768px 以上显示 3 列 */
    @media only screen and (min-width: 480px) and (max-width: 768px) {
        .rating_block {
            width: 50%;
        }
        .rating_block:nth-child(odd) {
            border-right: 1px solid transparent;
        }
        .rating_block:nth-child(3) {
            clear: both;
        }
        .rating_block:nth-child(odd):hover {
            border: 0 none;
        }
    }
    @media only screen and (min-width: 768px) {
        .rating_block {
            width: 33%;
        }
        .rating_block {
            border-right: 1px solid transparent;
            border-bottom: 0 none;
        }
        .rating_block:last-child {
            border-right: 0 none;
        }
        .rating_block:hover {
            border: 0 none;
        }
    }
</style>
```

（3）运行 HTML5 文件。

鼠标右击，在快捷菜单中单击“在浏览器中打开”命令，执行效果如图 4-16 所示。

问题总结：

（1）CSS3 选择器的选择，取决于元素与其他元素之间的兄弟关系、父子关系（包含关系），如第一个节点和最后一个节点，既可以用 :first-child 和 :last-child，又可以用 nth-child(1) 及 nth-child(n)。顺序具有某种函数关系，如 nth-child(3n)，nth-child(5n-1) 等。我们只有通过大量练习，积累经验，才可以掌握 CSS 的选择器的规则。

（2）CSS3 样式表中，常见的效果还包括阴影效果、形变和过渡动画的设置，相关知识点见后续章节。

4.2　CSS3 边框和背景

本节主要介绍 CSS3 中用于设置边框和背景的属性，以及修饰图片和背景效果的

CSS3 边框背景

具体方法。

4.2.1　CSS3边框

边框属性包括 border-radius、box-shadow 和 border-image 3 部分（见表 4-2），它不但可用于设置边框，还可为边框所属图形设置阴影。

表 4-2　CSS3 边框属性

属　　性	描　　述
border-radius	定义边框圆角（简写），设置矩形 4 个角的 border-*-radius 属性
border-top-left-radius	定义边框左上角的形状
border-top-right-radius	定义边框右上角的形状
border-bottom-left-radius	定义边框左下角的形状
border-bottom-right-radius	定义边框右下角的形状
border-image	定义图片边框（简写），设置所有 border-image-* 属性
box-shadow	向矩形框添加一个或多个阴影

下面我们来介绍表 4-2 中属性的具体用法。

（1）border-radius

border-radius 属性允许为元素添加圆角边框，最多可指定 4 个角的 border-*- radius 属性的复合属性。为了保证能够兼容不同版本的浏览器，可附加设置 -moz-border-radius、-o-border-radius、-ms-border-radius 和 -webkit-border-radius 属性。

【例 4-16】创建 1 个 div 元素，设置其边框圆角的大小均为 2em，效果如图 4-17（a）所示；再创建 2 个 div 元素，将其对角和四角分别设置为不同的圆角，效果如图 4-17（b）所示。

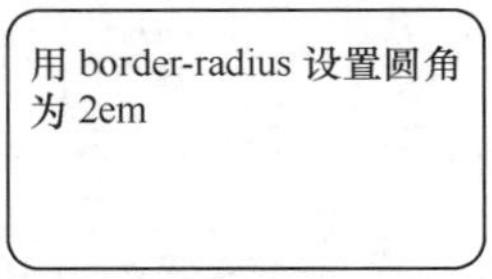

CSS3 圆角和阴影

用 border-radius 设置圆角为 2em

（a）4 个圆角相同的 div

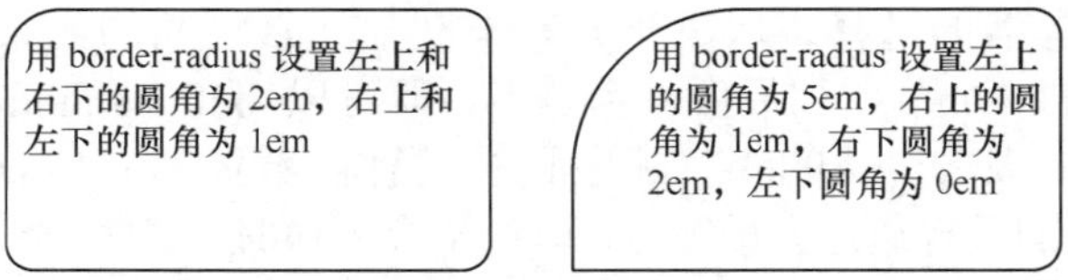

用 border-radius 设置左上和右下的圆角为 2em，右上和左下的圆角为 1em

用 border-radius 设置左上的圆角为 5em，右上的圆角为 1em，右下圆角为 2em，左下圆角为 0em

（b）圆角大小不同的 div

图 4-17
例 4-16 执行效果

```
<!-- 项目 Example4-16-->
div{
    border:2px solid red;
    border-radius:2em;
    /* 以下代码是为保证 CSS 兼容的私有属性，因篇幅限制，后面示例不再赘述 */
    -moz-border-radius:2em;    /*-moz- 代表 FireFox 浏览器私有属性 */
    -o-border-radius:2em;    /* -o- 代表 Opera 浏览器私有属性 */
```

```
        -ms-border-radius:2em;        /*-ms- 代表 IE 浏览器私有属性 */
        -webkit-border-radius:2em;        /*-webkit- 代表 Safari、 Chrome 浏览器私有属性 */
}
div.test1{
    border: 2px solid red;
    border-radius: 2em 1em 2em;
}
div .test2{
    border-radius: 5em 1em 2em 0em;
}
```

注　意

　　使用 border-radius 属性时，如果仅有一个属性值，如 border-radius: 5em，矩形的各个圆角半径值就相同；如果给出 3 个属性值，如 border-radius: 5em 1em 2em，圆角就分别对应左上、右上（同左下）和右下；如果是 4 个属性值，如 border-radius: 5em 1em 2em 0em，就从左上角沿顺时针方向，圆角分别对应左上、右上、右下和左下。CSS3 还提供了分支属性以对 4 个圆角分别进行设置，分别是 border-top-left-radius、border-top-right-radius、border-bottom-right-radius 和 border-bottom-left-radius，效果与 border-radius: 5em 1em 2em 0em 相同。

```
/* 分支属性示例代码 */
div{
    border: 2px solid red;
    border-top-left-radius:5em;
    border-top-right-radius:1em;
    border-bottom-right-radius:2em;
    border-bottom-left-radius:0em;
}
```

（2）border-image

border-image 属性突破了边框只能用颜色填充的局限，但其属性值（见表 4-3）设置和铺贴过程较为复杂。具体方法是，先选择背景图片，按照设定的属性值把图片裁剪为 9 个区域，再将其中周边的 8 个区域自适应地平铺到图形的边框中。下面我们分别介绍它的各分支属性。

表 4-3　border-image 属性值

属　性　值	描　　述
border-image-source	用作边框的图片的路径
border-image-slice	图片边框向内偏移
border-image-width	图片边框的宽度
border-image-outset	图片边框的所填充的图像区域超出边框的量
border-image-repeat	图片边框是否应平铺（repeat）、铺满（round）或拉伸（stretch）

① border-image-source。使用绝对或相对地址 URL 指定图片的路径，用于导入图片。比如：

```
border-image-source: url(img.png);        /*url(img.png) 为图片路径 */
```

② border-image-slice。将背景图片裁剪，再填充成图片边框。它有 1~4 个参数，分别代表上右下左 4 个方位的裁剪，与 CSS 常见方位规则相同。默认单位为像素，可以不写。例如：

```
border-image-slice: 30;     /*30 表示 30px*/
```

该属性还支持百分比值，它是相对于边框图片大小的。

　　下面我们举一个图片裁剪的例子，对于一个背景图片，按照 "30% 35% 40%

笔 记

30%"的百分比值进行切割和填充。如图 4-18 所示，距离图片顶边 30%、右边 35%、底边 40%，以及左边 30% 的地方各裁剪一下，即对图片进行了"四刀切"，形成了 9 个分离的区域，这就是九宫格。

再看另一个例子，将图 4-19（a）的图片作为 border-image，铺贴到图 4-19（b）的边框中，此时图 4-19（b）中的边框（border）也会被切割成为 9 块，border 的 4 个角铺贴的就是 border-image 4 个角上的橙红色块，而上下左右的区域对应铺贴的是粉色。

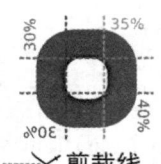

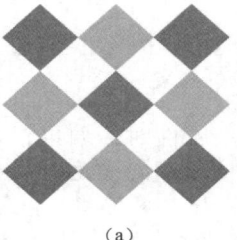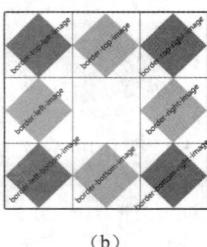

（a）　　　　（b）

图 4-18
边框背景图按"30% 35% 40% 30%"切割填充

图 4-19
原背景图与设置 border-image-slice 后铺贴的背景图

③ border-image-repeat。用于设置边框背景图在平铺时是否重复，取值有 stretch、repeat、round。其中，stretch 为默认值，会拉伸图像填充区域；repeat 表示重复填充；round 也是重复填充，但会凑整填充（通过适度的拉伸）。

【例 4-17】以图 4-19（a）为背景图（90px×90px），将它铺贴到 border 为 15px 的区域边框上，border-image-repeat 分别取值为 round、stretch 和 repeat，执行效果如图 4-20 所示。

```
<!-- 项目 Example4-17-->
/*CSS 样式 */
div{
    border:15px solid transparent;
    width:300px;
    padding:10px 20px;
}
#round{
    border-image-source: url(img/border.png) ;
    border-image-slice: 30 30;
    border-image-repeat: round;
}
#stretch{
    border-image-source: url(img/border.png) ;
    border-image-slice: 30 30;
    border-image-repeat: stretch;
}
#repeat{
    border-image-source: url(img/border.png) ;
    border-image-slice: 30 30;
    border-image-repeat: repeat;
}
```

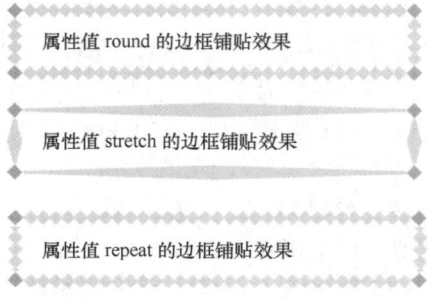

属性值 round 的边框铺贴效果

属性值 stretch 的边框铺贴效果

属性值 repeat 的边框铺贴效果

图 4-20
例 4-17 执行效果

④ border-image-width。用于设置图片边框的宽度，默认值为未填充时边框的宽度。相应地，背景图片会根据这个属性值进行缩放，再根据 border-image-repeat 属性值进行重复或平铺或拉伸。

【例4-18】设置边框为30px，用例4-17中的背景图 round 填充效果分别做等距填充、缩小填充和宽高非等比填充，执行效果如图4-21所示。

```
<!-- 项目 Example4-18-->
#equal{
    border: 30px double orange;
    border-image-source: url(img/border.png) ;
    border-image-slice: 30 30;        /*背景图用 30px 切割*/
    border-image-repeat: round;
    border-image-width: 30px ;        /*背景图显示为 30px，等比填充*/
}
#narrow{
    border: 30px double orange;
    border-image-source: url(img/border.png) ;
    border-image-slice: 30 30;        /*背景图用 30px 切割*/
    border-image-repeat: round;
    border-image-width: 15px;         /*背景图显示为 15px，缩小填充*/
}
#non-scaling{
    border: 30px double orange;
    border-image-source: url(img/border.png) ;
    border-image-slice: 30 30;        /*背景图用 30px 切割*/
    border-image-repeat: round;
    border-image-width: 60px 15px;    /*背景图水平方向显示为 60px，垂直方向为 15px，非等比填充*/
}
```

⑤ border-image-outset。指定边框向外延伸的距离，相当于把原来的贴图位置向外延伸，不可为负值。

【例4-19】边框背景图在 border 外部 15px 和 30px 的位置显示，执行效果如图4-22所示。

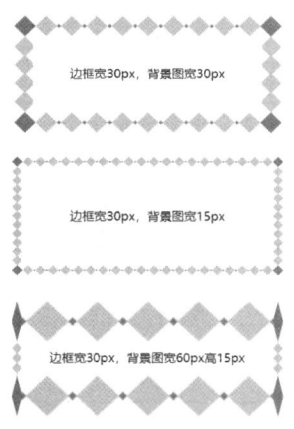

图 4-21
例 4-18 中不同 border-image-width 对比图

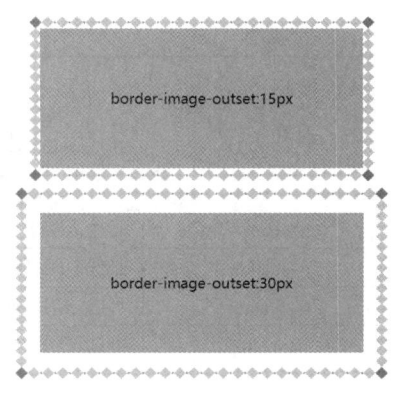

图 4-22
例 4-19 执行效果

```
<!-- 项目 Example4-19-->
#outer1{
    border: 30px double orange;
    border-image-source: url(img/border.png) ;
    border-image-slice: 30 30;
    border-image-repeat: round;
    border-image-width: 15px;
    border-image-outset: 15px;
}
#outer2{
    border: 30px double orange;
    border-image-source: url(img/border.png) ;
```

笔 记

```
    border-image-slice: 30 30;
    border-image-repeat: round;
    border-image-width: 15px;
    border-image-outset: 30px;
}
```

上面介绍了 border-image 的 5 个分支属性，我们也可以将这些分支包含在一个 border-image 属性设置中，语法规则是：

```
border-image: source slice width outset repeat|initial|inherit;
```

利用下面的 CSS 设置，可以实现图 4-20 第 2 幅图效果的 CSS。

```
#outer1 {
    width: 400px;
    height: 200px;
    border: 30px double orange;
    border-image: url(img/border.png) 30 30 stretch;
}
```

> 注 意
>
> border-image 的默认值为 none，表示边框无背景图片。如果使用 border-image，将会覆盖 border-style 属性所设置的边框样式。此外，规范要求使用 border-image 时边框样式必须存在。边框的宽度属性由 border-width 设置，以匹配对应 border-image 中贴图的宽度。如图 4-23 所示，即为删除 border 属性后的效果。

图 4-23
没有设置 border-width 的边框背景图效果

（3）box-shadow

表 4-4　box-shadow 属性

属　　性	描　　述
h-shadow	必选。阴影在水平方向的偏移量，允许负值
v-shadow	必选。阴影在垂直方向的偏移量，允许负值
blur	可选。阴影的模糊级别
spread	可选。阴影的大小（外延）
color	可选。阴影的颜色
inset	可选。内侧阴影

表 4-4 中的 box-shadow 属性用于设置元素的阴影效果。它可设置多组参数，实现阴影的叠加，各组参数以逗号隔开。

【例 4-20】使用 box-shadow 对多个区块分别设置不同的阴影效果，如图 4-24 所示。

```
<!-- 项目 Example4-20-->
ul .outset{    /* 设置了颜色，以及阴影在水平和垂直方向的偏移量 */
    -webkit-box-shadow:5px 5px rgba(0,0,0,0.6);
    box-shadow:5px 5px rgba(0,0,0,0.6);
}
ul .outset-blur{    /* 第 3 个长度值表示阴影的模糊级别，不允许为负 */
    -webkit-box-shadow:5px 5px 5px rgba(0,0,0,0.6);
```

```
        box-shadow:5px 5px 5px rgba(0,0,0,0.6);
    }
ul .outset-extension{      /* 第 4 个长度值表示阴影的外延程度，不允许为负 */
        -webkit-box-shadow:5px 5px 5px 10px rgba(0,0,0,0.6);
        box-shadow:5px 5px 5px 10px rgba(0,0,0,0.6);
    }
ul .inset{    /* 加 inset 表示为内阴影 */
        -webkit-box-shadow:2px 2px 5px 1px rgba(0,0,0,0.6) inset;
        box-shadow:2px 2px 5px 1px rgba(0,0,0,0.6) inset;
    }
ul .multiple-shadow{      /* 多组阴影叠加，用逗号隔开 */
        -webkit-box-shadow:0 0 5px 3px rgba(255,0,0,0.6), 0 0 5px 6px rgba(0,182,0,
        0.6), 0 0 5px 10px rgba(255,255,0,0.6);
        box-shadow:0 0 5px 3px rgba(255,0,0,0.6), 0 0 5px 6px rgba(0,182,0,0.6), 0 0
        5px 10px rgba(255,255,0,0.6);
    }
```

外阴影效果
box-shadow: 5px 5px rgba(0, 0, 0, .6);

外阴影模糊效果
box-shadow: 5px 5px 5px rgba(0, 0, 0, .6);

外阴影模糊外延效果
box-shadow: 5px 5px 5px 10px rgba(0, 0, 0, .6);

内阴影效果
box-shadow: 2px 2px 5px 1px rgba(0, 0, 0, .6) inset;

多组阴影叠加
box-shadow: 0 0 5px 3px rgba(255, 0, 0, .6), 0 0 5px 6px rgba(0, 182, 0, .6), 0 0 5px 10px rgba(255, 255, 0, .6);

图 4-24
例 4-20 中 box-shadow 不同阴影效果

4.2.2　CSS3背景

CSS3 提供了 background 属性（见表 4-5），该属性可以通过设置背景图及其所在区域，来实现不同的背景效果。

表 4-5　background 属性

属　　性	描　　述
background-image	设置元素的背景图像
background-size	设置背景图像的尺寸
background-origin	规定背景图片的定位区域
background-clip	规定背景的绘制区域

CSS3 多背景设置

（1）background-image

该属性用于设置要添加的背景图片路径。若有多个背景图片，可用逗号隔开，且第 1 张图片会显示在页面的最顶端。

【例 4-21】设计一张包含 2 个背景图的信纸，执行效果如图 4-25 所示。

```
<!-- 项目 Example4-21-->
#bg1{
    background-image: url(img/topleft.jpg), url(img/flowerbg.jpg);
    background-position: left top,right bottom;
    background-repeat: no-repeat;
    border: 3px groove orange;
}
```

（2）background-size

该属性用于设置各背景图片的尺寸大小。

笔记

【例 4-22】利用同一张背景图，分别设置不同大小，以多次使用，执行效果如图 4-26 所示。

```
<!-- 项目 Example4-22-->
#bg2{
    background-image: url(img/star.png), url(img/star.png);
    background-position: left top,right bottom;
    background-repeat: no-repeat;
    border: 3px groove orange;
    background-size: 50% 80%,25% 40% ;
}
```

图 4-25
例 4-21 多背景图的信纸

图 4-26
例 4-22 同一背景图不同尺寸的应用效果

（3）background-origin

该属性用于指定背景图像的位置区域。盒式模型（Box Model）所定义的区块元素分为 content-box、padding-box 和 border-box 3 个区域，如图 4-27 所示。背景图像可以在指定区域进行铺贴，即背景图的左上角起始位置可以选择上述 3 个区域中任意一个。

图 4-27
放置背景图片的
3 个区域

【例 4-23】将一个背景图片分别放置在 content-box、padding-box 和 border-box 位置，执行效果如图 4-28 所示。

```
<!-- 项目 Example4-23-->
#border{
    background: url(img/flower.jpg) no-repeat;
    background-origin:border-box;
}
#padding{
    background: url(img/flower.jpg) no-repeat;
    background-origin:padding-box;
}
#content{
    background: url(img/flower.jpg) no-repeat;
    background-origin:content-box;
}
```

（4）background-clip

裁剪属性是从指定位置开始裁剪，即图片不重复的情况下，指定背景图在裁剪时，其右下角的位置是 content-box、padding-box 还是 border-box。

图 4-28
例 4-23 的 3 种
铺贴图片的效果

【例 4-24】将一个背景图片，分别从 content-box、padding-box 和 border-box 位置进行裁剪，执行效果如图 4-29 所示。

```
<!-- 项目 Example4-24-->
#border{
    background: url(img/flower.jpg) no-repeat;
    background-origin:border-box;
    background-clip:border-box ;
}
#padding{
    background: url(img/flower.jpg) no-repeat;
    background-origin:padding-box;
    background-clip:padding-box;
}
#content{
    background: url(img/flower.jpg) no-repeat;
    background-origin:content-box;
    background-clip:content-box;
}
```

图 4-29
例 4-23 中的 3 种
裁剪效果

4.2.3　实例4-2：旅游网站的旅游线路推广页制作

问题描述：根据给定的素材图片（见图 4-30），创建一个页面，宣传三亚旅游路线，要求页面设计美观简洁。

（a）风格图片边框　　　　　　　（b）带透明度的海鸥图片

图 4-30
典型素材图片

笔 记

执行效果（见图 4-31）：

图 4-31
实例 4-2 执行效果

问题分析：实例中的难点有 2 个，一是使用同一个图片边框，对不同大小的风景图片设置边框；二是如何将海鸥背景素材图片加载到 header 板块的不同位置上。

实现步骤：

（1）使用 HBuilder 工具，创建项目 Case4-2，新建 HTML 文件，HTML 代码如下。

```
<div id="container">
    <header>
        <h1>三亚旅游</h1>
        <h2>路线概览</h2>
        <p>
            D1 大东海（2 小时）→鹿回头风景区（2 小时）→ 第一市场（2 小时）
        </p>
        <p>
            D2 呀诺达雨林文化旅游区（6～8 小时）
        </p>
        <p>
            D3 南山文化旅游区（4～5 小时）→天涯海角（2 小时）→三亚湾椰梦长廊（2 小时）→
            春园海鲜广场（2 小时）
        </p>
        <p>
            D4 蜈支洲岛（6～8 小时）→情人桥（1 小时）→白沙滩（1 小时）→观日岩（1 小时）→
            《私人订制》 淡水泳池（2 小时）
        </p>
        <p>    D5 返程</p>
    </header>
    <article id="ads">
        <ul>
            <li class="multibg p1"></li>
            <li class="multibg p2"></li>
            <li class="multibg p3"></li>
        </ul>
    </article>
    <aside>
        <li class="multibg p4"></li>
        <li class="multibg p5"></li>
    </aside>
    <footer>
        <section>
            <dl>
                <dt>联系方式</dt>
                <dd>地址：广东省广州市海和西路 123 号</dd>
                <dd>邮编：51××××</dd>
                <dd>电话：020-×××××××</dd>
                <dd>邮箱：xclx@abc.com</dd>
            </dl>
        </section>
```

```
        </footer>
</div>
```

（2）加入 CSS 样式效果。

```css
/* 全局设置 */
* {
    margin: 0;
    padding: 0;
}
#container {
    width: 100%;
    height: 100%;
    min-height: 1300px;
    background-color: 3fb9fa;
    background-image: url(img/bg3.jpg);
    background-repeat: no-repeat;
    background-position: center;
    background-size: cover;
}
/* header 加载了多张背景图片，叠加得到一大群海鸥飞行的效果 */
header {
    height: 700px;
    height: 800px;
    width: 1000px;
    margin: auto;
    left: 300px;
    position: relative;
    background-image: url(img/bird1.png), url(img/bird2.png), url(img/bird3.png),
    url(img/birds.png);
    background-position: center top, right top, right center, center;
    background-repeat: no-repeat, no-repeat, no-repeat, repeat;
}
header h1 {
    color: #fff;
    font-family: 黑体;
    font-size: 100px;
    text-shadow: 0 0 10px #fff, 0 0 20px #fff, 0 0 30px #fff, 0 0 40px #00a67c, 0
    0 70px #00a67c, 0 0 80px #00a67c, 0 0 100px #00a67c, 0 0 150px #00a67c;
    width: 600px;
    padding-top: 200px;
    text-align: right;
    letter-spacing: 30px;
}
header h2 {
    color: #fff;
    font-size: 30px;
    padding: 20px;
}
header p {
    color: #fff;
    font-size: 20px;
    padding: 10px;
    line-height: 30px;
}
ul {
    list-style: none;
    width: 1860px;
    margin: auto;
}
li {
    width: 500px;
    margin: 30px;
}
/*广告图片采用 border-image 进行边框的图片填充，大小采用 cover 平铺*/
.multibg {
    width: 500px;
    height: 300px;
    border: 30px solid orange;
    border-image: url(img/borderimg.png) 80 round;
    border-image-width: 90px;
    background-size: cover;
    border-image-outset: 30px;
```

笔 记

CSS3 拓展学习——
搜索框实现

```
}
article#ads li {
    float: left;
}
aside {
    position: fixed;
    top: 100px;
    right: 120px;
}
.p1 {
    background: url(img/sanya4.png) no-repeat center;
}
.p2 {
    background: url(img/sanya5.png) no-repeat center;
}
.p3 {
    background-image: url(img/sanya3.png);
}
.p4 {
    background-image: url(img/sanya1.png);
    width: 300px;
    height: 180px;
}
.p5 {
    background-image: url(img/sanya2.png);
    width: 300px;
    height: 180px;
}
footer:before {
    content: '';
    display: block;
    clear: both;
}
footer {
    width: 400px;
    margin: 50px auto;
    color: darkcyan;
    font-size: 16px;
}
```

问题总结：

（1）宣传类型的网页在使用素材图片时，如果需要调整和修改，不一定要依赖修图软件，而是可借助 CSS3 中提供的属性来实现。如本例中，就是利用 background-image 属性将同一背景图多次导入，并分别设置图片大小和位置，实现多张背景图叠加，达到了海鸟密集的效果。需要注意的是，每张图片的参数要用逗号隔开，而且顺序要一一对应（header 样式的字体加粗部分代码）。

（2）在网页中展示多张图片时，通常会使用边框效果。CSS3 中提供了独立设置边框背景图片的功能，自动匹配各种大小的背景框，如 border-image: url(img/borderimg.png) 80 round。只需修改 border-image 属性，无须修改图片，就能同时对图片显示的效果进行调整，大大提高了工作效率。

4.3　CSS3 文本和字体

本节主要介绍 CSS3 中文本和字体样式设置的相关属性。

4.3.1　文本和服务器字体

除图片外，文本是页面内容构成的另一个主要部分，文本样式包括字体、大小、颜色和形状等方面，CSS3 提供了 text-shadow 属性（见表 4-6）和 @font-face 规则（见表 4-7）。

（1）text-shadow 属性

该属性用于对文本设置一个或更多的阴影。

表 4-6　text-shadow 属性

属　　性	描　　述
h-shadow	必选。以文本为坐标，阴影在水平方向的偏移量。允许负值
v-shadow	必选。以文本为坐标，阴影在垂直方向的偏移量。允许负值
blur	可选。模糊的距离
color	可选。阴影的颜色，也可以是 rgba 带透明的颜色

【例 4-25】使用 text-shadow 属性，可以实现立体、发光等常用的文字阴影效果，如图 4-32 所示。

```
<!-- 项目 Example4-25-->
/*CSS 样式 */
.txt-shadow1 {
    text-shadow: 0 0 20px green;
}
.txt-shadow2 {
    text-shadow: -1px -1px #fff, 1px 1px #333;
    color: #ccc;
    background-color: #888;
}
.txt-shadow3 {
    color: #666;
    text-shadow: -1px -1px #000, -2px -2px #333, 1px 1px #fff, 2px 2px #eee;
}
.txt-shadow4 {
    background-color: #333;
    color: #1C9F96;
    text-shadow: 1px 1px #BAE6EF, 2px 2px #BAE6EF, 3px 3px #BAE6EF, 4px 4px
    #BAE6EF, 5px 5px #BAE6EF;
}
.txt-shadow5 {
    color: #eee;
    background-color: #666;
    text-shadow: 5px 5px #666, 7px 7px #eee;
}
.txt-shadow6 {
    background-color: #000;
    color: transparent;
    text-shadow: 0 0 5px #FFFF66, 1px 1px 1px #fff, -1px -1px 1px #fff, 0 0 10px
    #FFFF99, 0 0 20px #B9EB50;
}
.txt-shadow7 {
    color: #0DCFDF;
    text-shadow: 0 0 2px #686868, 0 1px 1px #ddd, 0 2px 1px #d5d5d5, 0 3px 1px
    #ccc, 0 4px 1px #c5c5c5, 0 5px 1px #c1c1c1, 0 6px 1px #bbb, 0 7px 1px #777, 0 8px 3px
    rgba(100, 100, 100, 0.4), 0 9px 5px rgba(100, 100, 100, 0.09), 0 10px 7px rgba(100,
    100, 100, 0.14), 0 11px 9px rgba(100, 100, 100, 0.2), 0 12px 11px rgba(100, 100, 100,
    0.24), 0 13px 15px rgba(100, 100, 100, 0.29);
    background-color: #fff;
}
.txt-shadow8{
    color:#fff;
    text-shadow:-1px 0 #666,0 -1px #666,1px 0 #666,0 1px #666;
}
```

（2）服务器字体

CSS3 提供了丰富的字体，设计师只要将需要的字体文件存放到 Web 服务器上，使用时该字体会被自动下载到用户的计算机上。服务器字体是在 CSS3 @font-face 规则中定义的。

笔 记

图 4-32
text-shadow 属性设
置的常见文本效果

表 4-7　@font-face 规则中定义的所有字体描述符

属　　性	描　　述
font-family	必选。规定字体的名称
src	必选。定义字体文件的 URL
font-stretch	可选。定义如何拉伸字体，属性值为 normal、condensed、ultra-condensed、extra-condensed、semi-condensed、expanded、semi-expanded、extra-expanded、ultra-expanded。默认是 normal
font-style	可选。定义字体的样式，取值为 normal、italic 和 oblique。默认为 normal
font-weight	可选。定义字体的粗细，取值为 normal、bold 和 100~900。默认为 normal
unicode-range	可选。定义字体支持的 unicode 字符范围。默认为 U+0~10FFFF

【例 4-26】使用服务器字体，将《大林寺桃花》设置成 2 种不同的效果，如图 4-33 所示。

```
<!-- 项目 Example4-26-->
@font-face {/*定义字体*/
    font-family:'隶书';
    src:url(src/SIMLI.TTF);
}
.ls{/*可用字体*/
    font-family: '隶书';
}
@font-face {/*定义字体*/
    font-family:'黑体';
    src:url(src/simhei.ttf);
}
.ht{/*可用字体*/
    font-family: '黑体';
}
<div class="ls">  <!-- 使用了隶书字体 -->
    <h1> 大林寺桃花 </h1>
    <p> 【作者】 白居易 </p>
    <p> 人间四月芳菲尽，山寺桃花始盛开。 </p>
```

```
      <p>长恨春归无觅处，不知转入此中来。</p>
   </div>
```

由例 4-26 可知，@font-face 中 font-family 描述的服务器字体名称，允许设计者自己定义，src 属性指定了 ttf 类型文件在网站的相对路径，图 4-33 中左、右图分别为使用了"隶书"和"黑体"字体的效果。

图 4-33
诗词《大林寺桃花》
"隶书"和"黑体"
字体的显示效果

4.3.2　实例4-3：旅游网站的机票预订页面制作

问题描述：创建一个移动端页面，用于预订机票 / 车票，包括城市、个人信息和日期等搜索条件。要求通过加载服务器端字体来定义页面文字，并具有较好的视觉效果。

执行效果（见图 4-34）：

（a）默认查询页面效果

（b）输入搜索条件和表单部分获取焦点后的页面效果

图 4-34
实例 4-3 执行效果

问题分析：作为移动端的页面，其布局与普通网页是有区别的，在设计时要考虑能够自动适应不同移动设备的屏幕大小。根据问题要求，将页面分为头部、菜单和表单 3 部分，其中头部包含网站标题；菜单包含 3 个搜索板块：机票、车票和酒店（受篇幅限制，本例仅实现机票板块效果）；对应菜单中的各搜索板块，表单会包含不同内容，如图 4-34 所示。

实现步骤：

（1）利用标签将页面划分为头部、菜单和表单部分，其中头部采用 <header> 标签，菜单和表单均使用 div。

（2）使用 HBuilder 工具，创建项目 Case4-3，新建 HTML 文件，HTML 代码如下。

```html
<div id="header">
    <h1 class="logo">小城旅行 </h1>
</div>
<div id="menu">
    <!-- 机票选项 -->
    <input id="flight" type="radio" name="travel">
    <label for="flight">机票 </label>
    <!-- 汽车选项 -->
    <input id="car" type="radio" name="travel">
    <label for="car">车票 </label>
    <!-- 酒店选项 -->
    <input id="hotel" type="radio" name="travel">
    <label for="hotel">酒店 </label>
</div>
<div id="form">
    <p class="notify">请选择您的预订选项 </p>
    <div class="counter select">
        <select id="from">
            <option value="上海 " selected="">     上海 </option>
            <option value="北京 ">北京 </option>
            <option value="广州 ">广州 </option>
            <option value="深圳 ">深圳 </option>
        </select>
        <label>出发地 </label>
    </div>
    <div class="counter select">
        <select id="to">
            <option value="北京 ">北京 </option>
            <option value="上海 ">上海 </option>
            <option value="广州 ">广州 </option>
            <option value="深圳 ">深圳 </option>
        </select>
        <label>到达地 </label>
    </div>
    <input id="first-name" type="text" autocomplete="given-name" required="">
    <label for="first-name">您的姓名 </label>
    <span></span>
    <br>
    <input id="last-name" type="text" autocomplete="family-name" required="">
    <label for="last-name">手机号码 </label>
    <span></span>
    <br><br>
    <div class="counter date">
        <input id="date" type="date" autocomplete="todays-date" required="">
        <label for="date">您的出发日期 </label>
        <span></span>
    </div>
    <div class="counter quantity-container">
        <input id="people" type="number" max="99" min="0" step="1" class="
        quantity-amount" name="" value="1" maxlength="2">
        <label for="people">人数 </label>
        <button class="gdown decrease" type="button">-</button>
        <button class="gup increase" type="button ">+</button>
```

```
            <span></span>
        </div>
        <div class="counter quantity-container">
            <input id="days" type="number" class="quantity-amount" name="" value="5"
            min="0" max="365" step="1">
            <label for="days"> 天数 </label>
            <button class="gdown decrease" type="button">-</button>
            <button class="gup increase" type="button">+</button>
            <span></span>
        </div>
        <input type="submit" value=" 立即预订 ">
</div>
```

（3）在项目 css 子目录下，创建 CSS 样式文件，完整代码如下。

```
/* 全局效果 */
* {
    font-size: 1.5rem;
    box-sizing: border-box;
    outline: none;
    -webkit-tap-highlight-color: transparent;
    font-family: 'Microsoft YaHei', 'Lantinghei SC', 'Open Sans', Arial, 'Hiragino
    Sans GB', 'STHeiti', 'WenQuanYi Micro Hei', 'SimSun',sans-serif;
}
body {
    background-color: #f6f6f6;
    text-align: center;
    width: 100%;
    margin: 0 auto;
    max-width: 45rem;
    padding-bottom: 1rem;
}
label {
    cursor: pointer;
    user-select: none;
}
:root {
    font-family: 'Microsoft YaHei','Lantinghei SC','Open Sans',Arial,'Hiragino Sans
    GB','STHeiti','WenQuanYi Micro Hei','SimSun',sans-serif;
}

/*------------------------header----------------------------*/
/*logo 标题选择了服务器字体 */
@font-face {
        /* 定义字体 */
        font-family: ' 郭小语钢笔楷体 ';
        src: url(../src/ 郭小语钢笔楷体 .ttf);
}
.logo {
    transition: all 0.3s  ;
    display: inline-block;
    margin: 1rem 0;
    height: 4rem;
    max-width: 40rem;
    width: 100%;
    text-decoration: none;
    text-shadow:1px 1px 1px violet,2px 2px 2px #333,3px 3px 3px #FFC0CB,4px 4px 4px
    #FADB4E;
    outline: 0;
    font-family: ' 郭小语钢笔楷体 ';
    text-align: center;
    font-size: 5rem;
    color: #f198f1;
    font-weight: bold;
}

/*--------------------- 菜单区域 --------------------*/
/* 菜单项是 checkbox 和 label 复合组成 */
input[type="radio"] {
    display: block;
    position: absolute;
    opacity: 0;
}
```

笔 记

```css
input[type="radio"] + label {
    margin-bottom: 1rem;
    color: violet;
    text-decoration: underline;
    display: inline-block;
    transition: all 0.5s ease;
    line-height: 3rem;
    white-space: nowrap;
    position: relative;
    padding-top: 4rem;
    vertical-align: middle;
    border-radius: 50%;
    width: 8rem;
    text-align: center;
    height: 8rem;
}
input[type="radio"]:checked + label {
    text-decoration: none;
    color:transparent;
    line-height: 4.5rem;
    background-color: #ef86ef;
}
/* 菜单项背景图片 */
input#flight+ label{
    background: url(../img/p1.png) no-repeat center;
}
input#flight:checked + label {
    background: url(../img/p12.png) no-repeat center;
}
input#car+ label{
    background: url(../img/p2.png) no-repeat center;
}
input#car:checked + label {
    background: url(../img/p22.png) no-repeat center;
    color: transparent;
}
input#hotel+ label{
    background: url(../img/p3.png) no-repeat center;
}
input#hotel:checked + label {
    background: url(../img/p32.png) no-repeat center;
    color: transparent;
}


/*-------------------- 复合查询表单区域 ----------------------*/
/* 选择选项的提示文字 */
.notify {
    font-size: 2rem;
    z-index: -1;
    transition: all 0.5s  ;
    margin: 0;
    letter-spacing: 0.03rem;
    border-radius: 1rem 1rem 0 0;
    font-weight: 400;
    color: #8aa2b9;
    padding: 0.5rem;
    padding-bottom: 0;
    max-width: 30rem;
    margin: 1rem auto;
    margin-top: 1rem;
    opacity: 1;
}
/* 所有文本框 */
.counter input,
input[type="text"] {
    width: 100%;
    font-size: 1.3rem;
    cursor: pointer;
    height: 3rem;
    margin: 0;
    line-height: 3rem;
```

```
      appearance: none;
      border: 0;
      outline: 0;
      padding-top: 0.75rem;
      text-align: center;
  }
  /* 紧跟在 input 之后的 label 的效果 */
  .counter input + label,
  input[type="text"] + label {
      transform-origin: 50% 0%;
      transition: transform 0.2s ease;
      font-size: 1.5rem;
      white-space: nowrap;
      display: block;
      height: 3rem;
      line-height: 3rem;
      margin-top: -3rem;
  }
  /*span 默认宽度是 0，设置 transition 过渡动画效果 */
  .counter input + label + span,
  input[type="text"] + label + span {
      height: 0.15rem;
      background-color: rgba(0, 0, 0, 0.1);
      width: 0%;
      margin: 0 auto;
      transition: all 0.5s ;
      display: block;
      margin-top: -0.15rem;
      position: relative;
      z-index: 9;
  }
  /*input 在验证或者获取焦点下 span 的效果，宽度从 0 到 100% 变化 */
  .counter input:valid + label + span, .counter input:focus + label + span,
  input[type="text"]:valid + label + span,
  input[type="text"]:focus + label + span {
      width: 100%;
  }
  /*input 在验证或者获取焦点下 label 的效果，文字变小并显示为紫色 */
  .counter input:focus + label, .counter input:valid + label,
  input[type="text"]:focus + label,
  input[type="text"]:valid + label {
      width: 100%;
      transition: transform 0.15s ease;
      color: violet;
      transform: scale(0.75) translate(0, -0.5em);
  }
  /*input 处于焦点状态下 span 背景色为紫色 */
  .counter input:focus + label + span,
  input[type="text"]:focus + label + span {
      background-color: violet;
  }
  /*input 处于焦点状态下 span 透明度为 1*/
  .counter input:focus + label, .counter input:focus + label + span,
  input[type="text"]:focus + label,
  input[type="text"]:focus + label + span {
      opacity: 1;
  }
  /* 提交按钮的效果 */
  input[type="submit"] {
      appearance: none;
      border: 0;
      cursor: pointer;
      font-size: 1.5rem;
      background-color: violet;
      display: block;
      padding: 1rem 2rem;
      color: #fff;
      margin: 0.5rem auto;
  }
  /* 提交按钮获取焦点的效果 */
  input[type="submit"]:focus {
      background-color: white;
```

```css
      color: violet;
      box-shadow: 0 0 0 0.1rem;
}

/*----------------- 加减按钮效果 ---------------*/
.gup,
.gdown {
    top: 0.75rem;
    user-select: none;
    display: block;
    width: 2em;
    height: 2em;
    text-align: center;
    line-height: 2em;
    color: #abc;
    font-weight: 600;
    transform: scale(0.9);
    transition: all 0.3s ease;
    border-radius: 50%;
    box-shadow: inset 0 0 0 0.1rem;
    font-weight: bold;
    cursor: pointer;
    position: absolute;
}
.gup:hover, .gup:focus,
.gdown:hover,
.gdown:focus {
    transform: scale(1.1);
    background-color: violet;
    color: white;
    box-shadow: inset 0 0 0 0.1rem violet;
}

.counter {
    display: inline-block;
    vertical-align: top;
    margin: 0.5rem;
    width: 9rem;
    min-height: 6rem;
    position: relative;
}
.counter input:focus ~ label {
    color: violet;
}
.counter input:focus ~ .gup, .counter input:focus ~ .gdown {
    background-color: transparent;
    color: violet;
    transform: scale(1);
    box-shadow: none;
}
.counter label {
    transform-origin: 50% 0;
    width: 100%;
    transform: scale(0.75);
    text-align: center;
    display: block;
    position: absolute;
    top: 0.5rem;
    transition: all 0.5s;
}
.counter button {
    position: absolute;
    appearance: none;
    width: 2rem;
    height: 2rem;
    border: 0;
    outline: 0;
    border-radius: 50%;
    line-height: 1.8rem;
    padding: 0;
    text-align: center;
    cursor: pointer;
```

```
      background-color: transparent;
}


.counter input ~ span {
    width: 0;
    height: 0.15rem;
    background-color: rgba(0, 0, 0, 0.1);
    width: 0%;
    margin: 0 auto;
    transition: all 0.5s cubic-bezier(0.7, 0, 0, 0.9);
    display: block;
    margin-top: -0.15rem;
    position: relative;
    z-index: 9;
}
.counter input:focus ~ span {
    width: 2.5rem;
    background-color: violet;
}
.counter .gup {
    left: auto;
    right: 1.5rem;
}
.counter .gdown {
    right: auto;
    left: 1.5rem;
}
input[type="date"] {
    cursor: pointer;
    width: 9.2rem;
}
.counter input:valid ~ label {
    color: currentcolor;
}
.counter input:focus ~ label {
    color: violet;
}
.counter select {
    text-indent: 1px;
    text-overflow: '';
    display: inline-block;
    text-align-last: center;
    text-align: center;
    background-color: transparent;
    appearance: none;
    border-radius: 0.25rem;
    width: 100%;
    line-height: 1rem;
    text-indent: 0;
    border: none;
    box-shadow: 0 0 0 0.1rem violet;
    padding: 0 1rem;
    padding-top: 1rem;
    height: 3rem;
    line-height: 2rem;
    font-size: 1.5rem;
    color: #000;
    cursor: pointer;
}
.counter select option {
    width: 100%;
    text-align: center;
}
.counter select + label {
    top: 0.25rem;
    color: violet;
}
.counter select:focus {
    background-color: violet;
    color: #fff;
    box-shadow: 0 0 0 0.1rem #e228e2;
```

笔 记

笔 记

```css
}
.counter select:focus + label {
  color: #bd1abd;
}

/*-----------700px 以内屏幕显示效果 ---------------------*/
@media (max-width: 700px) {
  .counter {
    width: 12rem;
    margin: 0 0.1rem;
  }
  .counter .gup {
    right: 0.8rem;
  }
  .counter .gdown {
    left: 0.8rem;
  }
  .counter.date {
    width: 15rem;
    display: block;
    margin: 0 auto;
    margin-bottom: 1rem;
  }
  .notify {
    font-size: 1.2rem;
    height: 1.5rem;
    line-height: 1.5rem;
    padding: 0;
    margin: 0 auto;
  }
  input:not(:checked) ~ input:not(:checked) ~ input:not(:checked) ~ .notify {
    opacity: 1;
    transform: translate(0, -6.25rem);
  }
  input[type="checkbox"] + label {
    margin: 0;
    width: 5.5rem;
    height: 5.5rem;
    padding-top: 1.5rem;
  }
  input[type="checkbox"] + label svg {
    left: 1.25rem;
    top: -0.75rem;
    width: 3rem;
    transform: scale(0.6) translate(0, -0.75rem);
  }
}

/*---------------300px 以内屏幕显示效果 ----------------------*/
@media (max-width: 300px) {
  :root {
    font-size: 5.2vw;
  }
  input[type="checkbox"] + label {
    margin: 0 -0.1rem;
  }
}
.counter.select {
  max-width: 14rem;
  margin: 0 0.25rem;
}
.counter input + label {
  line-height: 4rem;
}

@media (max-width: 800px) {
  .counter.select {
    max-width: 30vw;
    margin: 0 0.5rem;
  }
}
```

问题总结：

（1）制作移动端页面更多的是要考虑不同屏幕大小的自适应效果。本例中，出现了 rem 单位，在 2.1 章节我们已了解到，rem 是基于 html 元素的字体大小来决定，而 em 则由其父元素的字体大小决定。无论 rem 还是 em，最终显示会转换成 px 单位。

使用 rem 单位，转化的像素大小取决于页面根元素的字体大小，即 html 元素的字体大小，px 值为根元素字体大小乘以 rem 值。例如，根元素的字体大小是 16px，10rem 将等同于 160px，即 10 × 16 = 160。

使用 em 单位，px 值将是 em 值乘以其父元素的字体大小。例如，如果一个 div 的父元素的字体大小是 18px，10em 将等同于 180px，即 10 × 18 = 180。

（2）菜单按钮采用单选框、文字和图片结合的效果，图片以背景图方式出现。

本实例中，机票选项部分代码如下：

```
<input id="flight" type="radio" name="travel">
<label for="flight">机票</label>
```

单选框默认状态下的标签效果，代码如下：

```
input[type="radio"] + label {
  margin-bottom: 1rem;
  color: violet;
  text-decoration: underline;
  display: inline-block;
  transition: all 0.5s ease;
  line-height: 3rem;
  white-space: nowrap;
  position: relative;
  padding-top: 4rem;
  vertical-align: middle;
  border-radius: 50%;
  width: 8rem;
  text-align: center;
  height: 8rem;
}
```

当被选中后标签文字透明隐藏，只显示背景图片，代码如下：

```
input[type="radio"]:checked + label {
  text-decoration: none;
  color:transparent;
  line-height: 4.5rem;
  background-color: #ef86ef;
}
```

3 个菜单项背景图各不一样，可以根据 id 号单独设置，代码如下：

```
input#flight+label {
    background: url(../img/p1.png) no-repeat center  ;
}
input#flight:checked +label {
    background: url(../img/p12.png) no-repeat center  ;
}
```

在设计 input 文本框时，可以加入 CSS3 的动画效果，如图 4-35 所示。个人信息代码部分如下：

```
<input id="first-name" type="text" autocomplete="given-name" required="">
<label for="first-name">您的姓名</label>
<span></span>
```

根据 input 状态，改变 label 和 span 的效果，label 由黑色文字变小变紫，label 宽度从 0 到 100%，其中的变化都由过渡动画完成。代码如下：

```
/*紧跟在 input 后 label 的效果*/
.counter input + label,
input[type="text"] + label {
```

笔 记

```
    transform-origin: 50% 0%;
    transition: transform 0.2s ease;
    font-size: 1.5rem;
    white-space: nowrap;
    display: block;
    height: 3rem;
    line-height: 3rem;
    margin-top: -3rem;
}
/*span 默认宽度是 0, 设置 transition 过渡动画效果 */
.counter input + label + span,
input[type="text"] + label + span {
    height: 0.15rem;
    background-color: rgba(0, 0, 0, 0.1);
    width: 0%;
    margin: 0 auto;
    transition: all 0.5s ;
    display: block;
    margin-top: -0.15rem;
    position: relative;
    z-index: 9;
}
/*input 在验证或者获取焦点下 span 的效果, 宽度从 0 到 100% 变化 */
.counter input:valid + label + span, .counter input:focus + label + span,
input[type="text"]:valid + label + span,
input[type="text"]:focus + label + span {
    width: 100%;
}
/*input 在验证或者获取焦点下 label 的效果, 文字变小并显示为紫色 */
.counter input:focus + label, .counter input:valid + label,
input[type="text"]:focus + label,
input[type="text"]:valid + label {
    width: 100%;
    transition: transform 0.15s ease;
    color: violet;
    transform: scale(0.75) translate(0, -0.5em);
}
/*input 处于焦点状态下 span 背景色为紫色 */
.counter input:focus + label + span,
input[type="text"]:focus + label + span {
    background-color: violet;
}
/*input 处于焦点状态下 span 透明度为 1*/
.counter input:focus + label, .counter input:focus + label + span,
input[type="text"]:focus + label,
input[type="text"]:focus + label + span {
    opacity: 1;
}
```

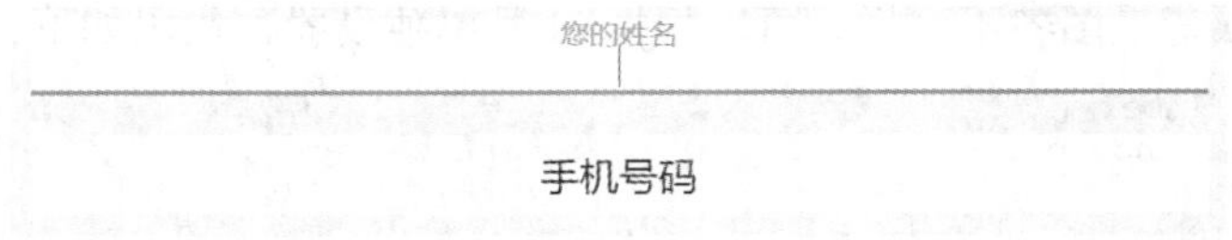

您的姓名

手机号码

图 4-35
input 获取焦点和失去焦点效果对比

4.4 CSS3 盒式与多栏布局

通常网页内容都是由文本和图片混合组成的, 好的布局可以使得页面具有更清晰的整体结构。盒式和多栏是 CSS3 中常见的 2 种布局模式。

4.4.1 弹性盒布局

弹性盒布局（Flexbox, 简称 Flex）是 CSS3 的一种新布局模式, 它使容器中子元素的排列、对齐和分配空白空间的处理更为有效，尤其是当屏幕和浏览器窗口大小发生变化时，能够保持元素的相对位置和大小不变，这样也减少了依赖于浮动布局实现元素位置的定义和重置。Flex 模型有新、旧版 2 种，就功能而言新版强大很多，但在浏览器兼容性方面，旧版优势明显，因此本书中使用的仍为旧版。Flex 的属性见表 4-8。

表 4-8　Flex 属性

属　　性	描　　述
box-orient	设置或检索弹性盒模型对象的子元素的排列方式
box-pack	设置或检索弹性盒模型对象的子元素的对齐方式
box-align	设置或检索弹性盒模型对象的子元素的对齐方式
box-flex	设置或检索弹性盒模型对象的子元素如何分配其剩余空间
box-flex-group	设置或检索弹性盒模型对象的子元素的所属组
box-ordinal-group	设置或检索弹性盒模型对象的子元素的显示顺序
box-direction	设置或检索弹性盒模型对象的子元素的排列顺序是否反转
box-lines	设置或检索弹性盒模型对象的子元素是否可以换行显示

Flex 是布局模块而非单个简单属性，由父容器（flex 容器）和它的直接子元素（flex 项目）组成。具体的使用方法是，首先创建 flex 容器元素，并设置其 display 属性值为 flex 或 inline-flex，该容器元素就被定义为弹性容器，其所有子元素会自动成为 flex 项目，通常子元素在 flex 容器中用一行显示。默认情况每个容器只有一行。下面我们来详细介绍 Flex 相关属性的用法。

（1）box-orient

用于设置或检索 Flex 模型对象的子元素的排列方式。属性值为 horizontal 时，Flex 模型对象的子元素为水平排列；属性值为 vertical 时，则 Flex 模型对象的子元素为纵向排列。

【例 4-27】某网站首页，要求分别实现横向和纵向排列的导航条，如图 4-36 所示。

```
<!-- 项目 Example4-27-->
.nav {      /*flex 容器元素 */
    display: box;
    width: 300px;
    height: 50px;
    margin: 0;
    padding: 0;
    list-style: none;
}
.nav li{
    text-align: center;
    min-width:5em;
    min-height: 3em;
    line-height:3em;
}
#horizontal {
    box-orient: horizontal;
}
#vertical {
    box-orient: vertical;
}
.nav li:nth-child(1) {
    box-flex: 1;
    background: #666;
}
.nav li:nth-child(2) {
    -ms-box-flex: 2;
```

笔 记

```
        box-flex: 2;
        background: #999;
    }
    .nav li:nth-child(3) {
        box-flex: 3;
        background: #ccc;
    }
```

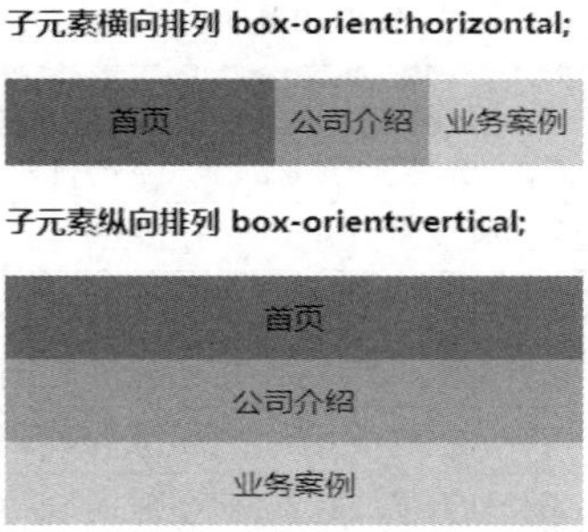

子元素横向排列 box-orient:horizontal;

| 首页 | 公司介绍 | 业务案例 |

子元素纵向排列 box-orient:vertical;

| 首页 |
| 公司介绍 |
| 业务案例 |

图 4-36
例 4-27 的导航效果

（2）box-pack

用于设置或检索 Flex 模型对象的子元素的对齐方式。属性取值有 start、center、end 或 justify，分别表示 Flex 模型对象的子元素从开始位置对齐（大部分情况等同于左对齐）、居中对齐、从结束位置对齐（大部分情况等同于右对齐）以及两端对齐。

【例 4-28】将不同方向排列的导航条分别设置为居左、中、右和两端对齐，如图 4-37 所示。

```
<!-- 项目 Example4-28-->
<ul id="box" class="box">
        <li> 首页 </li>
        <li> 公司概况 </li>
        <li> 产品介绍 </li>
</ul>
<p></p>
<ul id="box2" class="box">
        <li> 首页 </li>
        <li> 公司概况 </li>
        <li> 产品介绍 </li>
</ul>
<p></p>
<ul id="box3" class="box">
        <li> 首页 </li>
        <li> 公司概况 </li>
        <li> 产品介绍 </li>
</ul>
<p></p>
<ul id="box4" class="box">
        <li> 首页 </li>
        <li> 公司概况 </li>
        <li> 产品介绍 </li>
</ul>
<p></p>
<ul id="box5" class="box2">
        <li> 首页 </li>
        <li> 公司概况 </li>
        <li> 产品介绍 </li>
</ul>
<p></p>
<ul id="box6" class="box2">
        <li> 首页 </li>
        <li> 公司概况 </li>
        <li> 产品介绍 </li>
```

笔记

```
</ul>
<p></p>
<ul id="box7" class="box2">
    <li>首页 </li>
    <li>公司概况 </li>
    <li>产品介绍 </li>
</ul>
<p></p>
<ul id="box8" class="box2">
    <li>首页 </li>
    <li>公司概况 </li>
    <li>产品介绍 </li>
</ul>
.box, .box2 {
    display: -webkit-box;
    display: box;
    margin: 0;
    padding: 10px;
    background: #000;
    list-style: none;
}
.box {
    -webkit-box-orient: horizontal;
    box-orient: horizontal;
    width: 400px;
    height: 50px;
}
.box2 {
    -webkit-box-orient: vertical;
    box-orient: vertical;
    width: 100px;
    height: 260px;
}
#box, #box5 {
    -webkit-box-pack: start;
    box-pack: start;
}
#box2, #box6 {
    -webkit-box-pack:center;
    box-pack: center;
}
#box3, #box7 {
    -webkit-box-pack:end;
    box-pack: end;
}
#box4, #box8 {
    -webkit-box-pack:justify;
    box-pack:justify;
}
.box li {
    width: 120px;
    text-align: center;
    line-height: 50px;
}
.box2 li {
    height: 50px;
    line-height: 50px;
    text-align: center;
}
.box li:nth-child(1),
.box2 li:nth-child(1) {
    background:lightblue;
}
.box li:nth-child(2),
.box2 li:nth-child(2) {
    background:lightpink;
}
.box li:nth-child(3),
.box2 li:nth-child(3) {
    background:lightsalmon;
}
```

笔 记

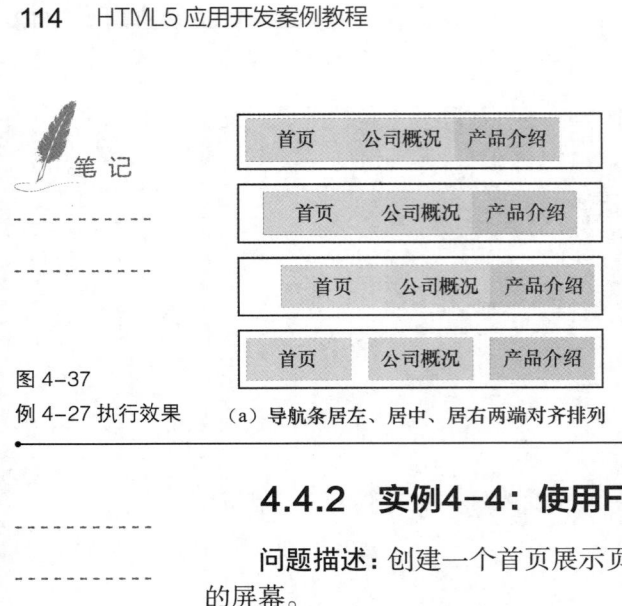

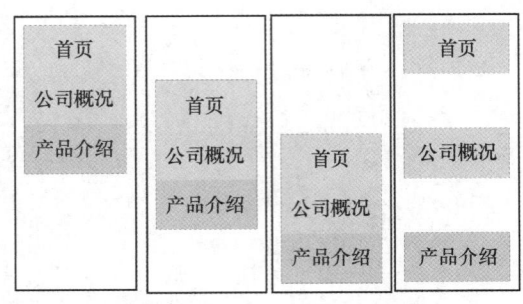

图 4-37
例 4-27 执行效果　（a）导航条居左、居中、居右两端对齐排列　　（b）导航条居上、居中、居下两端对齐排列

4.4.2　实例4-4：使用Flex布局构建网站首页

问题描述：创建一个首页展示页面，能自动实现多分栏结构，并可适应多种尺寸的屏幕。

执行效果（见图 4-38）：

图 4-38
应用 Flex 布局的网站首页效果

问题分析：为了能适应多种终端屏幕的大小，页面设计需要考虑 2 个方面，一是针对不同尺寸的屏幕，使用 @media 加载相应的 CSS 样式；二是在 CSS3 的整体布局中，增加 box-flex 等属性，使得区块自动显示列布局。

实现步骤：

（1）使用 HBuilder 工具，打开项目 Case4-4，新建 HTML 文件，网页代码如下。

```html
<header>
    <div id="header-inner">
        <div id="logo">
            <span><img src="img/logo.png" alt="小城旅行 logo"></span>
        </div>
        <nav>
            <ul id="nav">
                <li id="t-home">
                    <a href="#">首页 </a>
                </li>
                <li id="t-wigs">
                    <a href="#">活动 </a>
                </li>
                <li id="t-wiglist">
                    <a href="#">资讯 </a>
                </li>
                <li id="t-pals">
                    <a href="#">论坛 </a>
                </li>
                <li id="t-shop">
                    <a href="#">线路 </a>
                </li>
                <li id="t-account">
                    <a href="#">酒店 </a>
                </li>
            </ul>
        </nav>
    </div>
</header>
<hr>
<div id="main-body">
    <h1><img src="img/ 旅游广告 .jpg"></h1>
    <div id="content">
        <div id="search">
            <form>
                <h3> 搜索活动、 线路、 酒店 </h3>
                <input id="search-text" type="text">
                <input type="image" src="img/btn-search.gif" alt="Search">
            </form>
        </div>
        <div class="content">
            <div class="hreview">
                <h3><span> 活动足迹推荐 </span></h3>
                <span class="reviewer vcard">
                    <a class="url" href="#"><img class="photo" src="img/wuyuan.
                        jpg" alt="avatar"></a>
                    <h4 class="item"> 【婺源 2 天】 周末火车 ·婺源赏长溪最美红叶 - 观古村
                        篁岭晒秋徽乡古道 - 徒步长溪村 - 行摄乡村美景
                    </h4>
                    <a class="url fn" href="#"> >> </a>
                </span>
                <abbr class="rating" title="3"><img src="img/icon-4stars.gif"
                    alt="****">
                </abbr>
                <blockquote class="description"> 这个时候， 走出城市， 来到乡野， 欣
                    赏秋色的季节。 爱好自然的你， 在秋高气爽， 满山红叶的时刻， 到婺源来走一走
                    铺满落叶的古驿道……
                </blockquote>
            </div>
            <div class="hreview">
                <h3><span> 火热线路推荐 </span></h3>
                <span class="reviewer vcard">
                    <a class="url" href="#"><img class="photo"
                        src="img/baishishan.jpg"  alt="avatar">
                    </a>
                    <h4 class="item"> 【白石山】 黄山之奇 华山之险 张家界之秀
                    </h4>
                    <a class="url fn" href="#"> >> </a>
                </span>
```

笔记

```
                            <abbr class="rating" title="3"><img src="img/icon-4stars.gif"
                            alt="****">
                            </abbr>
                            <blockquote class="description"> 白石山在河北涞源境内，因山体遍布白色
                                大理石得名， 中国唯一大理岩峰林地貌，被誉为集 " 黄山之奇， 华山之险、
                                张家界之秀 " 的北方奇山。
                            </blockquote>
                        </div>
                        <div class="hreview">
                            <h3><span> 精品酒店推荐 </span></h3>
                            <span class="reviewer vcard">
                                <a class="url" href="#">
                                    <img class="photo" src="img/hotel.png"
                                        alt="avatar">
                                </a>
                                <h4 class="item"> 上海浦东丽思卡尔顿酒店 </h4>
                                <a class="url fn" href="#">>></a>
                            </span>
                            <abbr class="rating" title="3">
                                <img src="img/icon-4stars.gif" alt="****">
                            </abbr>
                            <blockquote class="description"> 上海浦东丽思卡尔顿酒店地处陆家嘴国金
                                中心的顶端楼层， 享有黄浦江及外滩迷人景致……
                            </blockquote>
                        </div>
                    </div>
                </div>
                <hr>
                <aside id="sidebar">
                    <h3> 无限风光 </h3>
                    <ul class="pals">
                        <li>
                            <a href="http://#"><img src="img/suolve1.png" alt="pal photo"></a>
                        </li>
                        <li>
                            <a href="http://#"><img src="img/suolve2.png" alt="pal photo"></a>
                        </li>
                        <li>
                            <a href="http://#"><img src="img/suolve3.png" alt="pal photo"></a>
                        </li>
                        <li>
                            <a href="http://#"><img src="img/suolve4.png" alt="pal photo"></a>
                        </li>
                        <li>
                            <a href="http://#"><img src="img/suolve5.png" alt="pal photo"></a>
                        </li>
                        <li>
                            <a href="http://#"><img src="img/suolve6.png" alt="pal photo"></a>
                        </li>
                        <li>
                            <a href="http://#"><img src="img/suolve7.png" alt="pal photo"></a>
                        </li>
                    </ul>
                    <h3> 此刻的 TA 们都在……</h3>
                    <dl class="blog">
                        <dt><a href="http://#">ayooooooooo 分享了 </a></dt>
                        <dd> 在马尔代夫度假……</dd>
                        <dd class="posted">2018 年 12 月 3 日 </dd>
                    </dl>
                    <dl class="blog">
                        <dt><a href="http://#"> 卡塔库栗    分享了 </a></dt>
                        <dd> 寻仙问道太鹤山， 百转千回千……</dd>
                        <dd class="posted">2018 年 12 月 3 日 </dd>
                    </dl>
                    <dl class="blog">
                        <dt><a href="http://#"> 不会长大的猫    分享了 </a></dt>
                        <dd> 志闽旅游区 - 与你的不解之约……</dd>
                        <dd class="posted">2018 年 12 月 2 日 </dd>
                    </dl>
                    <dl class="blog">
                        <dt><a href="http://#">cmp380828    分享了 </a></dt>
                        <dd> 静雅之美…</dd>
```

```
            <dd class="posted">2018 年 12 月 2 日 </dd>
        </dl>
    </aside>
</div>
<footer id="footer">
    <section>
        <dl>
            <dt> 联系方式 </dt>
            <dd> 地址： 广东省广州市海和西路 123 号 </dd>
            <dd> 邮编： 51×××</dd>
            <dd> 电话： 020-×××××××</dd>
            <dd> 邮箱： xclx@abc.com</dd>
        </dl>
    </section>
</footer>
```

（2）添加 CSS 样式表。

```css
/*--------------- 全局效果 ---------------*/
body {
    margin: 0;
    padding: 0;
    font-family: Verdana, sans-serif;
    font-size: 0.9em;
    color: #464e54;
    background: #e5eff7;
}
a:link,
a:visited {
    color: #4778a2;
}

/*--------------- 布局结构 ---------------*/
#main-body {
    width: 58em;
    margin: 0 auto;
    padding: 30px 1em;
    font-size: 95%;
    overflow: hidden;
}
#content {
    float: left;
    width: 37em;
}
sidebar {
    float: right;
    width: 18em;
    margin: 0 0 0 3em;
}
footer {
    clear: both;
    margin: 0;
    padding: 15px;
}

/*--------------- 头部设置 ---------------*/
header {
    padding: 38px 0 0 0;
    font-size: 95%;
    background: #fff;
    overflow: hidden;
}
#header-inner {
    width: 60em;
    margin: 0 auto;
}
header #logo {
    float: left;
    margin: 0 0 20px 0;
    color: #fff;
```

```css
}
header #logo span {
    display: block;
    width: 280px;
    height: 95px;
    text-indent: -9999px;
    background: url(../img/logo.png) no-repeat top left;
    background-size: cover;
}

/*-------------- 导航条 ---------------*/
header #nav {
    clear: both;
    width: 60em;
    margin: 0 auto;
    padding: 0;
    list-style: none;
    /*---------- 启动弹性盒式布局 ----------*/
    display: -webkit-box;
    display: box;
    -webkit-box-orient: horizontal;
    box-orient: horizontal;
}
header #nav li {
    /*float: left;*/
    margin: 0 2px 0 0;
    padding: 0;
}
header #nav li a {
    float: left;
    margin: 0;
    padding: 10px 1.3em;
    font-family: Georgia, serif;
    font-size: 85%;
    text-decoration: none;
    text-transform: uppercase;
    letter-spacing: 2px;
    color: #fff;
    background: #403930 url(../img/nav-off.gif) repeat-x bottom left;
}
header #nav li a:hover {
    color: #d1b99d;
    background: url(../img/diag-bg.gif);
}
body header #nav li#t-home a {
    font-weight: bold;
    color: #a57148;
    background: #fff;
}

/*-------------- 页面主体区域整体布局 ---------------*/
span.amp {
    font-size: 110%;
    font-family: "Goudy Old Style", "Palatino", "Book Antiqua", serif;
    font-style: italic;
}
#main-body h1 {
    margin: 0 0 0.5em 0;
    padding: 0;
    font-family: Georgia, serif;
    font-size: 200%;
    font-weight: normal;
    color: #4e453b;
}

/* -------------- 搜索框效果 --------------- */
#search {
    margin: 0 0 20px 0;
    padding: 0 10px 2px 0;
    background: url(../img/form-box-bg.gif) repeat-x bottom left;
```

```
}
#search form {
    margin: 0;
    padding: 15px;
    border: 1px solid #cfbfae;
    background: #f1ead8 url(../img/group-bg.gif) repeat-x top left;
}
#search form input {
    vertical-align: middle;
}
#content #search h3 {
    margin: 0 0 4px 0;
    padding: 1px 0 0 19px;
    font-weight: bold;
    font-size: 100%;
    text-align: left;
    letter-spacing: 1px;
    color: #4e453b;
    background: url(../img/icon-search.gif) no-repeat top left;
}
#search-text {
    width: 23em;
    font-size: 120%;
}

/*--------------- 左侧区域整体布局 ---------------*/
div.content {
    /*----------Flex 布局设定为纵向排列 ---------*/
    display: -webkit-box;
    display: box;
    -webkit-box-orient: vertical;
    box-orient: vertical;
}
div.hreview {
    margin: 0 0 20px 0;
    padding: 10px 15px;
}
#content div.hreview h4 {
    margin: 0;
    padding: 0;
    font-family: Georgia, serif;
    font-weight: normal;
    font-size: 110%;
    line-height: 1em;
}
#content div.hreview em {
    font-size: 70%;
}
div.hreview img.photo {
    float: left;
    margin: 0 12px 10px 0;
    padding: 4px;
    border: 3px solid #c4d2dd;
    background: #fff;
    width: 300px;
    height: 200px;
}
div.hreview a:hover img.photo {
    border: none;
    padding: 7px;
    background: url(img/diag-bg-alt.gif);
}
div.hreview span.reviewer {
    margin: 0 0 6px 0;
    font-size: 100%;
    line-height: 1.8em;
}
div.hreview a.url {
    font-weight: bold;
}
```

笔 记

笔 记

```
div.hreview abbr.rating {
    display: block;
}
div.hreview blockquote.description {
    clear: left;
    margin: 0 0 6px 0;
    padding: 0;
    font-size: 100%;
    line-height: 1.5em;
}

/*-------------- 右侧区域整体布局 --------------*/
aside {
    padding: 0;
    padding-left: 20px;
}
#sidebar h3 {
    margin: 0 0 10px 0;
    padding: 0;
    font-family: Georgia, serif;
    font-size: 90%;
    font-weight: bold;
    text-transform: uppercase;
    color: #963;
    letter-spacing: 2px;
}

/*-------------- 右侧图片展示区域布局 --------------*/
#sidebar ul.pals {
    margin: 0 0 20px 0px;
    padding: 0;
    list-style: none;
    overflow: hidden;
}
#sidebar ul.pals li {
    /* 此处仍使用传统的水平横排方式 */
    float: left;
    margin: 0 8px 8px 0;
    padding: 0;
    width: 75px;
    height: 75px;
}
#sidebar ul.pals li img {
    width: 100%;
    height: 100%;
    float: left;
    padding: 2px;
    border: 2px solid #c4d2dd;
    background: #fff;
}
#sidebar ul.pals li a:hover img {
    border: none;
    padding: 4px;
    background: url(../img/diag-bg-alt.gif);
}

/*-------------- 页脚设置 --------------*/
footer {
    background: #403930;
    color: #fff;
}
footer section {
    padding: 0;
    font-size: 90%;
    margin: auto;
}
footer dl {
    width: 100%;
    margin: auto;
    text-align: center;
}
footer dt {
```

```
        font-weight: bold;
        padding-bottom: 10px;
        margin: 10px auto;
        border-bottom: 1px solid #aaa;
    }
    footer dd {
        margin: 0;
    }
```

（3）运行 HTML5 文件。

鼠标右击，在快捷菜单中单击"在浏览器中打开"命令，执行效果如图 4-38 所示。

问题总结：

（1）启动自动列布局，至少需要加载 display:box 和横向 / 纵向方向设置，box-orient 默认值为 horizontal。需要注意的是，目前浏览器对于 Flex 布局属性的支持有限，因此，使用 Flex 布局，必须在 display:box 等 Flex 属性前加载主流浏览器的私有属性前缀，因篇幅限制，这里仅加载了 Chrome 的私有属性，即 display: –webkit–box、–webkit–box–orient: horizontal 等。

（2）使用 float 属性也能实现多列的布局，与 Flex 布局相比，有什么区别呢？当区块的父元素宽度小于子元素所占宽度之和时，float 属性设置下会出现错行显示现象，即变成 2 行、3 行等多行；而 Flex 布局则保持一行显示，除非父元素中设置了 overflow:hidden，才会强制隐藏超出父元素宽度的子元素内容。

4.4.3　多栏布局

相对于盒式布局，多栏更侧重于整体方面的布局。表 4-9 列出了 CSS3 多栏布局属性 columns 及其子属性。

表 4-9　columns 属性及其子属性

属　　性	描　　述
columns	复合属性，设置或检索元素分栏后的列数，及每列的宽度
column–width	设置或检索元素分栏后的每列的宽度
column–count	设置或检索元素分栏后的列数
column–gap	设置或检索元素分栏后的列与列之间的间隔
column–rule	复合属性，设置或检索元素分栏后的列与列之间的边框
column–rule–width	设置或检索元素分栏后的列与列之间的边框宽度
column–rule–style	设置或检索元素分栏后的列与列之间的边框样式
column–rule–color	设置或检索元素分栏后的列与列之间的边框颜色
column–span	设置或检索元素是否横跨所有列
column–fill	设置或检索元素分栏后的所有列的高度是否统一
column–break–before	设置或检索元素之前是否断行
column–break–after	设置或检索元素之后是否断行
column–break–inside	设置或检索元素内部是否断行

column 多栏布局并非 CSS3 新增特性，IE 10+ 浏览器及其他所有现代浏览器均有支持。IE 浏览器无须加载私有属性前缀；而 FireFox 和 Chrome 浏览器，为了兼容移

动端及一些低版本浏览器，私有属性前缀 "–webkit–" 及 "–moz–" 还是不能省略的。下面我们来看看几个常用的 columns 子属性的具体用法。

（1）column–count

该属性表示单个元素内容分为多栏后的列数，无单位。

例如，将 class="box" 的元素分为 2 栏显示，代码为：

```
.box {
    width: 600px;
    backgrond-color: #ddd;
    column-count: 2;
}
```

（2）column–gap

该属性用于设置多栏之间的间隔距离。

例如，将 class="box" 的元素分为 2 栏显示，且 2 栏之间间隔为 60px，距离单位也可使用 em，rem 等，代码为：

```
.box {
    width: 600px;
    backgrond-color: #ddd;
    column-count: 2;
    column-gap: 60px;
}
```

（3）column–rule

它表示为单个元素分栏后的多个栏之间增加一条间隔线，并且设定该间隔线的宽度、样式、颜色，该属性的指定方法与 CSS 中的 border 属性指定方法相同，代码为：

```
.box {
    width: 600px;
    backgrond-color: #ddd;
    column-count: 2;
    column-gap: 60px;
    column-rule: 5px dashed #000;
}
```

（4）column–width

该属性用于设置单个元素分栏后每一栏的宽度，不过，在实际应用中，有可能存在以下问题。

① 在设定 column–width 的同时，必须设置单个元素的 width，否则该元素宽度默认为 100%，每栏宽度按照栏数平均分。

② 分栏后的每栏宽度必须大于等于 column–width 设定的值，否则就会减少栏数来增加每栏宽度。例如，某个元素宽度是 400px，分成 2 栏，则每栏宽度为 200px，如果设置 column–width 为 210px，该元素就又会变成 1 栏，以保证每栏宽度大于等于 210px；如果每栏宽度均大于 column–width 值时，反而每栏宽度不会强制等于 column–width，特点与 min–width 非常类似。

4.4.4　实例4–5：旅游网站的游记页面制作

问题描述：创建一个页面，展示以文本为主的旅游随笔页面，要求页面设计使用多栏页面布局。

执行效果（见图 4–39）：

问题分析：文章类型的页面在网站中很常见，为了在各类终端上都能正常显示，建议选择多栏布局，再结合 @media，可以实现兼容不同屏幕尺寸，自适应地设置分栏数。

（a）PC 端的效果　　　　　　　　　（b）移动端的效果（部分截图）

图 4-39
多栏布局在 PC 端和
移动端的显示效果

实现步骤：

（1）使用 HBuilder 工具，创建项目 Case4-5，新建 HTML 文件，主要代码如下。

```html
<div id="container">
    <header>
        <div class="logo">
            <img src="img/logo.png" />
        </div>
        <div class="title">
            <nav>
                <ul id="nav">
                    <li id="t-home">
                        <a href="#">首页</a>
                    </li>
                    <li id="t-wigs">
                        <a href="#">活动</a>
                    </li>
                    <li id="t-wiglist">
                        <a href="#">资讯</a>
                    </li>
                    <li id="t-pals">
                        <a href="#">论坛</a>
                    </li>
                    <li id="line">
                        <a href="#">线路</a>
                    </li>
                    <li id="t-account">
                        <a href="#">酒店</a>
                    </li>
                </ul>
            </nav>
        </div>
```

笔 记

```html
    </header>
    <div id="main">
        <h2>
                （尼泊尔随笔） 尼好， 泊尔
        </h2>
        <div class="author">
            <p>
                <div>
                        作者：hello 柒月 <br>
                    <br>
                    <br>
                </div>
            </p>
        </div>
        <p> 尼泊尔 </p>
        <p>Nepal </p>
        <p>Never Ending Peace And Love </p>
        <p> 多美的名字呀 </p>
        <p> 尼泊尔 </p>
        <p> 世界屋脊下的裂缝 </p>
        <p> 尼泊尔 </p>
        <p> 中国与印度之间， 喜马拉雅西南侧的山脚下， 一个黄庙佛国 </p>
        <p> 尼泊尔 </p>
        <p> 上天遗落在尘世间的最后桃园， 背包客的天堂 </p>
        <p><img src="img/niboer1.png" /></p>
        <p> 喜马拉雅 </p>
        <p> 日照金山 </p>
        <p> 因为在珠穆朗玛峰没看到日出， 所以这里的是我迄今见过最壮观的日出 </p>
        <p> 有着喜马拉雅山最神奇的自然风光， 日出那一刻呼吸是胆小的是卑微的， 在那一刻明白
        了有些美真的美的你不敢呼吸；有着世界顶级的天然户外运动场地，徒步、漂流、丛林探险、
        滑翔， 玩的那一刻你疯狂的在怕死中度过了所有的不怕死， 玩后的那一刻你脸上的表情不知
        道是哭还是笑，每一个细胞都在怒放着自由；保存着对宗教最虔诚的炽热，保留着最传统的
        手工技艺，她是佛祖的故乡，恬静怡然中你望见清唱千年的故事，你看见菩提树下最心诚的
        保佑。 </p>
        <p> 神秘与美好， 古老和现代， 宁静和刺激。 </p>
        <p> 花最少的钱， 走最远的路 </p>
        <p> 看最美的风景。 那便是尼泊尔。 </p>
        <p><img src="img/niboer2.png" /> 尼泊尔的湘琴和植树
        </p>
        <p> 靠近一点点 </p>
        <p> 勇气再多一点点 </p>
        <p> 好么 </p>
        <p><img src="img/niboer3.png" /> 人生第一次看到国门 </p>
        <p> 满心满怀的骄傲 </p>
        <p> 我是中国人呢 </p>
        <p> 什么是增长民族自豪感最好的途径 </p>
        <p> 出国 </p>
        <p>To be or not to be</p>
        <p> 我去尼泊尔的时候， 陆路过去， 当时正是雨季， 泥石流塌方肆虐， 他们说现在去尼泊尔很危
险。 </p>
        <p> <img src="img/niboer4.png" /></p>
        <p> 可是， 别怕身体要下地狱， 因为眼睛要上天堂。 韩寒说， 你连世界都没看过， 谈什么世界观。
        还有谁说，年轻就是疯狂，不曾轰轰烈烈的撒泼过，谈什么平平淡淡。我还听太多人说，西藏去尼泊
        尔的路上的美景是我之前那些青藏线和川藏线所不能媲美的，那才是中国最美的公路。还有也很期待
        冒险和探险是什么感觉。 所以我选择上路了。 </p>
        <p> 当然， 最根本的原因是， 我穷， 舍不得坐飞机， 哈哈哈 </p>
        <p><img src="img/niboer5.png" /> 杜巴广场
        </p>
    </div>
    <footer>
        <h2> 心情·随笔 </h2>
        <section>
                <dl>
                    <dt> 联系方式 </dt>
```

```
                <dd>地址：广东省广州市海和西路 123 号 </dd>
                <dd>邮编：51××××</dd>
                <dd>电话：020-×××××××</dd>
                <dd>邮箱：xclx@abc.com</dd>
            </dl>
        </section>
    </footer>
</div>
```

（2）添加 CSS 样式表。

```
* {
    padding: 0;
    margin: 0;
}
html {
    color: #555;
}

/*--------------header 头部效果 ----------------*/
header {
    height: 111px;
    background: #5A5A5A;
}
header .logo {
    width:25%;
    float: left;
    min-height:111px ;
    position: relative;
}
header .logo img{
    position: absolute;
    height: 100%;
}
header .title{
    width:70%;
    float: right;
}
header nav ul {
    float: right;
    width: 500px;
    margin: 0 auto;
    padding-top: 75px;
    list-style: none;
    /*--------- 启动弹性盒式布局 -------*/
    display: -webkit-box;
    display: box;
    -webkit-box-orient: horizontal;
    box-orient: horizontal;
}
header nav li {
    margin: 0 2px 0 0;
    padding: 0;
}
header nav li a {
    float: left;
    margin: 0;
    padding: 10px 1.3em;
    font-family: Georgia, serif;
    font-size: 85%;
    text-decoration: none;
    letter-spacing: 2px;
    color: #fff;
    background: #403930;
    -webkit-box-pack: start;
    box-pack: start;
}
header nav li a:hover {
    color: #d1b99d;
}
body header #nav li#line a {
    font-weight: bold;
    color: #a57148;
    background: #fff;
}

/*--------------- 主要内容区域 ------------------*/
#main:before{
    content: '';
    display: block;
    clear: both;
}
#main {
    width:90%;
    margin: auto;
```

笔 记

```
        padding: 30px 10px;
        min-height: 500px;
        /*--------------- 文章默认三分栏结构 ---------------*/
        column-count: 3;
        column-gap: 60px;
        column-rule: 1px dashed #555;
}
#main img {
        display: block;
        width: 80%;
        border: 3px double #999;
        margin: 10px auto;
}
#main h2 {
        font-family: 黑体 ;
        font-size: 1.5em;
        text-align: center;
        padding: 10px;
}
#main p {
        text-indent: 2em;
        padding: 10px 5px;
}
#main .author {
        width: 80%;
        margin: auto;
        border-top: 3px double #555;
}

/*--------------- 页脚设置 ------------------*/
footer {
        height: 80px;
        background: #5A5A5A;
        color: #fff;
        position: relative;
}
footer h2 {
        position: absolute;
        padding: 20px;
        line-height: 40px;
}
footer section {
        width: 300px;
        padding: 0;
        font-size: 90%;
        margin: auto;
}

/*--------------- 自适应设置 ---------------*/
@media screen and (max-width:414px) {    /* 宽度小于 414px 时 只有一栏 */
#main {
        column-count: 1;
        column-gap: 0px;
        column-rule:none;
}
header{
        background:#fff;
        height: 200px;
}
header .logo{
        float: none;
        width:100%;
}
header nav{
        width:100%;
        padding: 20px 0;
}
header .title{
        float: none;
}
header nav ul {
        float:none;
        width: 100%;
        margin:0;
        padding: 10px 0;
}


@media screen and (min-width:415px) {    /* 宽度大于 415px 时 显示 3 栏 */
        #main {
                column-count: 3;
                column-gap: 60px;
                column-rule: 1px dashed #555;
```

```
        }
    }
```

（3）运行 HTML5 文件。

鼠标右击，在快捷菜单中单击"在浏览器中打开"，在 PC 端的显示效果如图 4-39（a）所示；在移动端的效果如图 4-39（b）所示。

问题总结：

（1）多栏布局主要用在文字为主的网页上，其他类型的网页则多是用 Flex 布局或者 float 属性设置浮动区块式布局。

（2）多栏布局在定义显示列数后，分栏数不会随着屏幕的宽窄动态调整，必须结合 @media 设置，才能够应对多种屏幕宽度的需要。

4.5　CSS3 2D 变换与动画

CSS3 中用于制作页面元素动态效果的属性主要有 transform、transition 和 animation，分别实现 2D 变换、过渡动画和动画，基本取代了动画图片和 Flash 动画。

4.5.1　CSS3 2D变换

CSS3 2D 变换主要用 transform 属性来实现，其可用于控制元素的变形，如移动、缩放、旋转和拉伸，表 4-10 列出了 transform 属性及其相关属性。

表 4-10　transform 属性及相关属性

CSS3 transform 案例

属　　性	描　　述
transform	实现元素旋转、缩放、移动或拉伸，适用于 2D 转换
transform-origin	定义元素变换的参照原点
matrix(a,b,c,d,e,f)	定义使用 6 个值的矩阵对元素进行变换，其中 a 为水平缩放、b 为水平倾斜、c 为垂直倾斜、d 为垂直缩放、e 为水平移动、f 为垂直移动
translate(x,y)	对元素沿 x 和 y 轴方向进行移动
translateX(n)	对元素沿 x 轴方向进行移动
translateY(n)	对元素沿 y 轴方向进行移动
scale(x,y)	对元素沿 x 和 y 轴方向进行缩放
scaleX(n)	对元素沿 x 轴方向进行缩放
scaleY(n)	对元素沿 y 轴方向进行缩放
rotate(angle)	对元素进行旋转
skew(x-angle,y-angle)	对元素沿 x 和 y 轴方向进行倾斜变换
skewX(angle)	对元素沿 x 轴方向进行倾斜变换
skewY(angle)	对元素沿 y 轴方向进行倾斜变换

transform 属性对元素的移动、缩放、旋转、拉抻变换，需要由 translate、scale、rotate 和 skew 分支属性来实现。变换坐标系以元素自身左上角为原点，向右为 x 轴正方向，向下为 y 轴正方向。

（1）translate(x, y)

该属性可实现元素的平移变换。参数 x、y 分别表示向 x 轴和 y 轴平移的距离，若第 2 个参数未提供，则默认为 0。也可以使用 translateX(x) 和 translateY(y) 分别设置。

【例 4-29】以自身为参照系，对于 div 元素向右、下分别移动 100px、60px。

笔 记

```
<!-- 项目 Example4-29-->
div{
    width:200px;
    height: 100px;
    background:lightblue;
    transform: translate(100px, 60px);
}
```

或者

```
div{
    width:200px;
    height: 100px;
    background:lightblue;
    transform: translateX(100px) translateY(60px);
}
```

（2）scale(x, y)

该属性可实现以元素中心为原点，将元素沿 x 轴、y 轴进行缩放。参数 x、y 表示 x 轴、y 轴方向的缩放倍数，如果大于 1 代表放大，反之代表缩小。若第 2 个参数未提供，则默认等同第 1 个参数。同样，也可以由 scaleX(x) 和 scaleY(y) 分别设置。

【例 4-30】对于 div 元素，在 x 轴方向放大到原来的 2 倍，在 y 轴方向缩小到原来的 0.5 倍。

```
<!-- 项目 Example4-30-->
div{
    width:200px;
    height: 100px;
    background:lightblue;
    transform: scale(2,0.5);
}
```

或者

```
div{
    width:200px;
    height: 100px;
    background:lightblue;
    transform: translateX(2) translateY(0.5);
}
```

（3）rotate(angle)

该属性用于对元素进行旋转。参数 angle 是旋转角度，单位是 deg（度），angle 为正值时，表示顺时针旋转，反之表示逆时针旋转。该属性需要与 transform-origin 配合使用才能有效，transform-origin 可设置 2 个参数值，第 1 个为 x 坐标，第 2 个为 y 坐标，若仅提供 1 个参数，则表示 x 坐标，而 y 坐标默认为 50%。x 坐标参数值也可用 left、center 和 right 表示，y 坐标参数值则可用 top、center 和 bottom 表示。

【例 4-31】对于 div 元素，分别以 div 块区域中心和左上角为原点，顺时针旋转 15°，执行效果如图 4-40 所示。

```
<!-- 项目 Example4-31-->
div{
    width:200px;
    height: 100px;
    background:lightblue;
    transform: rotate(-15deg);      /*逆时针旋转 15°*/
    transform-origin: 50% 50%;      /* 以中心为原点 */
    /*transform-origin: center;*/    /* 以中心为原点 */

    /*transform-origin: top left;*/    /* 以左上角为原点 */
    /*transform-origin:right top;*/    /* 以右上角为原点 */
    /*transform-origin:right bottom;*/   /* 以右下角为原点 */
    /*transform-origin:bottom left;*/    /* 以左下角为原点 */
}
```

笔记

（a）旋转之前　　　　（b）以中心为原点旋转　　　　（c）以左上角为原点旋转

图 4-40
div 块的旋转效果

（4）skew(X-angle,Y-angle)

该属性用于对元素进行水平和垂直方向的拉伸。参数 X-angle 和 Y-angle 分别为 *x* 和 *y* 轴方向拉伸的角度。也可以通过 sxkewX(x) 和 skewY(angle) 属性分别设置。

【例 4-32】对于 div 元素，沿 *x* 轴方向顺时针拉伸 30°，沿 *y* 轴方向逆时针拉伸 15°，执行效果如图 4-41 所示。

```
<!-- 项目 Example4-32-->
div{
    width:200px;
    height: 100px;
    background:lightblue;
    transform: skew(30deg,-15deg);
}
```

图 4-41
div 块的旋转缩放
效果

4.5.2　实例4-6：升级改版旅游网站的首页（一）

问题描述：对于实例 4-4 中的旅游网站首页（见图 4-42）进行改版，在导航条中添加二级下拉菜单，菜单项显示为平行四边形。

执行效果（见图 4-43）：

图 4-42
原导航条效果

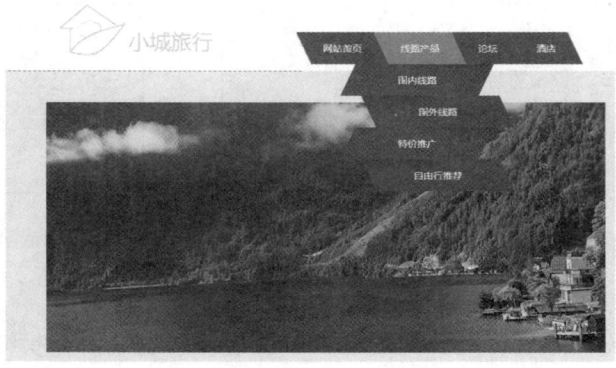

图 4-43
改版后导航条效果

问题分析：对比改版前，导航条的变化主要是形状由长方形变成了平行四边形，使用 transform 的分支属性 skew 就可以实现。下拉菜单的显示和隐藏则可通过 JavaScript 代码实现，也可以通过利用 hover 来实现，这里主要介绍 CSS 实现方式。

实现步骤：

（1）使用 HBuilder 工具，创建项目 Case4-6，新建 HTML 文件，HTML 代码如下（这里仅修改 nav 导航条部分代码）。

```html
<nav>
    <ul class="menu cf">
    <li><a href="http://#">网站首页 </a></li>
    <li>
        <a href="http://#">线路产品 </a>
        <ul class="submenu">
            <li><a href="http://#"> 国内线路 </a></li>
            <li><a href="http://#"> 国外线路 </a></li>
            <li><a href="http://#"> 特价优惠 </a></li>
            <li><a href="http://#"> 自由行推荐 </a></li>
        </ul>
    </li>
    <li>
        <a href="http://#">论坛 </a>
        <ul class="submenu">
            <li><a href="http://#"> 游记 </a></li>
            <li><a href="http://#"> 心情 </a></li>
            <li><a href="http://#"> 美图 </a></li>
        </ul>
    </li>
    <li><a href="http://#">酒店 </a></li>
    </ul>
</nav>
```

（2）加载 CSS 样式表。

```css
/*--------- 全局效果 -------*/
* {
    margin: 0;
    padding: 0;
    list-style-type: none;
}
a, img {
    border: 0;
}

/*---------- 导航菜单 -----------*/
.menu {
    margin: 0 auto;
    width: 700px;
    float: right;
    position: relative;
    top: -57px;
}
```

```css
.menu>li {
    background: #34495e;
    float: left;
    position: relative;
    /*沿 x 轴方向顺时针拉伸 25° */
    transform: skewX(25deg);
}
.menu a {
    display: block;
    text-align: center;
    color: #fff;
    text-decoration: none;
    font-family: Arial, Helvetica;
    font-size: 14px;
}
.menu li:hover {
    background: #e74c3c;
}
.menu>li>a {
    /*沿 x 轴方向逆时针拉伸 25° */
    transform: skewX(-25deg);
    padding: 1em 2em;
}

/*---------- 二级下拉菜单 ----------*/
ul .submenu {
    position: absolute;
    width: 200px;
    left: 50%;
    margin-left: -100px;
    /*沿 x 轴方向逆时针拉伸 25°，拉伸原点是左上角 */
    transform: skewX(-25deg);
    transform-origin: left top;
    z-index: 999;
}
.submenu li {
    background-color: #34495e;
    position: relative;
    overflow: hidden;
}
.submenu>li>a {
    padding: 1em 2em;
}
.submenu>li::after {
    content: '';
    position: absolute;
    top: -125%;
    height: 100%;
    width: 100%;
    box-shadow: 0 0 50px rgba(0, 0, 0, 0.9);
}

/*---------- 奇数下拉菜单项 ----------*/
.submenu>li:nth-child(odd) {
    transform: skewX(-25deg) translateX(0);
}
.submenu>li:nth-child(odd)>a {
    transform: skewX(25deg);
}
.submenu>li:nth-child(odd)::after {
    right: -50%;
    transform: skewX(-25deg) rotate(3deg);
}

/*---------- 偶数下拉菜单项 ----------*/
.submenu>li:nth-child(even) {
    transform: skewX(25deg) translateX(0);
}
.submenu>li:nth-child(even)>a {
    transform: skewX(-25deg);
}
.submenu>li:nth-child(even)::after {
    left: -50%;
    transform: skewX(25deg) rotate(3deg);
}
```

笔 记

笔 记

```
/* -------- 弹出二级菜单时的效果设置 -----------*/
.submenu, .submenu li {
    opacity: 0;
    visibility: hidden;
}
.submenu li {
    transition: 0.2s ease transform;
}
.menu>li:hover .submenu,
.menu>li:hover .submenu li {
    opacity: 1;
    visibility: visible;
}
.menu>li:hover .submenu li:nth-child(even) {
    transform: skewX(25deg) translateX(15px);
}
.menu>li:hover .submenu li:nth-child(odd) {
    transform: skewX(-25deg) translateX(-15px);
}

/*---------- 调整广告图片的位置 ----------*/
#main-body h1 {
    margin-top: -50px;
}
```

（3）运行 HTML5 文件。

鼠标右击，在快捷菜单中单击"在浏览器中打开"命令，执行效果如图 4-43 所示。

问题总结：

（1）实际应用中，transform 变形的效果常与动画 transition 和 animation 一起使用，以获得动感效果。

（2）由于浏览器的支持度有限，3D 变换还在测试阶段，目前尚未能广泛应用。

4.5.3　CSS3过渡动画

CSS3transition
动画案例

所谓过渡动画是指利用 CSS3 样式设置，可在一定时间改变一个元素的显示样式，达到动感效果。CSS3 提供了 transition 属性（见表 4-11），用于实现过渡动画。

表 4-11　transition 属性

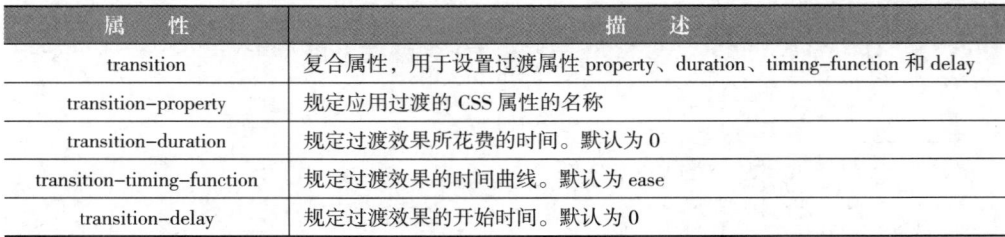

属　　性	描　　述
transition	复合属性，用于设置过渡属性 property、duration、timing-function 和 delay
transition-property	规定应用过渡的 CSS 属性的名称
transition-duration	规定过渡效果所花费的时间。默认为 0
transition-timing-function	规定过渡效果的时间曲线。默认为 ease
transition-delay	规定过渡效果的开始时间。默认为 0

transition 属性可以在元素从一种样式变换为另一种时，为之添加效果，而无须借助 Flash 动画或 JavaScript 代码。在使用时，可以在 transition 属性中一次性设置 4 种过渡属性，也可以通过 transition-property、transition-duration、transition-timing-function 和 transition-delay 分开设置，其中 transition-property、transition-duration 是必须设置的。

（1）transition-property

该属性用于指定应用过渡效果的 CSS 属性的名称。属性值 all 表示所有发生变化的 CSS 属性均产生过渡效果。

（2）transition-duration

该属性用于指定完成过渡效果需要花费的时间，以 ms（毫秒）或 s（秒）为单位。

【例 4-33】实现鼠标指针滑过 div 元素时，在 1 秒内 div 从蓝色渐变为黄色，同时旋转 90°，执行效果如图 4-44 所示。

```
<!-- 项目 Example4-33-->
div {
    width: 200px;
    height: 100px;
    background: lightblue;
    transform: rotate(0deg);    /* 旋转度为 0° */
    transform-origin: center;    /* 以元素中心为原点 */
    transition: all 1s;    /* 所有 CSS 属性在 1s 内完成过渡效果 */
}
div:hover {    /* 鼠标指针滑过 */
    background: lightyellow;
    transform: rotate(90deg);
}
```

图 4-44
例 4-33 执行效果

（3）transition-duration

该属性用于指定过渡动画运行的时长。单位以毫秒或者秒计。

（4）transition-timing-function

该属性用于指定过渡动画运行的速度曲线。属性取值范围见表 4-12。

表 4-12　transition-duration 属性值表

属 性 值	描 述
linear	规定以均速方式完成过渡效果
ease	规定以慢速开始，然后变快，再以慢速结束的过渡效果
ease-in	规定以慢速开始的过渡效果
ease-out	规定以慢速结束的过渡效果
ease-in-out	规定以慢速开始和结束的过渡效果
cubic-bezier(n,n,n,n)	利用 cubic-bezier 函数控制变化的速度曲线，n 的取值范围为 0 ~ 1

（5）transition-delay

该属性用于指定过渡动画效果延迟多长时间后执行。单位以毫秒或者秒计。

4.5.4　实例4-7：升级改版旅游网站的首页（二）

问题描述：以实例 4-6 为基础，对于实例 4-4 旅游网站首页界面继续优化，具体要求是：将首页中广告版块改为多个广告图片展示，当鼠标指针滑过时，图片产生旋转，同时用另一张图片来替代原图。

执行效果（见图 4-45）：

问题分析：为了提高网站首页重点板块受关注的程度，设计者通常会在这些板块中加入动画效果。以前的常规做法是，利用 Flash 等多媒体手段先制作动画，再以插件形式嵌入网页中。随着用户安全意识的提高，摒弃插件方式成为一种应用趋势。本实例中将采用 transition 属性来实现过渡动画效果。

笔 记

图 4-45
鼠标指针滑过图片发
生旋转效果的广告

实现步骤：

（1）使用 HBuilder 工具，创建项目 Case4-7，新建 HTML 文件，网页代码如下。

```
<div id="banner">
    <ul>
        <li>
            <img src="img/sanya2.png" class="pic-1" />
            <img src="img/sanya3.png" class="pic-2" />
            <div class="info">特价路线推荐 </div>
        </li>
        <li>
            <img src="img/sanya6.png" class="pic-1" />
            <img src="img/sanya7.png" class="pic-2" />
            <div class="info">热门线路推荐 </div>
        </li>
        <li>
            <img src="img/sanya4.png" class="pic-1" />
            <img src="img/sanya5.png" class="pic-2" />
            <div class="info">度假、休闲推荐 </div>
        </li>
    </ul>
</div>
```

（2）加入 CSS 样式表。

```
/*---------- 调整广告图片的位置 ----------*/
#main-body #banner {
    margin-top: -30px;
    width: 1000px;
    height: 230px;
}
#banner img {
    display: block;
    padding: 3px;
    width: 250px;
    margin: auto;
}
#banner ul {
    width: 1000px;
}
#banner li {
    list-style: none;
    border: 1px solid #03ABB8;
    position: relative;
    float: left;
    margin: 10px 5px;
}

/*------ 默认显示的图片效果，加入变形和动画 ----------*/
#banner .pic-1 {
    opacity: 1;
    transform: rotateY(0);
    transition: all 0.5s ease-out 0s;
}

/*------ 鼠标指针滑过默认显示的图片，隐藏并沿 y 轴旋转 ----------*/
#banner li:hover .pic-1 {
    opacity: 0;
```

```
        transform: rotateY(-90deg);
}

/*------ 鼠标指针滑过时替换的图片效果，加入变形和动画 ---------*/
#banner .pic-2 {
    position: absolute;
    top: 0;
    left: 0;
    opacity: 0;
    transform: rotateY(-90deg);
    transition: all 0.5s ease-out 0s;
}

/*------ 鼠标指针滑过时替换的图片效果，显示并沿 y 轴旋转到 0° ---------*/
#banner li:hover .pic-2 {
    opacity: 1;
    transform: rotateY(0deg);
}
#banner li .info {
    width: 90%;
    padding: 5%;
    background: #e4f6ff;
    font-size: 18px;
    font-weight: 700;
    text-align: center;
    text-shadow: 0 0 3px lightblue;
    color: rgba(0, 0, 0, 0.5);
}
```

（3）运行 HTML5 文件。

鼠标右击，在快捷菜单中单击"在浏览器中打开"命令，执行效果如图 4-45 所示。

问题总结：2 张图片要做到旋转替换的效果，不仅需要 transition 属性的动画设置，还需要 transform 属性的变形设置，其中，rotateX、rotateY 分别设置水平、垂直旋转效果。另外，为了让过渡效果更为平滑，还需利用 opacity 属性在 0 ~ 1 进行切换。

4.5.5 CSS3 动画

利用 CSS3 的 animation 属性可以实现动画效果。表 4-13 列出该属性及其子属性。

CSS3animation
案例

表 4-13　animation 动画属性及其子属性

属　　性	描　　述
@keyframes	规定动画
animation	复合属性，可以同时设置 name、duration、timing-function、delay、iteration-count 和 direction
animation-name	规定 @keyframes 动画的名称
animation-duration	规定动画完成一个周期所花费的时长，单位为秒或毫秒
animation-timing-function	规定动画的速度曲线
animation-delay	规定动画何时开始
animation-iteration-count	规定动画被播放的次数
animation-direction	规定动画是否在下一周期逆向地播放
animation-play-state	规定动画是否运行或暂停
animation-fill-mode	规定元素在动画运行时间之外的状态

下面我们分别介绍 animation 及其常用子属性的具体用法。

（1）@keyframes

@keyframes 用于创建动画，并定义其名称。创建动画的基本原理是，将一套 CSS 样式逐渐转变为另一套样式。动画一旦创建，就可以多次被使用。CSS 样式转变发生

笔 记

的时间，可以采用百分比 0% ~ 100% 或关键词 from 与 to 来定义。0% 是动画的开始时间，100% 动画的结束时间。建议采用百分比选择器，它对浏览器的兼容性更好。

（2）animation

该属性用于设置动画效果，包含 6 个动画属性，其中 animation-name 和 animation-duration 为必选项。

（3）animation-name

该属性指定所要关联的动画名称，其作用是让元素调用由 @keyframes 所定义的动画。

（4）animation-duration

该属性用于指定元素运行的动画效果所持续的时间，单位为毫秒或者秒。

【例 4-34】实现动画效果：加载网页时，div 元素背景色从粉色变换到蓝色，再恢复到粉色；并顺时针旋转 360 度后，又逆时针旋转 360 度，运行效果如图 4-46 所示。

```
<!-- 项目 Example4-34-->
/*动画定义*/
@keyframes change {
      0% {
        transform: rotate(0);
        background: pink;
      }
      50% {
        transform: rotate(360deg);
        background: lightblue;
      }
      100% {
        transform: rotate(0deg);
        background: pink;
      }
}
div {
      width: 200px;
      height: 100px;
      background: pink;
      transform-origin: center;
      /*动画应用，等同 animation: change 2s;*/
      animation-name: change;
      animation-duration:2s;
}
```

图 4-46
例 4-34 中 div 元素变
色和旋转动画的截图

（5）animation-timing-function

对于指定元素运行的动画效果，该属性设置其执行的速度曲线，其属性值如表 4-14 所示。

表 4-14　animation-timing-function 属性值

属 性 值	描　述
linear	动画从头到尾的速度是相同的
ease	默认。动画以低速开始，然后加快，在结束前变慢
ease-in	动画以低速开始
ease-out	动画以低速结束
ease-in-out	动画以低速开始和结束
cubic-bezier(n, n, n, n)	利用 cubic-bezier 函数控制变化的速度曲线。取值范围为 0 ~ 1

（6）animation-delay

该属性用于指定动画执行的延迟时间，单位为毫秒或者秒。

（7）animation-iteration-count

该属性定义动画的播放次数。属性值为整数 n 或者无数次 infinite。

（8）animation-direction

该属性定义是否正向 / 逆向轮流播放动画，当取值为 alternate 时，动画会在奇数次数（如 1、3、5 等）正常播放，而在偶数次数（如 2、4、6 等）从后向前播放。

4.5.6　实例4-8：升级改版旅游网站的首页（三）

问题描述：本实例将以实例 4-7 为基础，进一步优化实例 4-4 的旅游网站首页界面，即将广告图片上再叠加多个广告文字的动画效果。

执行效果（见图 4-47）：

图 4-47
动画文字叠加的广告版

问题分析：CSS3 中文字动画的实现可以使用 transition 和 animation。一般情况下，要求自动产生动画效果会选择 animation，这里的广告板块还要求多个文字的效果不同，因此，需要用 @keyframes 先分别设置不同的动画，之后选择性地加载。

实现步骤：

（1）使用 HBuilder 工具，创建项目 Case4-8，新建 HTML 文件，HTML 代码如下（仅替换 <div id="banner"></div> 部分）。

```
<div id="main-body">
    <div id="banner">
        <h2 class="ads-sentence">
        <span> 你 </span>
        <span> 还在 </span>
        <span> 犹豫? </span>
        <div class="ads-animation">
            <span> 走 </span>
            <span> 出 </span>
            <span> 去 </span>
            <span> 看 </span>
            <span> 看 </span>
            <span> 走出去看看 </span>
        </div>
        <span> 就在今天! </span>
        </h2>
    </div>
</div>
```

（2）加入 CSS 样式表（仅包含广告版动画部分）。

```
/*---------- 调整广告图片的位置 ----------*/
#main-body #banner {
```

笔 记

```
      margin-top: -40px;
      width: 1000px;
      height: 300px;
      background: #fff url(img/ 旅游广告 .jpg) no-repeat center;
      padding-bottom: 15px;
      margin-bottom: 30px;
      position: relative;
}

/*----------- 文字区块效果 ----------------*/
.ads-sentence {
      margin: 0;
}
.ads-sentence span {
      text-align: center;
      color: rgba(255, 255, 255, 1);
      white-space: nowrap;
      text-shadow: 2px 5px 10px rgba(0, 0, 0, 0.1);
}
.ads-sentence>span {
      position: absolute;
}

/*----- 广告句子的第一个字 -----*/
.ads-sentence>span:first-child {
      top: 0px;
      left: 140px;
      font-size: 350%;
      color: rgba(187, 177, 168, 0.6);
}

/*----- 广告句子的第二个字 -----*/
.ads-sentence>span:nth-child(2) {
      top: 60px;
      left: 300px;
      font-size: 160%;
      color: rgba(191, 218, 206, 0.7);
}

/*----- 广告句子的第三个字 -----*/
.ads-sentence>span:nth-child(3) {
      top: 85px;
      left: 65px;
      font-size: 300%;
      color: rgba(255, 255, 255, 0.8);
}

/*----- 广告句子的最后一个字 -----*/
.ads-sentence>span:last-child {
      top: 135px;
      left: 350px;
      font-size: 100%;
      color: rgba(237, 234, 168, 0.9);
}

/*-- 动画广告句子 --*/
.ads-animation {
      position: absolute;
      left: 220px;
      top: 160px;
      height: 80px;
      width: 400px;
      perspective: 800px;
}

/* 带动画的广告句子每个文字 */
.ads-animation span {
      position: absolute;
      font-size: 400%;
      color: transparent;
      text-shadow: 0px 0px 80px rgba(255, 255, 255, 1);
      opacity: 0;
```

```
       /*----- 套用动画效果 -----*/
       animation: rotateWord 8s linear infinite 0s;
}

/*------- 带动画广告句子第二个字 -------*/
.ads-animation span:nth-child(2) {
       animation-delay: 1s;
}

/*------- 带动画广告句子第三个字 -------*/
.ads-animation span:nth-child(3) {
       animation-delay: 2s;
}

/*------- 带动画广告句子第四个字 -------*/
.ads-animation span:nth-child(4) {
       animation-delay: 3s;
}

/*------- 带动画广告句子第五个字 -------*/
.ads-animation span:nth-child(5) {
       animation-delay: 4s;
}

/*------- 带动画广告句子第六个字 -------*/
.ads-animation span:nth-child(6) {
       animation-delay: 5s;
}

/*--------- 旋转文字动画定义 ------------------*/
@keyframes rotateWord {
    0% {
        opacity: 0;
        animation-timing-function: ease-in;
        transform: translateY(-200px) translateZ(300px) rotateY(-120deg);
    }
    5% {
        opacity: 1;
        animation-timing-function: ease-out;
        transform: translateY(0px) translateZ(0px) rotateY(0deg);
    }
    6% {
        text-shadow: 0px 0px 0px rgba(255, 255, 255, 1);
        color #fff;
    }
    17% {
        opacity: 1;
        text-shadow: 0px 0px 0px rgba(255, 255, 255, 1);
        color #fff;
    }
    20% {
        opacity: 0;
    }
    100% {
        opacity: 0;
    }
}

/*------- 大于1060px 屏幕效果 ----------*/
@media screen and (max-width: 1060px) {
    .ads-sentence>span:first-child {
        font-size: 520%;
        left: 0px;
    }
    .ads-sentence>span:nth-child(2) {
        font-size: 100%;
        top: 125px;
        left: 30px;
    }
    .ads-sentence>span:nth-child(3) {
        top: 175px;
```

笔 记

```
            left: 30px;
            font-size: 120%;
        }
        .ads-animation {
            left: 95px;
            top: 171px;
        }
        .ads-animation span {
            font-size: 130%;
        }
        .ads-sentence>span:last-child {
            top: 240px;
            left: 30px;
        }
    }

    /*------- 小于400px 屏幕效果 ----------*/
    @media screen and (max-width: 400px) {
        .ads-sentence>span:first-child {
            font-size: 100%;
            left: 0px;
        }
        .ads-sentence>span:nth-child(2) {
            font-size: 80%;
            top: 50px;
            left: 10px;
        }
        .ads-sentence>span:nth-child(3) {
            top: 76px;
            left: 10px;
            font-size: 120%;
        }
        .ads-animation {
            left: 45px;
            top: 76px;
        }
        .ads-animation span {
            font-size: 100%;
        }
        .ads-sentence>span:last-child {
            top: 106px;
            left: 10px;
            font-size: 80%;
        }
    }
```

（3）运行 HTML5 文件。

鼠标右击，在快捷菜单中单击"在浏览器中打开"命令，执行效果如图 4-47 所示。

问题总结：

（1）@keyframes 虽然可以定义多种动画效果，但元素在 animation 中选择动画名称只能选一个，也就是说 @keyframes 可以实现效果的重复使用，却不能实现效果的叠加。

（2）使用 –webkit-transition 的时候，有些个别的浏览器版本可能会出现闪烁的情况。增加私有属性 –webkit-backface-visibility: hidden; 可以解决这个问题。

（3）有时候动画语句第一次执行并不生效，但是执行过一次，再次执行就可以了。但这种现象仅移动设备上会出现，原因是移动设备的渲染性能较差，使得元素就绪的时间会拖长，通过 animation-delay 属性加大延迟即可解决。

课后练习

音频 / 视频特效网页制作

网页上的音频 / 视频多数是通过插件（如 Flash、Activex 和 silverlight，以 Flash 尤为流行）来播放的，尚无网页上显示音频 / 视频的统一标准。进入移动互联网时代以后，HTML5 的风头逐渐胜过 Flash，成为 Web 多媒体未来的主要方向，这是因为 Flash 存在着安全性低、性能不理想和耗电量较大等缺陷，各大厂商逐渐放弃不用，甚至包括 Adobe 公司自己。本章主要介绍 HTML5 音频 / 视频的基本知识，及其在网页上的各类应用，如自定义播放器的样式、通过 JavaScript API 实现定制的音、视频交互处理。

音频和视频有许多地方相类似，如播放操作都包括播放、停止等，在开始学习音频 / 视频的应用开发之前，我们有必要了解一下音频 / 视频播放的过程及其各种状态。

音频 / 视频的播放流程如下。

（1）加载（load、abort、preload）：通过标签或 JavaScript 获取音频 / 视频文件，load 表示成功加载该文件；abort 表示加载失败；preload 决定页面加载后是否加载音频 / 视频文件。

（2）取消加载（cancelled）：可以利用属性设置中断加载过程，取消当前音频 / 视频的加载。

（3）缓冲（buffered）：当音频 / 视频文件缓冲时，获取当前缓冲部分的内容。

（4）播放（play、autoplay、defaultPlaybackRate）：当音频 / 视频文件加载成功后，play 表示立即播放或是等待播放；autoplay 表示自动播放；defaultPlaybackRate 表示设置播放时的速度。

（5）暂停（suspend、paused）：播放过程中，可以通过设置属性，暂停音频 / 视频的播放。

（6）音量（muted、volume）：播放过程中，可以利用属性，设置音频 / 视频是否静音，也可以设置音量的大小。

（7）拖动进度条（seeking、seekable）：可以利用属性，调整音频 / 视频播放的时间进度。

（8）停止（stop）：音频 / 视频播放完毕，自动结束，也可以利用设置属性，中途中断播放。

（9）重新播放（loop）：设置音频 / 视频是否应在结束时重新播放。

笔 记

5.1 HTML5 音频

本节主要介绍 HTML5 支持的几种音频格式，采用 <audio> 标签实现音频的简单应用，以及通过 JavaScript 访问 HTML DOM 的 Audio 对象实现用户个性化的功能需要。

5.1.1 音频格式

HTML5 音频支持 3 种格式：MP3、OGG 和 WAV，分别介绍如下。

（1）MP3（Moving Picture Experts Group Audio Layer III）：一种有损压缩的音频格式文件，它利用 MPEG Audio Layer 3 技术，以 1:10 ~ 1:12 比例对音乐文件进行压缩，且压缩后的音质在用户可接受范围。

（2）OGG（OGG Vobis）：一种新的音频压缩格式，与 MP3 相类似，但它完全开放和免费，并且音量和音质有所改良。

（3）WAV：它符合 RIFF（Resource Interchange File Format）文件规范，被 Windows 平台及其应用程序所广泛支持，同时支持多种音频数字、取样频率和声道，标准格式化的 WAV 文件和 CD 格式一样，也是 44.1K 的取样频率，16 位量化数字，音质可与 CD 媲美。

相对而言，WAV 格式音质最好，但是文件占空间较大；MP3 压缩率较高，普及率高，音质相比 WAV 要差；位速率编码相同时，OGG 比 MP3 文件更小，且 OGG 是免费的。表 5–1 列出了主流浏览器对于 3 种文件格式的支持情况。

表 5–1   主流浏览器对于音频格式的支持情况

浏览器	MP3	WAV	OGG
IE 9+	支持	不支持	不支持
Chrome 6+	支持	支持	支持
Firefox 3.6+	支持	支持	支持
Safari 5+	支持	支持	不支持
Opera 10+	支持	支持	支持

5.1.2 音频播放的简单应用

如果网页仅仅是需要简单地播放一段音频，使用 <audio> 标签的属性即可（见表 5–2）。

表 5–2   <audio> 标签

属　　性	描　　述
autoplay	值为 autoplay，表示音频就绪后马上播放
controls	值为 controls，显示播放控件，包括：播放、暂停、定位、音量、全屏切换、字幕（如果可用）、音轨（如果可用）
loop	值为 loop，表示循环播放音频
preload	值为 preload，表示音频在页面加载后进行加载，并预备播放。如果设置了 autoplay 属性，就忽略该属性
src	音频资源的 URL

当播放一个音频文件时，将文件路径赋值给 src 属性即可。例如：

```
<audio controls="controls" loop="loop" autoplay="autoplay" src="horse.ogg">
```

也可简写为：

```
<audio controls loop autoplay src="horse.ogg">
```

如果有多种音频格式，需要在 <audio> 标签中加入 <source> 标签（见表 5-3）。

表 5-3　<source> 标签

属　　性	描　　述
media	媒体查询，指定播放音频的媒介的类型
src	音频资源的 URL
type	音频的类型

（1）media：播放音频的媒介的类型，包括屏幕尺寸等。例如：

```
<source src="demo.ogg" type="video/ogg" media="screen and (min-width:320px)">
```

（2）src：指定音频文件的路径。

（3）type：指定音频的类型。属性值 audio/ogg、audio/mpeg 和 audio/wav 分别表示 OGG、MP3 和 WAV 文件类型。

例如，在网页中加入一首音频，并循环播放，效果如图 5-1 所示，代码如下：

```
<audio controls="controls" loop="loop" autoplay="autoplay">
    <source src="horse.ogg" type="audio/ogg">
    <source src="horse.mp3" type="audio/mpeg">
    您的浏览器不支持 audio 元素。
</audio>
```

图 5-1
网页中的音频播放器

5.1.3　音频播放的高级应用

有些网站，如专业的音乐网站，对于音频播放有更高的功能和效果要求，图 5-2 所示的就是自定义了一个播放功能和样式的音频播放器。为了得到符合自身需求样式或者功能的播放器，开发者多会使用 JavaScript 开发音频播放的相关功能，而不是简单地将 <audio> 标签写入 HTML 代码中。

使用 JavaScript 编程方式，需要使用 HTML DOM Audio 对象。Audio 对象是 HTML5 新增对象，表示 HTML audio 元素。Audio 对象拥有众多的属性、方法及事件，见表 5-4、表 5-5 和表 5-6。

> **说　明**
>
> Audio 音频对象和 Video 视频对象的方法、事件和大部分属性都是相同的。

表 5-4　Audio 对象属性

属　　性	描　　述
audioTracks	返回表示可用音频轨道的 AudioTrackList 对象
autoplay	设置或返回是否在加载完成后随即播放音频 / 视频

笔 记

属　性	描　述
buffered	返回表示音频 / 视频已缓冲部分的 TimeRanges 对象
controller	返回表示音频 / 视频当前媒体控制器的 MediaController 对象
controls	设置或返回音频 / 视频是否显示控件（比如播放 / 暂停等）
crossOrigin	设置或返回音频 / 视频的 CORS 设置
currentSrc	返回当前音频 / 视频的 URL
currentTime	设置或返回音频 / 视频中的当前播放位置（以秒计）
defaultMuted	设置或返回音频 / 视频默认是否为静音
defaultPlaybackRate	设置或返回音频 / 视频的默认播放速度
duration	返回当前音频 / 视频的长度（以秒计）
ended	返回音频 / 视频的播放是否已结束
error	返回表示音频 / 视频错误状态的 MediaError 对象
loop	设置或返回音频 / 视频是否应在结束时重新播放
mediaGroup	设置或返回音频 / 视频所属的组合（用于连接多个音频 / 视频元素）
muted	设置或返回音频 / 视频是否静音
networkState	返回音频 / 视频的当前网络状态
paused	设置或返回音频 / 视频是否暂停
playbackRate	设置或返回音频 / 视频播放的速度
played	返回表示音频 / 视频已播放部分的 TimeRanges 对象
preload	设置或返回音频 / 视频是否应该在页面加载后进行加载
readyState	返回音频 / 视频当前的就绪状态
seekable	返回表示音频 / 视频可寻址部分的 TimeRanges 对象
seeking	返回用户是否正在音频 / 视频中进行查找
src	设置或返回音频 / 视频元素的当前来源
startDate	返回表示音频当前时间偏移的 Date 对象
textTracks	返回表示可用文本轨道的 TextTrackList 对象
videoTracks	返回表示可用视频轨道的 VideoTrackList 对象
volume	设置或返回音频 / 视频的音量

表 5-5　Audio/Video 对象方法

方　法	描　述
addTextTrack()	向音频 / 视频添加新的文本轨道
canPlayType()	检测浏览器是否能播放指定的音频 / 视频类型
load()	重新加载音频 / 视频元素
play()	开始播放音频 / 视频
pause()	暂停当前播放的音频 / 视频

表 5-6　Audio/Video 对象事件

事　件	描　述
abort	当音频 / 视频的加载被中止时触发
canplay	当浏览器可以开始播放音频 / 视频时触发
canplaythrough	当浏览器可在不因缓冲而停顿的情况下进行播放时触发
durationchange	当音频 / 视频的时长已更改时触发
emptied	当目前的播放列表为空时触发
ended	当目前的播放列表已结束时触发
error	当在音频 / 视频加载期间发生错误时触发
loadeddata	当浏览器已加载音频 / 视频的当前帧时触发
loadedmetadata	当浏览器已加载音频 / 视频的元数据时触发
loadstart	当浏览器开始查找音频 / 视频时触发
pause	当音频 / 视频已暂停时触发
play	当音频 / 视频已开始或不再暂停时触发
playing	当音频 / 视频在因缓冲而暂停或停止后再次就绪时触发
progress	当浏览器正在下载音频 / 视频时触发
ratechange	当音频 / 视频的播放速度已更改时触发
seeked	当用户已移动 / 跳跃到音频 / 视频中的新位置时触发
seeking	当用户开始移动 / 跳跃到音频 / 视频中的新位置时触发
stalled	当浏览器尝试获取媒体数据，但数据不可用时触发
suspend	当浏览器刻意不获取媒体数据时触发
timeupdate	当目前的播放位置已更改时触发
volumechange	当音量已更改时触发
waiting	当视频由于需要缓冲下一帧而停止时触发

（1）只读属性

① buffered：返回 TimeRanges 对象，并利用该对象的属性获取当前缓冲区大小。TimeRanges 对象表示音视频的已缓冲部分，其属性（音频只有一个缓冲分段）包括以下几项。

- length——获得音视频中已缓冲范围的数量
- start(index)——获得某个已缓冲范围的开始位置
- end(index)——获得某个已缓冲范围的结束位置

② currentSrc：以字符串的形式返回正在播放或已经加载的文件。

③ duration：表示音频文件的播放时长，以秒为单位，如果无法获取就为 NaN。当 canplay 事件被触发，就可以获取当前音频 / 视频文件的总长度。

④ paused：判断是否已经暂停，取值为 true/false。

⑤ ended：判断是否已经播放完毕，取值为 true/false。

⑥ error：在发生了错误后，返回 MediaError 对象，该对象的 code 属性包含了音频 / 视频的错误状态。

笔 记

（2）可读写属性

① src：指定音频 / 视频的文件位置。

② autoplay：是否自动播放。

③ preload：是否预加载。

④ loop：是否循环播放。

⑤ controls：显示或隐藏用户控制界面。

⑥ muted：设置是否静音。

⑦ volume：0.0 ～ 1.0 间的音量值，可读取当前音量值。

⑧ currentTime：以秒为单位，返回音频已播放了多长时间，也可设置 currentTime 值跳转到特定位置。

【例 5-1】制作一个网页音频播放器，自定义按钮控制播放、暂停、上一首和下一首的功能，效果如图 5-2 所示。

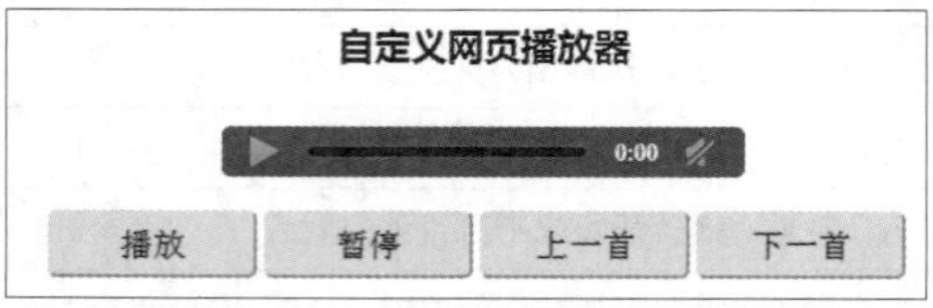

图 5-2
例 5-1 的自定义音
频播放器

```
<!-- 项目 Example5-1-->
```

CSS 样式：

```
<style>
    .audio {
        width: 500px;
        margin: auto;
    }
    .audio audio{
        display: block;
        margin: auto;
    }
    .audio h1 {
        font-family: " 微软雅黑 ";
        font-size: 1.3em;
        text-align: center;
    }
    .audio button {
        width: 120px;
        height: 40px;
        line-height: 30px;
        font-size: 1.2em;
        text-align: center;
        text-shadow: 0px 0px 1px rgba(0, 0, 0, 0.6);
        border-radius: 5px;
        outline: none;
    }
</style>
```

HTML 和 JavaScript 代码：

```
<div class="audio">
    <h1 id="name"> 自定义网页播放器 </h1>
    <br>
    <audio id="audio" src="src/1.mp3" controls="controls"></audio><br/>
    <div>
        <button id="btn-play"> 播放 </button>
        <button id="btn-stop"> 暂停 </button>
        <button id="btn-pre"> 上一首 </button>
        <button id="btn-next"> 下一首 </button>
    </div>
</div>
```

```
        </div>
        <script>
            var playBtn = document.getElementById("btn-play");
            var audio = document.getElementById("audio");
            /*播放 */
            playBtn.onclick = function() {
                if(audio.paused) {
                    audio.play();
                }
            }
            /*暂停 */
            var stopBtn = document.getElementById("btn-stop");
            stopBtn.onclick = function() {
                if(audio.played) {
                    audio.pause();
                }
            }
            var musics = new Array();
            musics = ["1", "2", "3"]; // 歌单
            var num = 0;
            var name = document.getElementById("name");
            /*上一首 */
            var preBtn= document.getElementById("btn-pre");
            preBtn.onclick = function() {
                num = (num + 2) % musics.length;
                audio.src = "src/" + musics[num] + ".mp3";
                audio.play();
            }
            /*下一首 */
            var nextBtn= document.getElementById("btn-next");
            nextBtn.onclick = function() {
                num = (num + 1) % musics.length;
                audio.src = "src/" + musics[num] + ".mp3";
                audio.play();
            }
        </script>
```

（3）Audio/Video 对象常用方法

① addTextTrack()：创建并返回新的文本轨道。新的 TextTrack 对象会被添加到视频 / 音频元素的文本轨道列表中。要注意的是，目前所有主流浏览器均不支持该方法。

② canPlayType()：判断浏览器是否能播放指定的音频 / 视频类型，当返回值为 "probably" 时，表示浏览器很可能支持该音频 / 视频类型；返回值为 "maybe" 表示浏览器也许支持该音频 / 视频类型；返回 ""（空字符串），则表明浏览器不支持该音频 / 视频类型。

③ load()：可以重新加载音频 / 视频元素，用于在更改来源或其他设置后对音频 / 视频元素进行更新。

④ play()：开始播放当前的音频或视频，所有主流浏览器都支持该方法。

⑤ pause()：停止（暂停）当前播放的音频 / 视频，所有主流浏览器都支持该方法。

（4）Audio/Video 对象事件

① abort：在音频 / 视频加载被中止时触发，这个中止是音频 / 视频播放正常过程中发生的。

② canplay：当浏览器能开始播放指定的音频 / 视频时触发。

③ canplaythrough：当浏览器预计无须停下缓冲，可持续播放指定的音频 / 视频时触发。

④ durationchange：当指定音频 / 视频的时长发生变化时触发。当音频 / 视频加载后，时长将由 "NaN" 变为音频 / 视频的实际时长。

⑤ ended：事件在音频 / 视频播放完成后触发。

⑥ error：事件在音频 / 视频加载发生错误时触发。

⑦ loadeddata：当前帧的数据已加载，但没有足够的数据来播放指定音频 / 视频

的下一帧时，会触发该事件。

⑧ loadedmetadata：当指定的音频 / 视频的元数据已加载时，会触发该事件。音频 / 视频的元数据包括：时长、尺寸（仅视频）以及文本轨道。

⑨ loadstart：当浏览器开始寻找指定的音频 / 视频时，会触发该事件。即当加载过程开始时触发。

⑩ pause：在音频 / 视频暂停时触发。

⑪ play：在音频 / 视频开始播放时触发。

⑫ playing：在音频 / 视频因缓冲而暂停或停止后再次就绪时触发。

⑬ progress：当浏览器正在下载指定的音频 / 视频时触发。

⑭ ratechange：在音频 / 视频播放速度发生改变时触发（如用户切换到慢速或快速播放模式）。

⑮ seeked：在用户已移动 / 跳跃到音频 / 视频中的新位置时触发。seeked 事件的相反事件为 seeking 事件。位置的获取可利用 Audio/Video 对象的 currentTime 属性来得到。

⑯ timeupdate：在音频 / 视频的播放位置发生改变时触发。播放位置改变包括播放和移动播放位置 2 种情况。位置的获取可利用 Audio/Video 对象的 currentTime 属性来得到。

⑰ volumechange：在音频 / 视频的音量发生改变时触发。音量改变包括提高 / 降低音量，或是设置 / 取消静音 2 种情况。音量的获取可以利用 Audio/Video 对象的 volume 属性来得到。

⑱ waiting：在视频由于需要缓冲下一帧而停止时触发。通常在视频播放中应用。

例如，在网页加载后自动播放背景音乐，同时输出音频长度、缓存加载时长、时间起点和终点等参数，代码如下：

```
<audio id="myAudio"></audio>
<script>
    var myAudio = document.getElementById('myAudio');
    myAudio.preload = true;
    myAudio.autoplay = true;
    myAudio.src = 'src/1.mp3';
    myAudio.onplay = function () {
        console.info("开始播放");
    }
    myAudio.oncanplay = function () {
        console.info('进入可以播放状态');
        console.info('总长度：' + myAudio.duration);
    }
    // 加载状态监听
    myAudio.ontimeupdate = function (e) {
        var timeRange = myAudio.buffered;
        console.info(timeRange);
        console.info('start:' + timeRange.start(0) + ',end:' + timeRange.end(0));
    }
</script>
```

5.1.4　实例5-1：带iPod播放器的旅游网站首页制作

问题描述：创建一个页面，要求通过视频来展示旅游网站的特色。

执行效果（见图 5-3）：

问题分析：为了提升旅游网站的娱乐性，宣传页面要求增加在线音乐播放功能，虽然直接使用 HTML5 <audio> 标签可以达到基本要求，但效果却无法满足网站整体设计的需要。本例仿照 iPod 风格，自行设计播放器的功能和外观，其中播放、暂停、上一首和下一首等功能则通过 JavaScript+Audio 对象实现。

图 5-3
"关于本网站"栏目
的宣传页面

实现步骤：

（1）使用 HBuilder 工具，创建项目 Case5-1，新建 HTML 文件，网页代码如下。

```html
<div id="main">
    <header>
        <div class="logo">
            <img src="img/logo.png">
        </div>
        <nav class="menu">
            <ul>
                <li>
                    <a href="http://#">首页 </a>
                </li>
                <li>
                    <a href="http://#">线路产品 </a>
                </li>
                <li>
                    <a href="http://#"> 国内线路 </a>
                </li>
                <li>
                    <a href="http://#">国外线路 </a>
                </li>
                <li>
                    <a href="http://#"> 特价推广 </a>
                </li>
            </ul>
        </nav>
    </header>
    <div class="header_upper">
```

笔 记

笔 记

```html
                <div class="logo_title">
                    <h1>关于本网站</h1>
                    <p>手机版下单有更多惊喜哟</p>
                    <img src="img/erweima.png" class="1">
                    <div class="download">
                        <img src="img/android.jpg">
                        <img src="img/iphone.jpg">
                    </div>
                </div>
                <div class="logo_phone">
                    <div id='music' class='music'>
                        <div class='screen'>
                            <i id='music-icon'></i>
                        </div>
                        <div class='buttons'>
                            <i id='prev' class="iconfont"></i>
                            <i id='play' class="iconfont"></i>
                            <i id='next' class="iconfont"></i>
                        </div>
                    </div>
                </div>
            </div>
        </div>
        <div id="blank"></div>
        <div id="middle">
            <div class="m_text">
                <h2>体验更多更有趣的旅游路线</h2>
                <p>打开心扉，去见识这世界无限的美好</p>
            </div>
            <div id="blank"></div>
            <div class="m_show1">
                <ul>
                    <li>
                        <a href="#"><img src="img/sanya2.png"></a>
                    </li>
                    <li>
                        <a href="#"><img src="img/sanya3.png"></a>
                    </li>
                    <li>
                        <a href="#"><img src="img/sanya4.png"></a>
                    </li>
                    <li>
                        <a href="#"><img src="img/sanya5.png"></a>
                    </li>
                </ul>
            </div>
            <div id="blank"></div>
            <div class="m_text">
                <p>足迹，遍布世界各地……</p>
            </div>
            <div id="blank"></div>
            <div class="hot">
                <div class="hot_user">
                    <div>
                        <img src="img/img1.png">
                        <img src="img/img2.png">
                    </div>
                    <div>
                        <img src="img/img3.png">
                        <img src="img/img4.png">
                    </div>
                </div>
                <div class="hot_user">
                    <div>
                        <img src="img/img5.png">
                        <img src="img/img6.png">
                    </div>
                    <div>
                        <img src="img/img7.png">
                        <img src="img/img8.png">
                    </div>
                </div>
            </div>
```

```
            <div class="hot_user">
                <div>
                    <img src="img/img9.png">
                    <img src="img/img10.png">
                </div>
                <div>
                    <img src="img/img11.png">
                    <img src="img/img12.png">
                </div>
            </div>
        </div>
    <div id="blank"></div>
    <div class="m_menu">
        <ul>
            <li><h2> 用户帮助 </h2></li>
            <li> 如何联系我们? </li>
            <li> 下不了单付不了款怎么办? </li>
            <li>VIP 定制路线 </li>
            <li> 来这里，我们帮你解答 </li>
        </ul>
    </div>
    <div class="m_menu">
        <ul>
            <li><h2> 分类导航 </h2></li>
            <li> 攻略索引 </li>
            <li> 酒店导航 </li>
            <li> 线路查询 </li>
        </ul>
    </div>
    <div class="m_menu">
        <ul>
            <li><h2> 合作加盟 </h2></li>
            <li> 保险代理 </li>
            <li> 酒店加盟 </li>
            <li> 智慧旅游 </li>
            <li> 友情链接 </li>
        </ul>
    </div>
</div>
<footer>
    <div class="last">
        <ul>
            <li> 隐私保护 </li>
            <li> 网站地图 </li>
            <li> 合作伙伴 </li>
            <li> 联系我们 </li>
        </ul>
    </div>
    <dl class="inf">
        <dt> 联系方式 </dt>
        <dd> 地址：广东省广州市海和西路 123 号 </dd>
        <dd> 邮编：51×××× </dd>
        <dd> 电话：020-×××××××× </dd>
        <dd> 邮箱：xclx@abc.com</dd>
    </dl>
</footer>
```

（2）添加 CSS 样式表。

```
/*------------ 全局设置 ------------*/
* {
    margin: 0;
    padding: 0
}
body {
    font: 12px " 微软雅黑 ", "Arial Narrow", HELVETICA;
}
p,h2,ul,li {
    color: #8a8a8a;
}
img {
    border: none;
}
```

笔 记

```css
li {
    list-style: none;
}
a {
    text-decoration: none;
    color: white;
}
/*------------------ 头部内容 ------------------*/
#blank {
    height: 30px;
    clear: both;
}
#main {
    width: 100%;
    background: #9dbd59;
    height: 600px;
}
#main  header {
    width: 1100px;
    margin: auto;
    height: 80px;
}
#main  header .logo {
    padding-top: 20px;
    float: left
}
#main  header .menu {
    float: left;
    margin-top: 34px;
    margin-left: 165px;
}
#main  header .menu ul li {
    float: left;
    text-align: center;
    width: 120px;
    font-size: 16px;
}
#main .header_upper h1 {
    width: 555px;
}
#main .header_upper p {
    width: 595px;
}
#main .header_upper {
    width: 1100px;
    margin: auto;
}
#main .header_upper .logo_title {
    float: left;
    color: #FFF;
    font-size: 25px;
    margin-top: 140px;
    margin-left: -200px;
    letter-spacing: 10px;
}
#main .header_upper .logo_title p {
    margin-bottom: 35px;
}
#main .header_upper .logo_title img {
    float: left
}
#main .header_upper .download {
    width: 130px;
    float: left;
    margin-left: 5px
}
#main .header_upper .download img {
    margin-bottom: 9px;
}
#main .header_upper .logo_phone {
    margin-top:10px;
    float: left;
```

```
}
/*---------------- 中间内容展示部分 --------------*/
#middle {
    margin: auto;
    width: 1200px;
}
#middle .m_text {
    text-align: center;
    font-size: 18px;
    letter-spacing: 5px;
}
#middle .m_show1 ul li {
    float: left;
    padding-left: 10px;
}
#middle .m_show1 img{
    width:270px;
    height: 250px;
}
#middle .hot {
    width: 1200px;
    margin: 0px auto;
}
#middle .hot_user {
    float: left;
    margin-left: 5px;
}
#middle .m_menu {
    float: left;
    margin-left: 90px;
    border-left: 1px dashed #CCC;
    padding-left: 20px;
    padding-left: 20px;
}
#middle .m_menu ul {
    width: 240px;
}
#middle .m_menu ul h2 {
    background: url(../images/bo.jpg) no-repeat 100%
}

/*------------footer 页脚部分 --------------*/
footer .last ul li {
    float: left;
    margin-left: 20px;
}
footer .last {
    width: 555px;
    height: 45px;
    margin: 0px auto;
}
footer .last ul {
    margin-left: 75px;
}
footer .inf {
    diaplay: block;
    padding: 10px;
    color: #8a8a8a;
}

footer .inf dd ,footer .inf dt{
    text-align: center;
}

/*------- 音乐播放器样式 -------*/
.music {
    width: 200px;
    height: 300px;
    background: #ccc;
}
.music {
    width: 200px;
    height: 300px;
```

笔 记

```css
        background: #333;
        border-radius: 5px;
        box-shadow: 3px -3px 3px #666;
        position: relative;
}
.music .screen {
        height: 200px;
        width: 200px;
        border-radius: 50%;
        background: url(img/hotel.png);
        background-size: cover;
        margin-left: 2%;
        margin-top: 2%;
        transform: rotate(0deg);
        animation: round 3s linear infinite;
}
.music .buttons {
        height: 25%;
        width: 180px;
        background: transparent;
        margin: 10% auto;
}
.iconfont {
        width: 40px;
        height: 40px;
        margin: 10px;
        float: left;
}
#prev {
        background: url(img/prev.png);
}
#play {
        background: url(img/stop.png);
}
#next {
        background: url(img/next.png);
}
@keyframes round {
        from {
                transform: rotate(0deg);
        }
        to {
                transform: rotate(360deg);
        }
}
```

（3）编写 JavaScript 脚本文件。

```javascript
function $(id) {
        return document.getElementById(id);
}
var musicBox = {
        musicDom: null,     // 播放器对象
        songs: ['src/1.mp3', 'src/2.mp3', 'src/3.mp3'],     // 歌曲目录，用数组来存储

        // 初始化音乐盒
        init: function() {
                this.musicDom = document.createElement('audio');
                document.body.appendChild(this.musicDom);
        },
        // 添加一首音乐
        add: function(src) {
                this.songs.push(src);
        },
        // 根据数组下标决定播放哪一首歌
        play: function(index) {
                this.musicDom.src = this.songs[index];
                this.musicDom.play();
        },
        // 暂停音乐
        stop: function() {
                this.musicDom.pause();
        },
        // 下一首
```

```
        next: function() {
            index = (index + 1) % this.songs.length;
            this.play(index);
            console.log(index);
        },
        // 上一首
        prev: function() {
            index = (index - 1 + this.songs.length) % this.songs.length;
            this.play(index);
            console.log(index);
        }
    }
    function dom(id) {
        if(id.toString().indexOf('#') != -1) {
            id = id.replace('#', '');
        }
        return document.getElementById(id);
    }
    musicBox.init();      // 初始化
    var onoff = false;     // 默认没有播放状态
    var screens = $('screen');
    // 绑定 "play" 按钮
    var playBtn = $('play');
    playBtn.addEventListener('click', function() {
        if(musicBox.paused) {
            musicBox.play(index);
            playBtn.style.background = 'url(img/play.png)';
            //onoff=true;
        } else {
            musicBox.stop();
            playBtn.style.background = 'url(img/stop.PNG)';
            onoff = false;
        }
    });
    // 绑定 "next" 按钮
    var nextBtn = $('next');
    nextBtn.addEventListener('click', function() {
        musicBox.next();
    });
    // 绑定 "prev" 按钮
    var prevBtn = $('prev');
    prevBtn.addEventListener('click', function() {
        musicBox.prev();
    });
    // 默认从第 0 首曲子开始
    var index = 0;
    musicBox.play(0);
    var musicDom = dom('#music');
```

（4）运行 HTML5 文件。

鼠标右击，在快捷菜单中单击 "在浏览器中打开" 命令，执行效果如图 5-3 所示。

问题总结：

（1）在网页上单纯地添加 <audio> 标签，仅仅是摆脱了浏览器对播放器插件的依赖。如果希望进一步美化 audio 外观，或要对音频文件进行自由控制，还需借助 Audio API 和 JavaScript，才能实现对音频的定制化处理。

（2）如果只是利用 audio 播放背景音乐，通常在 CSS 中设置 display:none，将播放器隐藏就可以了。

5.2　HTML5 视频

与 5.1 节类似，本节主要介绍 HTML5 所支持的视频格式，以及 <video> 标签和 Video 对象在视频播放应用中的使用方法。

5.2.1　视频格式

HTML5 中支持的视频格式也有 3 种：MP4、WebM、OGG，分别介绍如下。

（1）MP4：是带有 H.264 视频编码和 AAC 音频编码的 MPEG 4 文件。

（2）WebM：是带有 VP 8 视频编码和 Vorbis 音频编码的 WebM 文件。

（3）OGG：是带有 Theora 视频编码和 Vorbis 音频编码的 OGG 文件。

表 5-7 列出了主流浏览器对于 3 种文件格式的支持情况。

表 5-7　视频格式及浏览器支持

浏览器	MP4	WebM	OGG
IE	支持	不支持	不支持
Chrome	支持	支持	支持
Firefox	支持	支持	支持
Safari	支持	不支持	不支持
Opera 25+	支持	支持	支持

5.2.2　视频播放的简单应用

利用 HTML5 <video> 标签（见表 5-8），可以在网页上实现视频播放，界面是默认样式。

表 5-8　<video> 标签属性

属　　性	描　　述
autoplay	值为 "autoplay"，表示视频就绪即开始播放
controls	值为 "controls"，显示播放控件，比如 "播放" 按钮
height	设置视频播放器的高度。单位为像素
width	设置视频播放器的宽度。单位为像素
loop	值为 "loop"，表示视频播放完后再次开始播放
muted	值为 "muted"，设置视频的音频输出为静音
poster	设置视频下载时显示的图像，或用户单击 "播放" 按钮前显示的图像
preload	值为 "preload"，表示在页面加载后视频加载，并预备播放。如果使用 autoplay 属性，则忽略该属性
src	视频资源的 URL

表 5-8 中的部分属性与 <audio> 标签属性相同，包括 autoplay、controls、loop、preload、src，这里不再复述。下面我们来介绍 height、width 和 poster 属性的使用方法。

（1）height 和 width：规定视频播放器的高度和宽度。

例如：

```
<video id="player" controls="controls" width="600" height="450">
    <source src="src/guilin.mp4"></source>
    您的浏览器不支持 HTML5。
</video>
```

如果设置了视频播放窗口的高度和宽度，页面加载时会预留出对应大小的空间，否则，浏览器无法预先确定窗口尺寸，使得页面加载过程中布局可能会变形。不过，

height 和 width 属性并不能改变视频本身大小，只能是让它看起来较小。如果要降低流量，可以使用软件对视频先压缩，再进行播放。

（2）poster：规定视频下载时显示的图像，或者在用户单击"播放"按钮前显示的图像。如果没有设置该属性，就使用视频的第一帧来代替。

例如：

```
<video controls poster="img/myVideo.gif"/>。
```

5.2.3　视频播放的高级应用

与音频类似，当项目对于视频播放要求更复杂时，单纯使用 <video> 标签无法适应开发需要。HTML5 Video 对象表示 HTML video 元素，前面已提到，它的方法、事件、以及大部分属性与 HTML audio 元素是共用的，而 video 特有的 2 个属性 textTracks、videoTracks 应用较少，这里不做单独介绍。因此，利用 JavaScript 操作 HTML video 元素，可以与网页界面的动态效果相结合，为用户提供更为绚丽的视觉感受。

【例 5-2】制作一个简易网页视频播放器，自定义按钮控制播放、暂停、音量的功能和样式，效果如图 5-4 所示。

图 5-4
例 5-2 自定义的
视频播放器

```
<!-- 项目 Example5-2-->
```

（1）CSS 样式。

```css
/* 图标按钮用 font 方式设置 */
@font-face {
    font-family: 'control';
    src:url(data:application/x-font-ttf;charset=utf-8;base64,AAEAhC/L... 略 ...A)
        format('truetype'),
        url(data:application/font-woff;charset=utf-8;base64,d09GRk9... 略 ...AA)
        format('woff');
    font-weight: normal;
    font-style: normal;
}

/* 按钮效果设置 */
.icon {
    font-family: 'control';
    speak: none;
    font-style: normal;
    font-weight: normal;
    font-variant: normal;
    text-transform: none;
    line-height: 1;
}

/* 各种图标效果编码 */
.icon-pause:before {
    content: "\e601";
```

```
    }
    .icon-volume-mute:before {
        content: "\e603";
    }
    .icon-play:before {
        content: "\e600";
    }
    .icon-volume:before {
        content: "\e602";
    }
    .icon-expand:before {
        content: "\e604";
    }
    .icon-contract:before {
        content: "\e605";
    }
    .icon-stop:before {
        content: "\e606";
    }
    .icon-upload:before {
        content: "\e607";
    }
    video::-webkit-media-controls {
        display:none !important;
    }
    body
    {
        font-family: " 微软雅黑 ", Arial, sans-serif;
    }
    .wrapper {
        max-width: 600px;
        margin:   auto ;
    }
    #player {
        background-color:rgba(0, 0, 0, 0.3);;
    }
    .player {
        position: relative;
        font-size: 0;
    }
    #controller {
        position: absolute;
        bottom: 0;
        left: 0;
        height: 30px;
        width: 100%;
        background-color: rgba(0, 0, 0, 0.8);
        z-index: 999;
    }
    .icon {
        font-size: 18px;
        line-height: 30px;
        color: #999;
    }
    .icon:hover {
        cursor: pointer;
    }
    .icon-play,
    .icon-pause,
    .icon-stop {
        padding-left: 5px;
    }
    .icon-expand,
    .icon-contract {
        font-size: 16px;
        float: right;
        padding-right: 10px;
    }
    .icon-upload {
        float: right;
        padding-right: 10px;
    }
```

```css
.video{
    width:100px;
    float: left;
}
.video-pro{
    width:300px;
    float: left;
}
.control{
    width:150px;
    float: left;
}
#timer,
#volume {
    float: left;
}
#timer {
    font-size: 14px;
    font-weight: bold;
    line-height: 30px;
    color: #999;
    vertical-align: top;
    margin-right: 15px;
}

.controlBar {
    background: #999;
    height: 6px;
    -webkit-border-radius: 5px;
    border-radius: 5px;
}
.controlInner {
    height: 6px;
    background: #2187e7;
    -webkit-border-radius: 5px;
    border-radius: 5px;
    box-shadow: 0px 0px 6px 1px rgba(0,198,255,0.7);
    -webkit-transition: width 0.1s;
    transition: width 0.1s;
}

#progressBar {
    margin: 12px 20px 12px 5px;
}
#innerBar {
    width: 0%;     /* 播放进度默认为 0 */
}

#volume-control,
#volume-inner {
    display: inline-block;
}
#volume-control {
    width: 50%;
    margin: 12px 0 12px 3px;
}
#volume-inner {
    width: 100%;    /* 音量默认 100% */
}
```

（2）HTML 和 JavaScript 代码。

```html
<div class="wrapper">
    <div class="myVideo">
        <div class="player">
            <video id="player" width="600" height="450">
                <source src="src/guilin.mp4"></source>
                您的浏览器不支持 HTML5。
            </video>
            <div class="myVideo" id="controller">
```

笔 记

```html
                              <div class="video">
                                  <!-- "播放" 按钮 -->
                                  <span id="play" class="icon icon-play"></span>
                                  <!-- "停止" 按钮 -->
                                  <span id="stop" class="icon icon-stop"></span>
                              </div>
                              <div class="video-pro overflow-h">
                                  <!-- 视频播放进度条 -->
                                  <div id="progressBar" class="controlBar">
                                      <div id="innerBar" class="controlInner"></div>
                                  </div>
                              </div>
                              <div class="control">
                                  <span id="timer">0:00</span>
                                  <span id="volume" class="icon icon-volume"></span>
                                  <!-- 声音控制条 -->
                                  <div id="volume-control" class="controlBar">
                                      <div id="volume-inner" class="controlInner"></div>
                                  </div>
                              </div>
                          </div>
                      </div>
                  </div>
    </div>
    <script>
        function $(id){
            return document.getElementById(id);
        }
        var player=$('player');
        var playBtn=$('play');
        var stopBtn=$('stop');
        var timer=$('timer');
        var innerBar=$('innerBar');
        var volume=$('volume');
        var volume_inner=$('volume-inner');
        // 播放进度条样式、计时数字的控制
        player.ontimeupdate=function(){
            var progress=this.currentTime/this.duration*100;
            timer.innerHTML=Math.floor(progress/60)+':'+
                            Math.floor((progress-Math.floor(progress/60)*60)) ;
            innerBar.style.width= progress+'%';
        }
        // "播放" 按钮的控制
        playBtn.onclick=function(){
            if(player.paused){
                this.className='icon icon-pause';
                player.play();
            }else{
                this.className='icon icon-play';
                player.pause();
            }
        }
        // "停止" 按钮的控制
        stopBtn.onclick=function(){
            player.currentTime=0;
            player.pause();

        }
        // "声音" 按钮的控制
        volume.onclick=function(){
            if (player.muted) {
                player.muted = false;
                this.className='icon icon-volume';
                volume_inner.style.width=100+'%';
            } else {
                player.muted = true;
                this.className='icon icon-volume-mute';
                volume_inner.style.width=0+'%';
            }
        }
    </script>
```

5.2.4 实例5-2：随页面滚动自动切换视频的旅游广告页制作

问题描述：创建一个页面，用于宣传旅游线路，要求页面加入 HTML5 视频，并且随着页面中线路内容的变化而加载不同的视频。

执行效果（见图 5-5）：

（a）第一屏

（b）第二屏

图 5-5
旅游网站线路
广告页

问题分析：为提升宣传的有效性，设置在线播放视频也是旅游网站设计中常用的手段。根据需求，此处有多个视频，并随着线路的变化而自动加载对应的视频，只使用 HTML5 video 是无法完成的，需要利用 JavaScript 和 video 对象共同实现。

实现步骤：

（1）使用 HBuilder 工具，创建项目 Case5-2。新建 HTML 文件，网页代码如下。

```
<div id="container">
    <div id="logo">
        <img src="img/logo.png">
    </div>
    <ul>
        <li><img src="img/guilin.jpg"> </li>
        <li><img src="img/kunshilan.jpg"></li>
        <li><img src="img/huangshan.jpg"></li>
        <li><img src="img/haerbing.jpg"></li>
    </ul>
    <ol>
        <li style="box-shadow: 0 0 2px 3px rgba(0,0,0,0.6)"></li>
        <li></li>
        <li></li>
        <li></li>
    </ol>
    <div id="myVideo">
```

```
        <video src="src/guilin.mp4"></video>
    </div>
</div>
```

（2）加载 CSS 样式表。

```
* {
    margin: 0;
    padding: 0;
}
body,
html {
    height: 100%;
    }
ul {
    list-style: none;
    height: 100%;
    }
ul li {
    height: 100%;
}
ol {
    list-style: none;
    position: fixed;
    top: 200px;
    left: 50px;
}
ol li {
    width: 50px;
    height: 50px;
    margin: 10px;
    border-radius: 50%;
    text-align: center;
    line-height: 50px;
    margin-top: -1px;
    cursor: pointer;
}

/*------- 广告图位置 -------*/
li img {
    display: block;
    height: 100%;
    margin-left: 200px
}
#myVideo {
    float: right;
    width: 60%;
    min-width: 400px;
    list-style: none;
    position: fixed;
    top: 200px;
    right: -120px;
}
#myVideo video {
    width: 500px;
}
#logo {
    width: 317px;
    height: 111px;
    position: fixed;
    top: 0px;
    right: 311px;
}
```

（3）添加 JavaScript 脚本文件。

```
<script>
    // 单击 ol 的 li，屏幕滑动到对应的 ul 的 li
    var ul = document.getElementsByTagName("ul")[0];
    var ol = document.getElementsByTagName("ol")[0];
    var ulLiArr = ul.children;
    var olLiArr = ol.children;
    var target = 0;
```

```
        var leader = 0;
        var timer = null;
        var player = document.getElementsByTagName("video")[0];
        // 视频文件
        var videos = ['guilin', 'kunshilan', 'huangshan', 'haerbing'];
        // 指定 ul 和 ol 中 li 的背景色
        var arrColor = ["green", "orange", "yellow", "red"];
        // 利用 for 循环给 2 个数组中的元素上色
        for(var i = 0; i < arrColor.length; i++) {
            ulLiArr[i].style.backgroundColor = arrColor[i];
            olLiArr[i].style.backgroundColor = arrColor[i];
            // 属性绑定索引值
            olLiArr[i].index = i;
            // 循环绑定，为每一个 li 绑定单击事件
            olLiArr[i].onclick = function() {
                // 获取目标位置
                target = ulLiArr[this.index].offsetTop;
                clearInterval(timer);
                // 播放对应的视频广告
                player.src = 'src/' + videos[this.index] + '.mp4';
                player.play();
                // 利用缓动动画原理实现屏幕滑动
                timer = setInterval(function() {
                    // 获取步长
                    var step = (target - leader) / 10;
                    // 二次处理步长
                    step = step > 0 ? Math.ceil(step) : Math.floor(step);
                    // 屏幕滑动
                    leader = leader + step;
                    window.scrollTo(0, leader);
                    // 清除定时器
                    if(Math.abs(target - leader) <= Math.abs(step)) {
                        window.scrollTo(0, target);
                        clearInterval(timer);
                    }
                }, 25);
            }
        }
        // 除去其他元素的阴影，只保留当前激活元素的阴影
        function addShadow(index){
            var i;
            for( i=0;i<olLiArr.length;i++){
                olLiArr[i].style.boxShadow='none';
            }
            olLiArr[index].style.boxShadow='0 0 2px 3px rgba(0,0,0,0.6)';
        }
        // 用 scroll 事件模拟盒子距离最顶端的距离
        var lastIndex = 0;    // 记录上次的视频，当发生变化才重新加载
        window.onscroll = function() {
            // 每次屏幕滑动，把屏幕卷去的值赋给 leader
            // 模拟获取显示区域距离顶部的距离
            leader = scroll().top;
            var liHeight = ulLiArr[0].offsetHeight;
            // 滚动页面，播放对应页面的广告视频
            var index = Math.floor(leader / liHeight);
            if(lastIndex != index) {
                player.src = 'src/' + videos[index] + '.mp4';
                player.play();
                lastIndex = index;
                addShadow(index);
            }
        }
    }
</script>
```

（4）运行 HTML5 文件。

鼠标右击，在快捷菜单中单击"在浏览器中打开"命令，执行效果如图 5-5 所示。

问题总结：

（1）视频播放器在播放不同的视频文件时，需要使用 HTML5 Video API 动态调整 URL。此外，为了获得更好的设计感，还可以自行设计和定义 video 的外观效果或功能。常见的 video 播放器功能，在 HTML5 Video API 中都可以找到相应的属性或方法。

笔 记

（2）无论在手机端还是 Web 端，自行开发音频/视频应用，通常不会使用纯 JavaScript，而是借助第三方 JS 库，常见的 JS 库包括 jQuery.js、zepto.js 和 video.js 等，网上有很多演示程序，可以帮助读者更深入地学习。

5.2.5 实例5-3：全视频背景下的时尚主页设计

问题描述：创建一个页面，自适应全屏页面设计，首屏背景加入 HTML5 视频，线路广告采用视频替代原有的图片，鼠标指针滑过视频播放，离开视频则暂停。单击视频能查看高清大屏幕视频广告。

执行效果（见图 5-6 至图 5-8）：

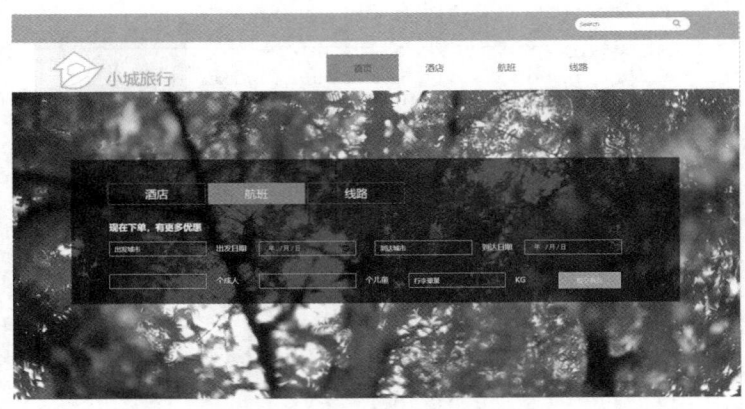

图 5-6
全景视频首页设计

图 5-7
鼠标指针滑过视频
播放，离开暂停

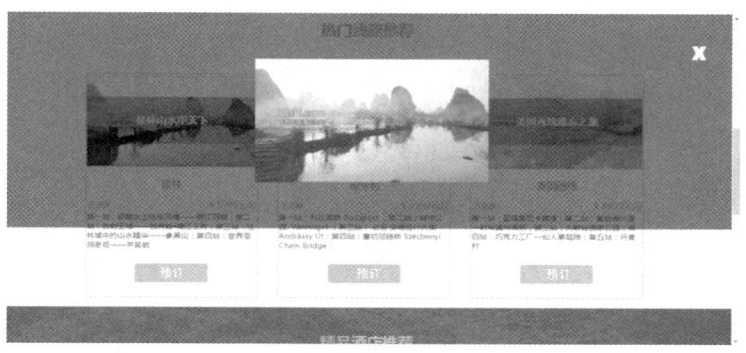

图 5-8
单击视频弹出
大屏幕播放视频

问题分析：要制作以视频作为背景的自适应全屏页面，要解决的问题是，首先，能根据屏幕的大小自动调整视频的尺寸；其次，视频广告展示时，要为视频添加鼠标指针滑过和鼠标指针离开事件的处理，即鼠标指针滑过时，启动视频播放，鼠标指针离开时，则停止视频播放；最后，当单击视频时，弹出大屏幕来播放视频。

实现步骤：

（1）使用 HBuilder 工具，创建项目 Case5-3。新建 HTML 文件，网页代码如下。

```html
<div id="toper">
    <video src="src/bg.mp4" autoplay="autoplay"></video>
    <div id="floater">
        <header>
            <div id="search">
                <input type="text" value="search" />
            </div>
            <div id="menu">
                <nav>
                    <ul>
                        <li>
                            <a href="#1" class="active">首页 </a>
                        </li>
                        <li>
                            <a href="#2">酒店 </a>
                        </li>
                        <li>
                            <a href="#3">航班 </a>
                        </li>
```

笔 记

```
                                        <li>
                                            <a href="#4"> 线路 </a>
                                        </li>
                                    </ul>
                                </nav>
                            </div>
                    </header>
                    <div id="banner">
                        <h1 id="bannerTxt"> 最火爆的线路 </h1>
                        <div id="form">
                            <div class="title">
                                <ul>
                                    <li><a href="#t1"> 酒店 </a>
                                    <li><a href="#t2" class="active"> 航班 </a>
                                    <li><a href="#t3"> 线路 </a>
                                </ul>
                            </div>
                            <h3> 现在下单， 有更多优惠 </h3>
                            <div class="content">
                                <ul>
                                    <li><input type="text" value=" 出发城市 "></li>
                                    <li><label> 出发日期 </label><input type="date"></li>
                                    <li><input type="text" value=" 到达城市 "></li>
                                    <li><label> 到达日期 </label><input type="date"></li>
                                    <p></p>
                                    <li><input type="number"><label> 个成人 </label></li>
                                    <li><input type="number"><label> 个儿童 </label></li>
                                    <li><input type="text" value=" 行李重量 ">
                                    <label>KG</label></li>
                                    <li><input type="button" value=" 提交查询 "></li>
                                </ul>
                            </div>
                        </div>
                        </div>
                    </div>
                </div>
                <div id="lines">
                    <h1><span> 热门 </span> 线路推荐 </h1>
                    <ul>
                        <li>
                            <video src="src/4.mp4"></video>
                            <div class="floater2">
                                <h2> 桂林山水甲天下 </h2>
                            </div>
                            <div class="info">
                                <h3> 桂林 </h3>
                                <p class="left"> 三日游 </p>
                                <p class="right"> ￥1999 元起 </p>
                                <div style="clear: both;"></div>
                                <p class="details">第一站：领略水上桂林风情——两江四湖；第二站：
                                古韵王城——独秀峰·靖江王府；第三站：桂林城中的山水精华——象鼻山；
                                第四站：世界溶洞奇观——芦笛岩
                                </p>
                                <div style="clear: both;"></div>
```

```
                        <button> 预定 </button>
                    </div>
                </li>
                <li>
                    <video src="src/5.mp4"></video>
                    <div class="floater2">
                        <h2> 匈牙利音乐天堂 </h2>
                    </div>
                    <div class="info">
                        <h3> 匈牙利 </h3>
                        <p class="left"> 七日游 </p>
                        <p class="right"> ￥6999 元起 </p>
                        <div style="clear: both;"></div>
                        <p class="details"> 第一站： 布达佩斯 Budapest ；第二站： 城市公园，
                        Városliget ；第三站： 必去 安德拉什大街 Andrássy Út；第四站： 塞
                        切尼链桥 Szechenyi Chain Bridge ； </p>
                        <div style="clear: both;"></div>
                        <button> 预定 </button>
                    </div>
                </li>
                <li>
                    <video src="src/6.mp4"></video>
                    <div class="floater2">
                        <h2> 美国西线难忘之旅 </h2>
                    </div>
                    <div class="info">
                        <h3> 美国西线 </h3>
                        <p class="left"> 八日游 </p>
                        <p class="right"> ￥8999 元起 </p>
                        <div style="clear: both;"></div>
                        <p class="details"> 第一站： 圣塔莫尼卡海滩 ；第二站： 莫哈维沙漠至时
                        尚奥特莱斯 ；第三站： 大峡谷国家公园 ；第四站： 巧克力工厂至仙人掌庭院 ；
                        第五站： 丹麦村 </p>
                        <div style="clear: both;"></div>
                        <button> 预定 </button>
                    </div>
                </li>
            </ul>
    </div>
    <div style="clear: both;"></div>
    <div id="hotels">
        <div class="inner">
            <h1><span> 精品 </span> 酒店推荐 </h1>
            <div class="hotel">
                <a class="url" href="#"><img class="photo" src="img/hotel1.png"
                alt="avatar"></a>
                <h3 class="item"> 上海浦东丽思卡尔顿酒店 </h3>
                <a class="url " href="#">more>></a>

                <p> 上海浦东丽思卡尔顿酒店地处陆家嘴国金中心的顶端楼层，享有黄浦江及外滩迷
                人景致，提供完善的设施。酒店俯瞰外滩全景，距离东方明珠电视塔、金茂大厦、上
                海环球金融中心、上海中心和上海海洋水族馆约 500 米，距离上海当代艺术馆约 3.2
                公里。 </p>
                <div style="clear: both;"></div>
                <button> 预定 </button>
            </div>
```

笔 记

```
                        <div class="hotel">
                            <a class="url" href="#">
                                <img class="photo" src="img/hotel2.jpg" alt="avatar">
                            </a>
                            <h3 class="item"> 广州花园酒店 </h3>
                            <a class="url " href="#">more>></a>
                            <p> 广州花园酒店是首批豪华五星级酒店标志之一， 它展示了对中国文化和当代艺
                        术的完美融合。花园酒店为您提供热情的服务，难忘的体验和经典美食之旅。花园酒
                        店拥有 828 间客房和套房，151 套公寓，9 间多功能会议室，1 个国际会议中心和
                        9 间餐厅， 它将是您在广州休闲旅游的不二之选。 </p>
                            <div style="clear: both;"></div>
                            <button> 预定 </button>
                        </div>
                    </div>
                </div>
                <div style="clear: both;"></div>
                <footer id="footer">
                    <section>
                        <dl>
                            <dt> 联系方式 </dt>
                            <dd> 地址： 广东省广州市海和西路 123 号 </dd>
                            <dd> 邮编： 51××××</dd>
                            <dd> 电话： 020-××××××××</dd>
                            <dd> 邮箱： xclx@abc.com</dd>
                        </dl>
                    </section>
                </footer>
```

（2）加载 CSS 样式表。

```css
<style>
    * {
        padding: 0;
        margin: 0;
        list-style: none;
    }
    ul li {
        float: left;
    }
    #toper {
        position: relative;
    }
    #floater {
        position: absolute;
        top: 0;
        left: 0;
    }
    #form {
        height: 250px;
        background: rgba(0, 0, 0, 0.7);
        padding: 35px 60px;
        color: #fff;
        max-width: 1150px;
        margin: auto;
    }
    #search {
        height: 50px;
        background: #01b7f2;
        padding-top: 12px;
        padding-right: 100px;
    }

    /*--------------- 搜索框 ----------------*/
    #search input[type=text] {
        width: 220px;
        border-radius: 25px;
        height: 24px;
```

```
        padding: 3px 10px;
        display: block;
        border: 1px solid #666;
        float: right;
        background: url(img/search.png) #fff;
        background-repeat: no-repeat;
        background-position-x: 200px;
        color: #666;
    }

    /*--------------- 导航条 ---------------*/
    #menu nav {
        background-color: #fff;
        background-image: url(img/logo1.jpg);
        padding-left: 400px;
        background-position: 50px 0;
        background-repeat: no-repeat;
        height: 111px;
    }
    nav ul {
        padding-top: 30px;
        list-style: none;
        width: 600px;
        margin: auto;
        height: 50px;
    }
    nav ul li {
        font-family: 微软雅黑 ;
        float: left;
    }
    nav ul li a {
        height: 50px;
        text-align: center;
        width: 150px;
        line-height: 40px;
        display: block;
        color: #333;
        text-decoration: none;
        height: 40px;
        font-size: 1.2em;
        padding: 10px 0;
        border: none;
    }
    li a.active {
        background: orangered;
    }
    nav ul li a:hover {
        height: 37px;
        border-bottom: 3px solid orangered;
    }

    /*-------------banner 动画 ----------------*/
    #banner h1 {
        width: 500px;
        height: 150px;
        line-height: 150px;
        color: orangered;
        position: relative;
        font-size: 2.5em;
        font-family: 黑体 ;
    }

    /*----------------banner 之上的表单 -------------------*/
    #form .title ul li a {
        display: block;
        width: 200px;
        height: 45px;
        line-height: 45px;
        text-align: center;
        border: 1px solid orangered;
        margin: 3px;
        font-size: 1.5em;
        text-decoration: none;
        color: #fff;
    }
    #form .title {
        padding: 15px;
    }
```

笔 记

```css
#form .title:after {
    display: block;
    content: '';
    clear: both;
}
#form h3 {
    padding: 20px;
    padding-bottom: 0px;
    color: #fff;
    font-size: 1.2em;
}
#form .content {
    width: 1000px padding: 20px;
    margin: auto;
}
#form .content input {
    display: inline-block;
    width: 180px;
    padding: 5px 10px;
    height: 20px;
    color: #fff;
    font-family: ;
    margin: 20px;
    border: #fff solid 1px;
    outline: none;
    background: transparent;
}
#form .content label {
    display: inline-block;
    width: 70px;
}
#form .content input[type=button] {
    height: 35px;
    width: 130px;
    background: #01B7F2;
}

/*-------------- 旅游线路视频 --------------*/
#lines ul {
    list-style: none;
    width: 1200px;
    margin: auto;
    height: 111px;
}
#lines ul li {
    width: 350px;
    padding: 2px;
    margin: 20px;
    float: left;
    position: relative;
    border: solid #999 1px;
}
#lines ul li video {
    width: 350px;
    height: 200px;
    overflow: hidden;
}
#lines ul .floater2 {
    width: 350px;
    height: 100px;
    position: absolute;
    top: 50px;
    background: rgba(0, 0, 0, 0.5);
}
#lines ul .floater2 h2 {
    text-align: center;
    line-height: 100px;
    font-size: 1.3em;
    font-family: 黑体 ;
    font-weight: bolder;
    color: #fff;
}
#lines h1,
#hotels h1 {
    color: #01B7F2;
    text-align: center;
    line-height: 150px;
```

```
        height: 150px;
}
#lines h1 span,
#hotels h1 span {
        color: orangered;
}
#lines .info h3,
#hotels .hotel h3 {
        color: #999;
        text-align: center;
        font-size: 1.3em;
        line-height: 40px;
        padding: 10px;
}
#lines .info p.left,
#hotels .hotel p {
        color: #666;
        font-size: 0.9em;
        float: left;
        padding: 5px;
}
#lines .info p.right {
        float: right;
        color: #01B7F2;
        font-size: 1.2em;
}
#lines .info p.details,#hotels .hotel p {
        padding: 10px 20px;
        border-top: 1px solid #aaa;
        line-height: 1.5em;
}
#lines .info button,#hotels .hotel button {
        display: block;
        width: 150px;
        height: 40px;
        border-radius: 5px;
        font-size: 1.5em;
        font-family: 黑体 ;
        font-weight: bolder;
        margin: 30px auto;
        color: #fff;
        background: #01B7F2;
        border: none;
}

/*---------------- 精品酒店推荐 -----------------*/
#hotels {
        background: url(img/hotel-new.jpg);
        background-position: center;
        height: 980px;
}
#hotels .inner {
        width: 1200px;
        margin: auto;
}
#hotels .hotel {
        padding: 10px;
        width: 500px;
        float: left;
        background: #fff;
        margin: 30px;
}
#hotels .hotel img {
        width: 90%;
        height: 400px;
        overflow: hidden;
        display: block;
        margin: auto;
}
#hotels .url {
        text-decoration: none;
        font-weight: bold;
        color: #666;
        line-height: 3em;
}

/*----------------- 页脚部分 ------------------*/
```

笔 记

```
        footer {
            clear: both;
            margin: 0;
            padding: 15px;
            background: #403930;
            color: #fff;
        }
        footer section {
            padding: 0;
            font-size: 90%;
            margin: auto;
        }
        footer dl {
            width: 100%;
            margin: auto;
            text-align: center;
        }
        footer dt {
            font-weight: bold;
            padding-bottom: 10px;
            margin: 10px auto;
            border-bottom: 1px solid #aaa;
        }
        footer dd {
            margin: 0;
        }
</style>
```

（3）编写 JavaScript 脚本文件。

```
<script>
    // 获取当前浏览器窗口的宽度
    var winWidth = 0;
    var video = document.getElementsByTagName('video')[0];
    var floater = document.getElementById('floater');
    function findDimensions() {
        // 获取窗口宽度
        if(window.innerWidth) {
            winWidth = window.innerWidth;
        } else if((document.body) && (document.body.clientWidth)) {
            winWidth = document.body.clientWidth;
        }
        // 通过深入 Document 内部对 body 进行检测，获取窗口大小
        if(document.documentElement && document.documentElement.clientHeight &&
            document.documentElement.clientWidth) {
                winWidth = document.documentElement.clientWidth;
        }
        // 让视频的大小总是随着浏览器大小自由调整
        video.style.width = winWidth + 'px';
        floater.style.width = winWidth + 'px';
    }
    findDimensions();
    // 调用函数，获取数值
    window.onresize = findDimensions;
    // 滑动文字的动画效果
    var strs = ['最优惠的航班信息 ', ' 最高性价比的酒店 ', ' 最火爆的线路 '];
    var bannerTxt = document.getElementById('bannerTxt');
    var i = 0;
    var tid;
    var opacity = 500;

    function anim() {
        bannerTxt.innerHTML = strs[i];
        if(bannerTxt.offsetLeft < (winWidth / 2)) {
            bannerTxt.style.left = bannerTxt.offsetLeft + 2 + 'px';
            if(opacity > 0) {
                opacity -= 2;
            }
            bannerTxt.style.opacity = opacity / 500;
        } else {
            i = (i + 1) % strs.length;
            bannerTxt.innerHTML = strs[i];
            oid = setInterval(opaChange, 50);
            clearInterval(tid);
```

```
            setTimeout("tid=setInterval(anim,10);", 5000);
            bannerTxt.style.left = "50px";
        }
    }
    var oid;
    function opaChange() {
        opacity += 5;
        bannerTxt.style.opacity = opacity / 500;
        if(opacity >= 500) {
            clearInterval(oid);
        }
    }
    window.onload = function() {
        tid = setInterval(anim, 10);
    }
    // 为 3 个广告视频加载鼠标事件
    var adVideos = document.getElementById('lines').getElementsByTagName
('video');
    for(var j = 0; j < 3; j++) {
        adVideos[j].addEventListener('mouseover', function() {
            play(this);
        });
        adVideos[j].addEventListener('mouseout', function() {
            stop(this);
        });
        adVideos[j].addEventListener('click', function() {
            show(this);
        });
    }
    function play(player) {
        if(player.paused) {
            player.play();
        }
    }
    function stop(player) {
        if(!player.paused) {
            player.pause();
        }
    }
    // 获取网页滚动条所在高度
    function getScrollTop() {
        var scrollTop = 0;
        if(document.documentElement && document.documentElement.scrollTop) {
            scrollTop = document.documentElement.scrollTop;
        } else if(document.body) {
            scrollTop = document.body.scrollTop;
        }
        return scrollTop;
    }
    // 动态生成浮动窗口展示大屏幕的广告视频
    function show(player) {
        var scorllHeight = getScrollTop();
        //div 为蒙版半透明效果
        var bgdiv = document.createElement('div');
        document.body.appendChild(bgdiv);
        bgdiv.style.width = innerWidth + 'px';
        bgdiv.style.backgroundColor = 'rgba(0,0,0,0.7)';
        bgdiv.style.position = 'absolute';
        // 蒙版 div 显示的高度与当前网页滚动条的高度一致， 不能设置为 0
        bgdiv.style.top = scorllHeight + 'px';
        bgdiv.style.zIndex = '9999';
        // 将单击的视频复制后加载到蒙版 div 中显示
        var cloneVideo = player.cloneNode(true);
        cloneVideo.style.display = 'block';
        cloneVideo.style.margin = '100px auto';
        bgdiv.appendChild(cloneVideo);
        // 增加 "关闭" 按钮功能
        var img = new Image;
        img.src = 'img/close.png';
        bgdiv.appendChild(img);
        img.style.position = 'absolute';
        img.style.left = innerWidth - 100 + 'px';
        img.style.top = 70 + 'px';
```

笔 记

```
                    img.onclick = function() {
                        document.body.removeChild(bgdiv);
                    }
                }
        </script>
```

（4）运行 HTML5 文件。

鼠标右击，在快捷菜单中单击"在浏览器中打开"命令，执行效果如图 5-6 至图 5-8 所示。

问题总结：

（1）在网页中加载视频时，默认显示第一帧图片。如果图片效果与网页整体效果设计不匹配，可以事先准备好一张预览图片，用 poster 属性指定图片的路径。例如：

```
adVideos[0].poster='img/guilin.png'.
```

（2）对于不同的浏览器，要得到窗口的真实尺寸，需要使用相应的属性和方法：对于 Netscape 浏览器，需使用 window 的属性；对于 IE 浏览器，要深入 Document 内部对 body 进行检测；在 DOM 环境下，若要得到窗口的尺寸，需要注意根元素的尺寸，而不是 body 元素。以获取窗口高度为例，通常情况下，我们所设计的网页都超过一屏的高度，window.innerHeight 属性包含当前窗口的的宽度，不包含滚动条。而 Document 对象的 document.body.clientHeight 属性则包含了滚动条上下延展的内容，即整个 body 的高度。如果要从 Document 对象中获取窗口的高度，可利用该对象的 documentElement 属性（表示 HTML 文档的根节点），获取它的高度即可。

```
// 获取窗口宽度
if (window.innerWidth)
    winWidth = window.innerWidth;
else if ((document.body) && (document.body.clientWidth))
    winWidth = document.body.clientWidth;
// 获取窗口高度
if (window.innerHeight)
    winHeight = window.innerHeight;
else if ((document.body) && (document.body.clientHeight))
    winHeight = document.body.clientHeight;
// 通过深入 Document 对象内部对 body 进行检测， 获取窗口大小
if (document.documentElement  && document.documentElement.clientHeight && document.
documentElement.clientWidth){
    winHeight = document.documentElement.clientHeight;
    winWidth = document.documentElement.clientWidth;
}
```

（3）蒙版 div 定位时，不能直接设定起始位置 top:0。因为当前页面的内容太长有可能已经产生了滚动条，此时 top 的值应该是浏览器的滚动条往下拖动的高度，高度可以通过 document.documentElement.scrollTop（W3C 标准）或者 document.body.scrollTop（IE6以下）来读取。

```
function getScrollTop() {
    var scrollTop = 0;
    if(document.documentElement && document.documentElement.scrollTop) {
        scrollTop = document.documentElement.scrollTop;
    } else if(document.body) {
        scrollTop = document.body.scrollTop;
    }
    return scrollTop;
}
```

课后练习

H
TML5 应用开发案例教程
第6章
Canvas 动画制作

Canvas 是 HTML5 新增的重要对象，它表示一个 HTML canvas 元素，用于图形的绘制，但 canvas 元素本身只是一个矩形区域，要借助 JavaScript 控制像素来完成绘制工作。Canvas 应用面很广，如各类统计图表、制作跨平台运行的动态广告、开发各类 HTML5 小游戏、远程计算机控制、图形编辑器等。本章将介绍使用 JavaScript 调用 Canvas API 的方法，包括路径、矩形、圆形、字符的绘制，以及图像加载等。

6.1 Canvas 的相关概念

本节主要介绍 <canvas> 标签的起源、基于 Canvas 对象的应用的开发流程，以及 Canvas 的上下文概念。

6.1.1 <canvas>标签

<canvas> 标签最先是由苹果（Apple）公司在 Safari 1.3 Web 浏览器中开始引入的，随后在 Mac OS X 桌面的 Dashboard 组件也得到了应用，不久，Firefox 1.5、Opera 9，甚至 IE 浏览器也开始支持。

目前，<canvas> 已成为 HTML5 草案中一个正式标签。对于 Canvas API，除了 IE 浏览器需要 IE 9+ 版本，其他浏览器 Chrome、Safari、Opera 等都有较好的支持，移动设备也不例外。尽管如此，开发中调用 Canvas API 之前，仍需先检测是否支持 HTML5 Canvas 功能，如不支持，可通过文字或者图片来提醒用户应更新浏览器。具体代码为：

```
<canvas>
    当前浏览器不支持Canvas，请您升级浏览器，以便获得更好的显示效果!
</canvas>
```

除了 Canvas 以外，SVG 也是 HTML5 中主要的 2D 图形绘制技术，表 6-1 对两者做出了对比。简单来说，Canvas 是基于像素级别的位图绘图技术，提供了 2D 绘制函数，但需要依赖 JavaScript 脚本来完成图形绘制；SVG 为矢量绘图技术，它提供了一系列图形元素（Rect、Path、Circle、Line 等），以及完整的动画和事件机制，本身可独立使用，也可以嵌入到 HTML 中。从两者的特性可知，Canvas 功能更原始，适合像素处理、

笔记

动态渲染和大数据量绘制；SVG 则功能更完善，适合静态图片展示、高保真文档查看和打印的应用场景。

表 6-1　Canvas 与 SVG 对比

对比项目	Canvas	SVG
是否依赖分辨率	依赖分辨率	不依赖分辨率
是否支持事件处理	不支持事件处理器	支持事件处理器
渲染能力	弱的文本渲染能力	最适合带有大型渲染区域的应用程序（比如谷歌地图）
渲染速度	能够以 .png 或 .jpg 格式保存结果图像	复杂度高会减慢渲染速度
是否适合游戏应用	最适合图像密集型的游戏，其中的许多对象会被频繁重绘	不适合游戏应用

下面我们了解一下基于 Canvas 的应用开发的基本流程。

① 在 HTML 页面中，创建 canvas 元素（画布），canvas 元素和 img 元素很相像，但 canvas 元素只有 width 和 height 2 个属性，且均为可选项，其默认初始值分别为 300px 和 150px。

② 利用 JavaScript 获取渲染上下文（Context）对象。

③ 通过 Context 对象调用 Canvas API 方法，进行绘制，包括在画布上添加文字、图片或动画等动作。

> **注　意**
>
> ①不要用 CSS 控制 canvas 元素的宽和高，这样会导致内部图片被拉伸；②重新设置 canvas 元素的宽、高属性，会让画布擦除原来的所有内容；③可以给 canvas 画布设置背景色。

6.1.2　渲染上下文

这里的上下文是指 Canvas 的上下文（Context）对象，它是所有绘制操作 API 的入口。前面已介绍，Canvas 的图形绘制是使用 JavaScript 调用 Canvas API 来完成的。Context 对象就是 JavaScript 操作 Canvas 的接口。本书中采用的是 2D 渲染上下文，当然，还有 3D 或是其他类型渲染上下文，比如，WebGL 使用了基于 OpenGL ES 的 3D 上下文 "experimental-webgl"。

获取渲染上下文是 Canvas 绘制不可缺少的环节，也可这样理解，创建 canvas 元素，就是制作一个画布，获取 Context 对象，就是得到了一个画笔工具，结合各种绘制方法可以绘制出不同的图形。利用 Canvas 对象的 getContext 方法，就可以获取 Context 对象。具体的使用方法如下：

```
var canvas = document.getElementById('myCanvas');  // "myCanvas" 是 canvas 元素 id
var ctx = canvas.getContext('2d');  // "2d" 是渲染类型
```

Canvas 对象只有 width 和 height 属性，没有自己的行为，但提供了 getContext 方法，可得到并利用 Context 对象，从而实现图形绘制。

6.1.3　实例6-1：在HTML页面上绘制矩形

问题描述：创建一个页面，包括 2 个不同颜色的矩形。

执行效果（见图 6-1）：

问题分析：canvas 元素只能创建固定大小的画布，需要编写 JavaScript 代码获取渲染上下文，再通过渲染上下文对象来绘制和处理要展示的内容。

图 6-1
Canvas 绘制的 2 个
矩形效果

实现步骤：

（1）使用 HBuilder 工具，创建项目 Case6-1，新建 HTML 文件，网页的完整代码如下。

```
<!DOCTYPE html>
<html>
<head>
<meta charset="UTF-8">
    <title>canvas 绘制矩形 </title>
    <style type="text/css">
        canvas {
            border: 1px solid blue;
        }
    </style>
</head>
<body>
<canvas id="myCanvas" width="600" height="400"></canvas>
</body>
<script type="text/javascript">
    function draw(){
        var canvas = document.getElementById('myCanvas');
        if(!canvas.getContext) {
            alert(' 当前浏览器不支持 canvas，请升级您的浏览器! ');
        }
        var ctx = canvas.getContext("2d");
        ctx.fillStyle = "rgba(255,0,0,0.5)";
        // 绘制填充矩形
        ctx.fillRect (10, 10, 50, 100);
        ctx.fillStyle = "rgba(0, 255, 0, 0.7)";
        ctx.fillRect (100, 50, 200, 100);
    }
    draw();
</script>
</html>
```

（2）运行 HTML5 文件。

鼠标右击，在快捷菜单中单击"在浏览器中打开"命令，执行效果如图 6-1 所示。

问题总结：

（1）<canvas> 标签只能显示矩形画布，在 canvas 元素上绘制的所有内容都必须通过 JavaScript 调用 Canvas API 中的方法来完成。

（2）测试浏览器是否支持 Canvas，除了在 <canvas> 标签内添加提示文字或图片外，也可通过判断 Canvas 对象中是否存在 getContext 方法来实现。

（3）通过 getCantext 方法获得渲染上下文对象后，才可以调用各种绘制路径、矩形、圆形、字符，以及图像的方法。

6.2　Canvas 绘制简单图形

由 6.1 节我们了解到，getContext 方法返回的对象是 JavaScript 操作 Canvas 的接口，该对象提供了用于在画布上绘图的方法和属性。本节将介绍线条、矩形和圆等的绘制方法。

6.2.1 绘制线条

Canvas 中绘制线条的方法如表 6–2 所示。

表 6–2 绘制线条的方法

方 法	描 述
fill()	填充当前绘图（路径），默认颜色为黑色
stroke()	绘制已定义的路径，默认颜色为黑色
beginPath()	起始一条新路径，或重置当前路径
moveTo(x,y)	把路径移动到画布中的指定点（x, y），但不创建线条
closePath()	创建从当前点回到起始点的路径
lineTo(x,y)	添加一个新点（x, y），然后创建从该点到最后指定点的线条路径

表 6–2 中的 beginPath、moveTo、lineTo 和 closePath 都是定义路径的方法，所谓路径可以是线段、折线、弧线或者任意形状，但不可见，如果要让其可见，必须使用方法 stroke 或 fill 进行描边或填充。

例如，在 canvas 画布中绘制一个直角三角形，代码如下：

```
<canvas id="myCanvas" width="300" height="200"></canvas>
<script>
    var canvas=document.getElementById("myCanvas");  // 获取 canvas 元素
    var ctx=canvas.getContext("2d");     // 获得渲染上下文对象
    ctx.beginPath(); // 设置路径开始
    ctx.moveTo(100,100);  // 路径移至
    ctx.lineTo(200,100);   // 增加新点
    ctx.lineTo(200,200);   // 增加新点
    ctx.closePath();    // 回到起点，封闭路径，等同于 ctx.lineTo(100,100);
    ctx.stroke();    // 描边，默认黑色
    ctx.fill();    // 填充，默认黑色
</script>
```

Canvas 中还对于线条本身的样式提供了相应的属性（见表 6–3）。

表 6–3 绘制线条的属性

属 性	描 述
lineCap	设置或返回线条的结束端点样式
lineJoin	设置或返回两条线相交时，所创建的拐角类型
lineWidth	设置或返回当前的线条宽度

下面我们分别介绍表 6–3 中 3 个属性的用法。

（1）lineCap

该属性用于设置或返回线条末端线帽的样式，属性值域为 "butt" "round" 和 "square"。"butt" 表示末端是平直的边缘，"round" 在线条的每个末端添加圆形线帽，"square" 则在线条的每个末端添加正方形线帽。3 个属性值域效果如图 6–2 所示。

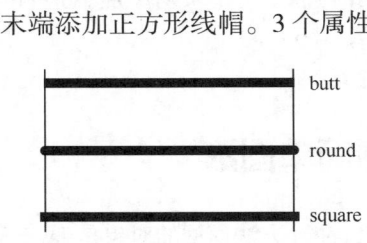

图 6–2
lineCap 3 个属性值域效果

笔 记

（2）lineJoin

该属性表示当两线交汇时，设置或返回所创建边角的样式，属性值域为
"miter" "round" 和 "bevel"，"miter" 为默认值，表示尖角，"round" 表示圆角，"bevel"
表示斜角。3 个属性值域效果如图 6-3 所示。

miter　　　　　　round　　　　　　bevel

图 6-3
lineJoin 3 个属性值
域效果

（3）lineWidth

该属性设置或返回当前线条的宽度，默认单位为像素。如：ctx.lineWidth=10。

6.2.2　绘制/填充矩形

Canvas 中绘制 / 填充矩形的方法如表 6-4 所示。

HTML5 Canvas
绘制矩形

表 6-4　绘制 / 填充矩形的方法

方　　法	描　　述
rect()	创建矩形
fillRect()	绘制"被填充"的矩形
strokeRect()	绘制矩形（无填充）
clearRect()	在给定的矩形内清除指定的像素

下面我们逐一介绍表 6-4 中各个属性的用法。

（1）rect(x,y,width,height)

该方法用于创建矩形，但需使用 stroke/fill 方法进行描边 / 填充方能实际显示。
其中，参数 x，y 矩形左上角的起点 x，y 坐标位置，width 和 height 是矩形的宽和高，
单位均为像素。如设置左上角坐标（50，50），绘制宽 × 高为 200px × 100px 的矩形
的代码如下：

```
// 设置矩形描边效果
context.lineWidth = 3;
context.strokeStyle = 'red';
context.rect(50,50,200,100);
context.stroke();
// 设置矩形填充效果
context.fillStyle='lightblue';
context.fill();
```

（2）fillRect(x,y,width,height)

该方法用于绘制矩形并对其进行填充。默认的填充颜色是黑色。参数设置同方法 rect。

（3）strokeRect(x,y,width,height)

该方法用于绘制矩形并对其进行描边。默认的描边颜色是黑色。参数设置同方法 rect。

（4）clearRect(x,y,width,height)

该方法用于清空矩形内的指定范围的像素，类似橡皮擦功能。

【例 6-1】设置（50，100）坐标位置，绘制 300px × 300px 大小的机器人图像，如
图 6-4 所示。

```
<!-- 项目 Example6-1-->
context.fillStyle='lightcoral';
```

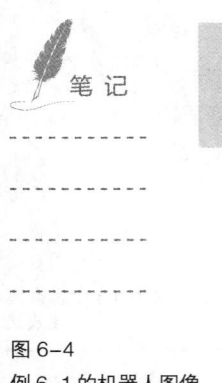

笔记

```
context.fillRect(50,100,300,300);      // 用红色填充矩形
// 在红色矩形区域内中清空 3 个小矩形区域
 context.clearRect(75,125,100,100);
context.clearRect(225,125,100,100);
context.clearRect(100,275,200,100);
```

图 6-4
例 6-1 的机器人图像

6.2.3　绘制/填充圆弧和曲线

HTML5 Canvas
绘制圆弧和曲线

Canvas 中绘制曲线的方法如表 6-5 所示。

表 6-5　绘制曲线的方法

方　　法	描　　述
arc()	创建弧 / 曲线（用于创建圆形或部分圆）
arcTo()	创建两切线之间的弧 / 曲线
quadraticCurveTo()	创建二次贝塞尔曲线
bezierCurveTo()	创建三次方贝塞尔曲线

下面我们分别介绍表 6-5 中各个属性的用法。

（1）arc(x,y,r,sAngle,eAngle,counterclockwise)

该方法用于创建弧 / 曲线（圆或部分圆）。如果通过方法 arc 来创建圆，需要将起始角度设为 0°，结束角度设为 2 × Math.PI。参数 x，y 为圆弧的圆心坐标，r 为圆半径，sAngle 为圆弧起始角度，eAangle 则为结束角度，counterclockwise 为 true 表示是顺时针方向绘制，false 则表示逆时针方向，如图 6-5 所示。

图 6-5
arc(0,0,100,0,1.5×
Math.PI,true) 和 arc
(0,0,100,0,1.5×Math.
PI,false) 绘制效果

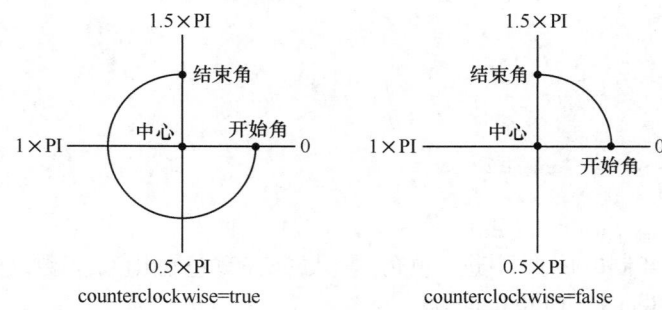

（2）arcTo(x1,y1,x2,y2,r)

该方法用于创建介于 2 个切线之间的弧 / 曲线。参数 $x1$，$y1$ 和 $x2$，$y2$ 分别表示弧起点和终点坐标，r 表示弧的半径。需要注意的是，一般的初学者会错误地判断起始点的位置，如图 6-6（a）所示，认为弧线是由第 1 点和第 2 点决定的。正确的理解应如图 6-6（b）所示，即通过起点（第 0 点）到第 1 点，第 1 点到第 2 点的 2 条直线，组成了一个夹角，而这两条线，也是参数圆的切线。因此，在使用 arcTo 绘制弧线时，

切记起点（第 0 点）不可少，可用 ctx.moveTo(x0, y0) 来实现。

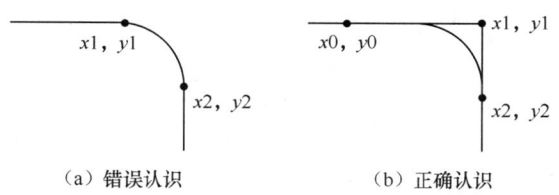

（a）错误认识　　（b）正确认识

图 6-6
arcTo 绘制弧线

【例 6-2】绘制一个由 3 个点所决定的弧线，效果如图 6-7 所示。

```
<!-- 项目 Example6-2-->
// 设置 3 个点的坐标
var x0=100,
y0=50,
x1 = 300,
y1 = 50,
x2 = 150,
y2 = 150;
ctx.beginPath();
ctx.moveTo(x0,y0); // 绘制第 0 点
ctx.strokeStyle = "red";
ctx.lineWidth = 2;
// 绘制另外 2 个点，加上第 0 点组成曲线
ctx.arcTo(x1,y1,x2,y2,20);
ctx.stroke();
// 说明文字的显示
ctx.beginPath();
ctx.strokeStyle = "gray";
ctx.lineWidth = 1;
ctx.moveTo(x0,y0);
ctx.fillText('x0,y0',x0+10,y0+10);
ctx.lineTo(x1,y1);
ctx.fillText('x1,y1',x1+10,y1+10);
ctx.lineTo(x2,y2);
ctx.fillText('x2,y2',x2+10,y2);
ctx.stroke();
```

代码解释：变量 $x0$，$y0$ 是起点坐标，$x1$，$y1$ 是第 1 个点坐标，$x2$，$y2$ 是第 2 个点坐标。方法 lineTo 画的直线是半透明的 1px 黑线，方法 arcTo 画的线条是 2px 的红线。

（3）quadraticCurveTo(cpx, cpy, x, y)

该方法通过使用二次贝塞尔曲线来确定一条曲线。参数 cpx，cpy 和 x，y 分别指定控制点和结束点。与 arcTo 方法一样，要先指定起始点（$x0$，$y0$）。

【例 6-3】以（20，20）为起点，（20，100）为控制点，（200，20）为终点，用 quadraticCurveTo 绘制一段二次贝塞尔曲线，效果如图 6-8 所示。

```
<!-- 项目 Example6-3-->
var c=document.getElementById("myCanvas");
var ctx=c.getContext("2d");
ctx.beginPath();
ctx.moveTo(20,20);
ctx.quadraticCurveTo(20,100,200,20);
ctx.stroke();
```

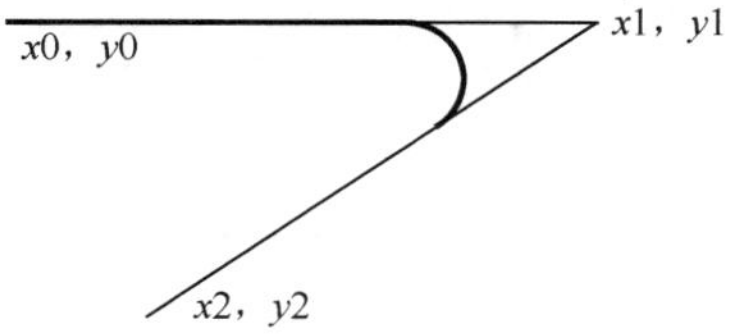

图 6-7
例 6-2 执行效果

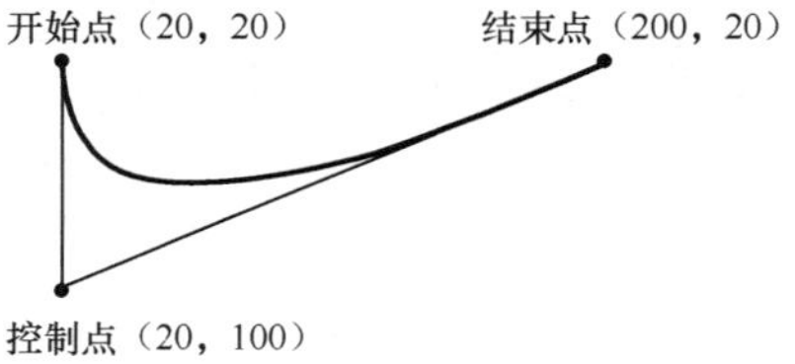

图 6-8
例 6-3 执行结果

笔 记

代码解释： 绘制二次贝塞尔曲线需要 3 个点。上述代码中，方法 quadraticCurveTo 中参数（20，100）作为二次贝塞尔曲线计算中的控制点，（200，20）则是曲线的结束点。曲线的开始点是 quadraticCurveTo 方法执行前最后一个点的位置，如果代码中 quadraticCurveTo 方法之前的最后一个动作是 moveTo(20, 20)，那么（20，20）就是贝塞尔曲线的开始点。可使用方法 beginPath 和 moveTo 来定义该开始点。

（4）bezierCurveTo(cp1x, cp1y, cp2x, cp2y, x, y)

该方法通过使用三次贝塞尔曲线来绘制指定曲线。参数（cp1x，cp1y）、（cp2x，cp2y）和（x，y）分别指定控制点 1、控制点 2 和结束点。

【例 6-4】 以（20，20）为起点，（20，100）为控制点 1，（200，100）为控制点 2，（200，20）为终点，用 bezierCurveTo 绘制一段三次贝塞尔曲线，效果如图 6-9 所示。

```
<!-- 项目 Example6-4-->
var c=document.getElementById("myCanvas");
var ctx=c.getContext("2d");
ctx.beginPath();
ctx.moveTo(20,20);
ctx.bezierCurveTo(20,100,200,100,200,20);
ctx.stroke();
```

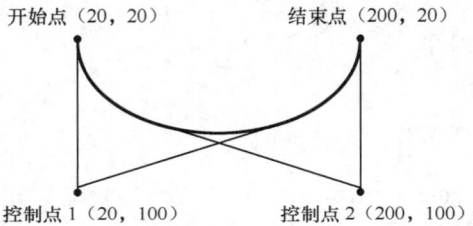

图 6-9
例 6-4 执行效果

代码解释： 绘制三次贝塞尔曲线是需要 4 个点的。上述代码中，当前绘制的最后一个点是 ctx.moveTo(20, 20)，它将作为曲线起点。方法 bezierCurveTo 中参数（20，100）、（200，100）则分别为曲线的控制点 1 和控制点 2，（200，20）则是曲线的结束点。

6.2.4　Canvas状态保存和恢复

画面是由多种颜色组成的，在绘画的过程中，常常需要不断地更换颜色，更换笔触的粗细，所以一般会准备多支不同颜色不同粗细的笔。而 Canvas 绘制时，永远只有一支画笔，若要更换画笔的颜色，就需要采用保存和恢复状态的方式。所谓状态可理解为画布当前属性的快照，这些属性包括：图形的属性值，如 fillStyle、strokeStyle、lineWidth、lineCap、lineJoin、miterLimit、globalAlpha、shadowColor、shadowBlur、shadowOffsetX、shadowOffsetY 和 globalCompositeOperation 等；当前的裁切路径；当前应用的变换（即平移、旋转和缩放）。表 6-6 列出了 Canvas 中保存和恢复状态用的方法。

表 6-6　状态保存和恢复的方法

方　　法	描　　述
save()	保存当前环境的状态
restore()	返回之前保存过的路径状态和属性

（1）save()

Canvas 状态是以栈（stack）的方式保存的，每当调用一次 save 方法，当前的状态就会被推入栈中保存起来，且 save 方法可以任意多次被调用。

（2）restore()

每当调用 restore 方法时，上一个保存的状态就从栈中弹出并恢复，弹出的内容包括画布在这一状态下设定的画布当前的属性值、当前应用的变换等。

【例 6-5】绘制一个嵌套的回字矩形图，如图 6-10 所示。

```
<!-- 项目 Example6-5-->
<canvas id="canvas" width="600" height="600"></canvas>
<script type="text/javascript">
    window.onload = function() {
        var ctx = document.getElementById("canvas").getContext("2d");
        ctx.fillStyle = "green";
        ctx.fillRect(10, 10, 180, 180);
        ctx.fill();
        ctx.save();              // 入栈："fillstyle=green"
        ctx.fillStyle = "yellow";
        ctx.fillRect(30, 30, 140, 140);
        ctx.save();        // 入栈："fillstyle=yellow"，"fillstyle=green"
        ctx.fillStyle = "blue";
        ctx.fillRect(50, 50, 100, 100);
        ctx.restore();           // 出栈，取出栈顶元素："fillstyle=yellow"
        ctx.beginPath();
        ctx.fillRect(70, 70, 60, 60);      // 使用取出的栈顶的状态绘图，填充 "yellow"
        ctx.restore();           // 出栈，取出栈顶元素："fillstyle=green"
        ctx.fillRect(90, 90, 20, 20);      // 使用取出的栈顶的状态绘图，填充 "green"
        ctx.fill();
    }
</script>
```

图 6-10
例 6-5 绘制回字
矩形图

代码解释：色彩在填充时，按照从外向内（绿－黄－蓝－黄－绿）的顺序填充。要得到这个颜色序列，可以借助栈方式实现，而调用方法 save 和 restore 类似于入栈和出栈过程。

6.2.5　实例6-2：简易画板制作

问题描述：设计一个在线网页画板，功能与画图工具类似，左边设置工具条、参数栏，右边放画布。

执行效果（见图 6-11）：

图 6-11
在线画板效果图

问题分析：在线网页画板是综合本节的基本图形绘制方法的一个实例。它的功能包括绘制矩形、弧形、线条等图形，以及实现橡皮擦等。首先，分析并确定需要调用的 Canvas API 方法，以及需要准备的参数；其次，还要分析利用鼠标来绘制图形时，哪些鼠标事件参与了图形的绘制动作，哪些相关参数需要记录。

实现步骤：

（1）使用 HBuilder 工具，创建项目 Case6-2，新建 HTML 文件，网页代码如下。

```html
<div id="myPanel" class="myPanel">
    <form name="control">
        <div>
            <div class="shapePanel">
                <ul>
                    <li name="shape" id="Line">线条 </li>
                    <li name="shape" id="Circle">圆 </li>
                    <li name="shape" id="Rect">矩形 </li>
                    <li name="shape" id="Pencil">任意线 </li>
                    <li name="shape" id="Rubber">橡皮擦 </li>
                    <li name="clear" id="Clear" v>清空画布 </li>
                </ul>
            </div>
        </div>
        <br>
        <div>
            颜色：<input type="color" id="color"><br>
            线宽：<input type="number" id="lineWidth" min="1" />px
        </div>
    </form>
</div>
<canvas id="myCanvas" width="800" height="600"></canvas>
```

（2）添加 CSS 样式表。

```css
* {
    margin: 0;
    padding: 0;
}
.shapePanel {
    background: gray;
    width: 200px;
    color: white;
}
canvas {
    float: left;
    background: white;
    border: 1px dashed lightblue;
    margin-left: 240px;
}
.myPanel {
    width: 200px;
    padding: 20px;
    height: 410px;
    background: rgba(0, 0, 0, 0.3);
    position: absolute;
    z-index: 999;
    border-radius: 20px;
}
ul li {
    list-style: none;
    margin: 3px 0;
    height: 50px;
    line-height: 50px;
    text-align: center;
    background: lightblue;
}
span {
    display: inline-block;
    width: 80px;
    cursor: pointer;
}
```

```
input[type='color'] {
    width: 100px;
    height: 30px;
}
    input[type='number'] {
    width: 100px;
    height: 30px;
}
```

（3）添加 JavaScript 脚本文件。

```
<script>
    // 获取 canvas 和上下文
    var canvas = document.getElementById("myCanvas");
    var ctx = canvas.getContext("2d");
    // 定义起点坐标和终点坐标
    var startX, startY, endX, endY;
    // 记录当前上下文中绘制动作的形状、 色彩和线宽等参数
    Shape = function(type, color, width) {
        this.type = type;
        this.color = color;
        this.width = width;
    }
    // 全局变量记录当前绘制的图形和绘制参数
    var shape = new Shape('Line', 'black', '3px');
    // 鼠标要单击 2 次才能完成图形绘制， 用 startOn 区分当前单击是第 1 次还是第 2 次
    var startOn = false;
    // 记录当前 color 的值
    var color = document.getElementById('color');
    color.onselect = function() {
        shape.color = this.value;
    }
    // 记录当前的线宽
    var lineWidth = document.getElementById('lineWidth');
    lineWidth.onchange = function() {
        shape.width = this.value;
    }
    // 单击画布， 获取起始坐标， 由于加了标题栏， 坐标存在一个偏移量
    function StartPos(e) {
        var rect = canvas.getBoundingClientRect();
        startX = Math.ceil(e.clientX - rect.left * (canvas.width / rect.width));
        startY = Math.ceil(e.clientY - rect.top * (canvas.height / rect.height));
    }
    // 获取终点坐标
    function EndPos(e) {
        if(startX != null) {
            var rect = canvas.getBoundingClientRect();
            endX = e.clientX - rect.left * (canvas.width / rect.width);
            endY = e.clientY - rect.top * (canvas.height / rect.height);
        }
    }
    // 各绘图按钮单击事件处理
    window.onload = function() {
        var btns = document.getElementsByName('shape');
        for(var i = 0; i < btns.length; i++) {
            btns[i].onclick = function() {
                // 按下按钮时选中当前准备绘制图形的是线条还是矩形等
                shape.type = this.id;
                // 修改单击 li 的样式
                for(var i = 0; i < btns.length; i++) {
                    btns[i].style.background = 'lightblue';
                }
                this.style.background = 'pink';
            }
        }
    }
    // 画图， 先判断当前选中了哪个形状按钮
    function draw() {
        ctx.fillStyle = shape.color;
        ctx.strokeStyle = shape.color;
        ctx.lineWidth = shape.width + 'px';
        switch(shape.type) {
            case 'Line':    // 直线
```

笔 记

```
                                            ctx.beginPath();
                                            ctx.moveTo(startX, startY);
                                            ctx.lineTo(endX, endY);
                                            ctx.stroke();
                                            ctx.closePath();
                                            break;
                            case 'Circle':    // 圆
                                            var temp = Math.sqrt(Math.pow((endX - startX), 2) +
Math.pow((endY - startY), 2));
                                            ctx.beginPath();
                                            ctx.arc(startX, startY, temp, 0, Math.PI * 2, true);
                                            ctx.stroke();
                                            ctx.closePath();
                                            break;
                            case 'Rect':    // 矩形
                                            ctx.beginPath();
                                            ctx.rect(startX, startY, endX - startX, endY - startY);
                                            ctx.stroke();
                                            ctx.closePath();
                                            break;
                    }
            }
            //canvas 单击事件处理
            canvas.onclick = function(e) {
                    // 第 1 次单击，不绘制图形，只记录当前 shape 对象的数据
                    if(startOn) {
                            EndPos(e);
                            draw();
                    } else {
                            StartPos(e);
                    }
                    startOn = !startOn;
            }
            // 画任意线
            function draw pencil() {
                    // 如果不是橡皮擦状态，记录走过的位置坐标
                    if(shape != 5) {
                            shapes[shapes.length - 1].x.push(endX);
                            shapes[shapes.length - 1].y.push(endY);
                    }
                    // 画任意线
                    cxt.beginPath();
                    cxt.lineJoin = "round";
                    cxt.moveTo(startX, startY);
                    cxt.lineTo(endX, endY);
                    cxt.stroke();
                    cxt.closePath();
                    startX = endX;
                    startY = endY;
            }
            // 启动 mousemove 记录痕迹 e
            canvas.onmousemove = function(e) {
                    if(startOn) {
                            // 记录移动鼠标时每点的坐标
                            var rect = canvas.getBoundingClientRect();
                            moveX = Math.ceil(e.clientX - rect.left * (canvas.width / rect.width));
                            moveY = Math.ceil(e.clientY - rect.top * (canvas.height / rect.height));
                            // 根据按钮是任意线还是橡皮擦做不同的处理
                            // 如果是任意线就绘制
                            if(shape.type == 'Pencil') {
                                    ctx.beginPath();
                                    ctx.lineJoin = "round";
                                    ctx.moveTo(startX, startY);
                                    ctx.lineTo(moveX, moveY);
                                    ctx.stroke();
                                    startX = moveX;
                                    startY = moveY;
                            } else {    // 如果是橡皮擦就擦除，这里设置的橡皮擦大小固定
                                    ctx.clearRect(moveX, moveY, 5, 5);
                            } else {
                                    ctx.closePath();
                            }
```

```
            }
        }
        // 清除画布
        function clear() {
            // 提示该操作不可逆
            var reminder = confirm(" 确定要清空画布? ");
            // 如果确认要清除, 初始化界面
            if(reminder == true) {
                ctx.clearRect(0, 0, canvas.width, canvas.height);
                startOn = false;
            }
        }
        // "清除" 按钮事件处理
        var btnClear = document.getElementById('Clear');
        btnClear.onclick = function() {
            clear();
        }
    </script>
```

问题总结：

（1）在线绘图是通过鼠标与 Canvas 的交互完成的，鼠标事件 e 能获取在当前网页中单击的位置坐标。但是，获取的坐标是以网页 body 为坐标系，而绘制形状的坐标却是 Canvas 坐标系的，因此，这就需要将坐标从网页坐标系转换到 Canvas 坐标系下。语句 rect=getBoundingClientRect() 中，通过 getBoundingClientRect 所返回的对象 rect，得到 canvas 元素在网页中的坐标或者称偏移量，如图 6-12 所示。rect 对象的 4 个属性可以得到浏览器坐标系下当前 canvas 元素的位置，通过 rect.top 得到 canvas 元素上边到浏览器上边的距离；rect.right 获取 canvas 元素右边到浏览器左边的距离；rect.bottom 获取 canvas 元素下边到浏览器上边的距离；rect.left 获取 canvas 元素左边到浏览器左边的距离。

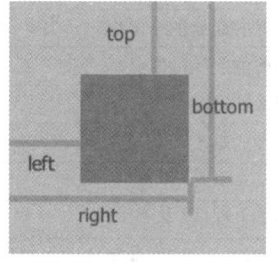

图 6-12
获取相对位置的方法

（2）绘图的起点和终点设置都是由鼠标的 click 事件完成的。如何确定当前单击是起点还是终点呢？本例创建了全局变量 startOn 来记录，默认 startOn=false，单击时为起点位置，同时设置 startOn=!startOn；startOn=true 则单击的是终点位置，再设置 startOn=!startOn。每单击一次鼠标，startOn 就取反，相当于按下开关，查看开关的状态，就可知单击的是起点还是终点。起点状态要获取起点位置，终点状态则要获取终点位置并绘制图形。

（3）任意线和橡皮擦功能的实现比较特殊，需要记录的路线是连续的，即不仅要保存鼠标被第 1 次单击的起点坐标和第 2 次单击的终点坐标，还要保存鼠标被单击了第 1 次后，它所滑过的路径，这时需要使用鼠标的 mousemove 事件来记录滑动经过的所有路线。

6.3　Canvas 绘制图像和文本

本节将介绍如何利用 drawImage 方法加载图像、画布和视频，以及将文本绘制在

笔记

画布上的方法。

6.3.1 绘制图像

Canvas 绘制图像的方法包括 drawImage、createImageData、getImageData 和 putImageData，如表 6-7 所示。

表 6-7　绘制图像的方法

方　法	描　述
drawImage()	向画布上绘制图像、画布或视频
createImageData()	创建新的、空白的 ImageData 对象
getImageData()	返回 ImageData 对象，该对象为画布上指定矩形的像素数据
putImageData()	将所得到的像素数据描画到画布上形成图形

下面我们分别介绍表 6-7 每个方法的用法。

（1）drawImage()

该方法可以在画布上绘制图像、画布或视频，也可以绘制图像的某些部分，以及增减图像的尺寸。该方法的使用方法较为复杂，参数（见表 6-8）的组合方式也很多，下面我们逐一进行讲解。

表 6-8　drawImage 方法参数

参　数	描　述
img	指定要使用的图像、画布或视频
sx	可选。图像被裁剪的起始的 x 坐标
sy	可选。图像被裁剪的起始的 y 坐标
swidth	可选。被裁剪图像的宽度
sheight	可选。被裁剪图像的高度
x	图像在画布上的 x 坐标
y	图像在画布上的 y 坐标
width	可选。被绘制的图像的宽度（伸展或缩小图像）
height	可选。被绘制的图像的高度（伸展或缩小图像）

① drawImage(img, x, y)。在画布上指定图像及其显示位置。如在 canvas 元素中加载一张图片，且起点坐标为（10，10），效果如图 6-13(a) 所示。

```
window.onload = function() {
    var c = document.getElementById("myCanvas");
    var ctx = c.getContext("2d");
    var img = document.getElementById("sanya");    // 被加载的图像
    ctx.drawImage(img, 10, 10);    // 在指定坐标 (10, 10) 绘制图像
}
```

② drawImage(img, x, y, width, height)。增加参数 width 和 height，设定图像显示的大小。如设置图片显示大小为 300px × 180px，效果如图 6-13(b) 所示。

```
ctx.drawImage(img, 10, 10, 300, 180);
```

③ drawImage(img, sx, sy, swidth, sheight, x, y, width, height)。增加参数 sx, sy, swidth, sheight，可以先对原始图片裁剪，再铺贴在 canvas 元素中。如对指定图片从坐标 (300, 100) 开始，裁剪后大小为 200px × 200px，然后在 canvas 元素中显示成 150px × 150px 大小的图片，效果如图 6-13(c) 所示。

```
ctx.drawImage(img, 300, 100, 200, 200, 10, 10, 150, 150);
```

（a）指定图片及其位置　　　　　　（b）设置图片大小　　　　　　（c）图片先裁剪后铺贴

图 6-13
drawImage 方法加载图片

④ 播放视频。播放视频是通过 JavaScript 事件函数实现的。基本原理：每隔一定时间对视频文件进行截图，再铺贴到 canvas 元素中。

【例 6-6】在网页中加载一个视频，设置为隐藏，再在 canvas 元素中显示视频的播放过程，如图 6-14 所示。

```
<!-- 项目 Example6-6-->
<p> 要使用的视频，通过 display:none 隐藏了 </p>
<video id="myvideo" controls width="480" autoplay style='display:none'>
    <source src="src/echo-hereweare.mp4" type='video/mp4'>
</video>
<p> 画布（每隔 20 毫秒，代码就会绘制一次视频的当前帧），通过时钟函数不断刷新 </p>
<canvas id="myCanvas" width="500" height="400" style="border:1px solid #d3d3d3;">
</canvas>
<script>
    var video = document.getElementById("myvideo");
    var canvas = document.getElementById("myCanvas");
    ctx = canvas.getContext('2d');
    video.addEventListener('play', function() {
        var i = window.setInterval(function() {
            ctx.drawImage(video, 0, 0, 480, 270)
        }, 20);
    }, false);
    video.addEventListener('pause', function() {
        window.clearInterval(i);
    }, false);
    video.addEventListener('ended', function() {
        clearInterval(i);
    }, false);
</script>
```

要使用的视频，通过display:none隐藏了

画布（每 20 毫秒，代码就会绘制视频的当前帧），通过时钟函数不断刷新

echo
the GOSPEL

图 6-14
例 6-6 播放视频效果

> **注　意**
>
> 　　加载并在 canvas 元素中渲染图片一定要在 window.onload 或者 image.onload 事件函数中完成。只有图片完全加载后，才可以保障图片在 canvas 元素中正常显示。

（2）createImageData()

该方法包括了 createImageData(sw,sh) 和 createImageData(imagedata)2 种函数原型。createImageData(sw,sh) 的作用是以指定尺寸创建 ImageData 对象，而 createImageData (imagedata) 则是创建与参数对象 imagedata 大小相同的、新的 ImageData 对象。

（3）getImageData()

该方法可以从画布上取得所选区域的像素数据。

（4）putImageData()

该方法表示将所得到的像素数据描画到画布上形成图形。

上面我们介绍了绘制图像的基本方法，由于 createImageData 返回的只是一个空的 ImageData 对象，实际要绘制图像时，还需对该对象中的像素赋值，再调用 putImageData 方法将 ImageData 对象绘制到画布上，才能显示出来。因此，我们还需要了解 ImageData 对象的几个相关属性，如表 6-9 所示。

表 6-9   绘制图像的属性

属 性	描 述
width	表示 ImageData 对象的宽度
height	表示 ImageData 对象的高度
data	表示一个对象，其中包含了 ImageData 对象中的图像数据

表 6-9 中的 data 属性表示一个对象，其中包含了 ImageData 对象中的图像数据。对于 ImageData 对象中的每个像素，都存在着 4 个方面的信息，即 RGBA 值，如下所示。

①R – 红色（0 ~ 255）。

②G – 绿色（0 ~ 255）。

③B – 蓝色（0 ~ 255）。

④A – alpha 通道（0 ~ 255。0 表示透明，255 表示完全可见）。

如 transparent black 表示（0, 0, 0, 0）。RGBA 值以数组形式存在。由于每个像素都对应有 4 个方面的信息，保存于数组中，所以，数组的大小为 ImageData 对象的 4 倍。

【例 6-7】在 canvas 元素上绘制一张自定义图片并显示出来。

```
<!-- 项目 Example6-7-->
var canvas = document.getElementById("myCanvas");
var ctx = canvas.getContext("2d");
var image = new Image();
image.src = "img/sanya.png";
image.onload = function(){
    ctx.drawImage(image,10,10);
    // 从 canvas 上指定位置复制一张图片，坐标（50,50），大小（200,200）
    var imgData = ctx.getImageData(50,50,200,200);
    // 创建以 imgData 为参数的 ImagaData 对象
    var imgData01 = ctx.createImageData(imgData);
    // 对创建的图片对象进行编辑，分别设置 4 个通道的颜色
    for(i = 0; i < imgData01.width*imgData01.height*4; i += 4){
        imgData01.data[i+0] = 255;
        imgData01.data[i+1] = 0;
        imgData01.data[i+2] = 0;
        imgData01.data[i+3] = 255;
    }
    // 将图片加载到 canvas 元素指定区域显示
    ctx.putImageData(imgData01,10,260);
    //createImageData 创建一个 100px×100px 的图像
    var imgData02=ctx.createImageData(100,100);
    // 对图像填充数据成粉色块
    for (i=0; i<imgData02.width*imgData02.height*4;i+=4){
```

```
        imgData02.data[i+0]=255;
        imgData02.data[i+1]=0;
        imgData02.data[i+2]=0;
        imgData02.data[i+3]=155;
    }
    // 将图片加载到 canvas 元素指定区域显示
    ctx.putImageData(imgData02,220,260);
};
```

例 6-7 中采用像素方式创建图片的内容，再将其加载到画布中显示出来，执行效果如图 6-15 所示。

图 6-15
例 6-7 执行效果

6.3.2　绘制文本

Canvas 绘制文本相关的方法有 fillText、strokeText 和 measureText，如表 6-10 所示。

表 6-10　绘制文本的方法

方　法	描　　述
fillText()	在画布上绘制"被填充的"文本
strokeText()	在画布上绘制文本（无填充）
measureText()	返回指定文本宽度的对象

下面我们来了解一下如何使用表 6-10 中的方法。

（1）fillText(text, x, y, maxWidth)

该方法可以在画布上绘制已填色的文本。默认填充色是黑色。参数 text 是输出文本的内容，x，y 指绘制文本的坐标，maxWidth 为可选参数，用于设定文本允许的最大宽度。文本输出可以用 font 属性来定义字体和字号，并使用 fillStyle 属性以另一种颜色 / 渐变来渲染文本。例如，下面的代码段就是以填充方式，字号字体为"20px Verdana"，输出了文本"Hi，How are you!"。

```
var c=document.getElementById("myCanvas");
var ctx=c.getContext("2d");
ctx.font="20px Verdana";
ctx.fillText("Hi, How are you!",20,60);
```

（2）strokeText(text, x, y, maxWidth)

该方法可在画布上绘制无填充色的文本。文本默认色是黑色。参数同 fillText 方法。

（3）measureText(text)

该方法将返回一个对象，该对象包含指定字体宽度，单位为像素。适用于在输出文本之前需要了解它的宽度的场景。例如，下面的代码段，将在显示文本之前先显示该文本的宽度。

笔 记

```
var c=document.getElementById("myCanvas");
var ctx=c.getContext("2d");
ctx.font="20px Verdana";
var txt=" Hi, How are you!"
// 在 10,50 处显示文本的宽度
ctx.fillText("宽度:" + ctx.measureText(txt).width,10,50);
// 在 10,100 处输出文本内容
ctx.fillText(txt,10,100);
```

Canvas API 针对绘制文本，还提供了 3 个属性（见表 6-11），用于设置文本样式。

表 6-11　绘制文本的样式属性

属　性	描　述
font	设置或返回文本内容的当前字体属性
textAlign	设置或返回文本内容的当前对齐方式
textBaseline	设置或返回在绘制文本时使用的当前文本基线

（1）font

设置或获取画布上文本内容的当前字体属性。使用的语法与 CSS2 font 属性相同，这里不再详述，分支属性如表 6-12 所示。

表 6-12　font 分支属性

属　性	描　述
font-style	规定字体样式。可能的值为：normal、italic、oblique
font-variant	规定字体变体。可能的值为：normal、small-caps
font-weight	规定字体的粗细。可能的值为：normal、bold、bolder、lighter 等
font-size / line-height	规定字号和行高，以像素计
font-family	规定字体系列
caption	使用标题控件的字体（比如按钮、下拉列表等）
icon	使用用于标记图标的字体
menu	使用用于菜单中的字体（下拉列表和菜单列表）
message-box	使用用于对话框中的字体
small-caption	使用用于标记小型控件的字体
status-bar	使用用于窗口状态栏中的字体

（2）textAlign

该属性可以根据锚点（即位置标记）设置或获取文本内容的对齐方式。属性值取值范围见表 6-13。

表 6-13　textAlign 属性值

属　性　值	描　述
start	文本在指定的位置开始。默认值
end	文本在指定的位置结束
center	文本的中心被放置在指定的位置
left	文本左对齐。同 start
right	文本右对齐。同 end

下面的代码段实现了设置锚点为 150px，当 textAlign="right" 时，文本会在 150px 处结束；当 textAlign="left" 时，则文本会从 150px 处开始，如图 6-16 所示。

```
ctx.textAlign="right";
ctx.fillText("textAlign=right",150,140);    // 在锚点 150px 处结束
ctx.textAlign="left";
ctx.fillText("textAlign=left",150,100);     // 从锚点 150px 处开始
```

（3）textBaseline

该属性设置或返回在绘制文本时的当前文本基线，属性值如表 6-14 所示。方法 fillText 或 strokeText 在画布上定位文本时，将会使用指定的 textBaseline 值。

表 6-14　textBaseline 属性值

属 性 值	描　　述
alphabetic	文本基线是普通的字母基线，默认值
top	文本基线是 em 方框的顶端
hanging	文本基线是悬挂基线
middle	文本基线是 em 方框的正中
ideographic	文本基线是表意基线
bottom	文本基线是 em 方框的底端

【例 6-8】在 500px × 300px 的画布中横向 100px 处设置一条基线，选取 textBaseline 属性值分别为 top、bottom 时，绘制文本效果如图 6-17 所示。

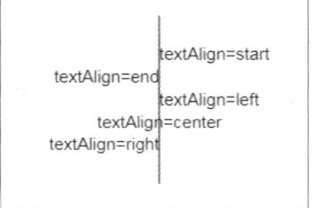

图 6-16
以纵向 150px 的蓝线位置为锚点时 textAlign 各属性值位置效果

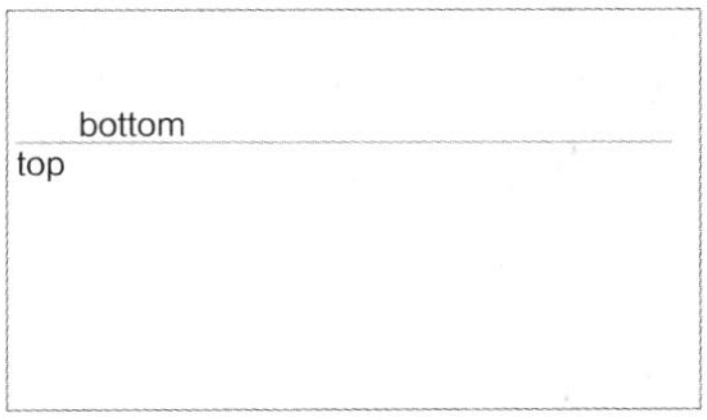

图 6-17
textBaseline 属性值为 top、bottom 时的效果

```
<!-- 项目 Example6-8-->
```

HTML 代码：

```
<canvas id="myCanvas" width="500" height="300" style="border:1px solid #000"></canvas>
```

JavaScript 代码：

```
var c=document.getElementById("myCanvas");
var ctx=c.getContext("2d");
ctx.strokeStyle="red";
ctx.moveTo(5,100);    // 设置基线
ctx.lineTo(480,100);
ctx.stroke();
ctx.font="25px Verdana";  // 设置字体
// 绘制文本
ctx.textBaseline="top";
ctx.fillText("Top",5,100);
ctx.textBaseline="bottom";
ctx.fillText("Bottom",50,100);
```

例 6-8 中还有一些属性未设置，请读者自行补充。

6.3.3　实例6-3：在线广告图插件制作

问题描述：创建一个页面，能够让用户在线编辑网页常用的广告图片，实现图片与文字标题和文字说明效果的叠加，导出新的图片。

笔 记

执行效果（见图 6-18）：

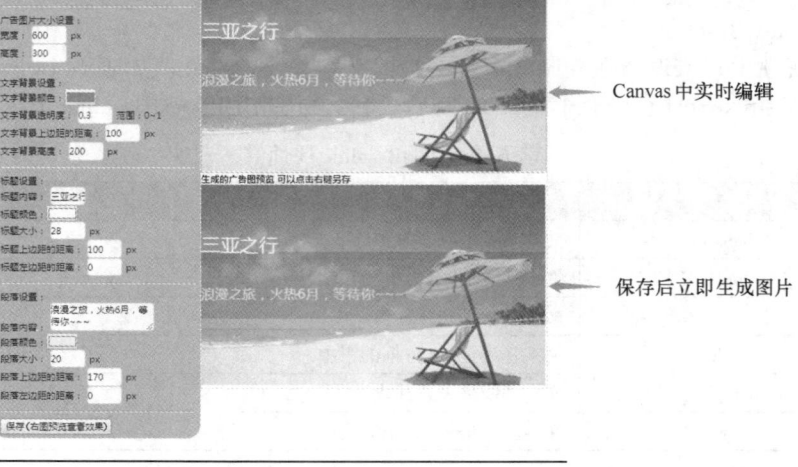

Canvas 中实时编辑

保存后立即生成图片

图 6-18
在线广告图编辑器

问题分析： 在线广告图编辑器是运用 Canvas 对图片在线编辑。首先，获取图片文件所在路径，创建文件读取对象 FileReader，读取指定路径的图片文件内容，保存于 FileReader 对象的 result 属性中，再赋值给 img 元素的 src 属性，然后，使用 drawImage 方法将图片内容显示到画布上，最后，使用 toDataURL 方法将画布中的图片保存为图片文件。绘制文字背景框和文字效果可以使用 fillRect 和 fillText 方法。

实现步骤：

（1）使用 HBuilder 工具，创建项目 Case6-3，新建 HTML 文件，网页代码如下。

```
<div id="container">
    <form id="imgForm">
        <div id="left">
            <input type="file" id="file">
            <hr />
            <p>广告图片大小设置：</p>
            <label>宽度：</label><input type="text" id="setWidth" value='600' />px<br>
            <label>高度：</label><input type="text" id="setHeight" value="300" />px<br>
            <hr />
            <p>文字背景设置：</p>
            <label>文字背景颜色：</label><input type="color" id="bgColor" value=
            "#ff0000" /><br>
            <label>文字背景透明度：</label><input type="text" id="alpha" value=
            "0.3" />范围：0~1<br>
            <label>文字背景上边距的距离：</label><input type="number" id="top" value=
            "100" />px<br>
            <label>文字背景高度：</label><input type="number" id="bgHeight" value=
            "200" />px<br>
            <hr />
            <p>标题设置：</p>
            <label>标题内容：</label><input type="text" id="titleContent" value="
            标题" /><br>
            <label>标题颜色：</label><input type="color" id="titleColor" value=
            "#ffffff" /><br>
            <label>标题大小：</label><input type="number" id="titleFont" value=
            "18" />px<br>
            <label>标题上边距的距离：</label><input type="number" id="titleTop"
            value="100" />px<br>
            <label>标题左边距的距离：</label><input type="number" id="titleLeft"
            value="0" />px<br>
            <hr />
            <p>段落设置：</p>
            <label>段落内容：</label><textarea type="text" id="txtContent" value="
            段落文字"></textarea><br>
```

```
            <label>段落颜色：</label><input type="color" id="txtColor" value=
            "#0000ff" /><br>
            <label>段落大小：</label><input type="number" id="txtFont" value=
            "14" />px<br>
            <label>段落上边距的距离：</label><input type="number" id="txtTop" value=
            "200" />px<br>
            <label>段落左边距的距离：</label><input type="number" id="txtLeft"
            value="0" />px<br>
            <hr />
            <button type="button" id="save" >保存（右图预览查看效果）</button>
        </div>
    </form>
    <div id="right">
        <canvas id="myCanvas" width="500" height="300" style="border: 1px
        solid goldenrod; display: block;"></canvas>
        <div id="showImg">
            <h1>生成的广告图预览　可以单击右键另存</h1>
            <img src="" id="asImg" />
        </div>
    </div>
</div>
```

（2）加载 CSS 样式表。

```
/*-------------- 全局设置 --------------*/
* {
    margin: 0;
    padding: 0;
    font-size: 12px;
}
#left, #right {
    float: left;
}
#left {
    width: 280px;
    padding: 10px;
    height: 680px;
    background: rgba(0, 0, 0, 0.3);
    border-radius: 20px;
}
#right {
    float: left;
    background: white;
    border: 1px dashed lightblue;
}
hr {
    width: 100%;
    margin: 10px 0;
}

/*-------------- 表单元素效果设置 ------------------*/
input[type=file] {
    border: 1px solid #ccc;
    width: 280px;
    margin: 5px auto;
}
input[type=text],
input[type=number] ,textarea{
    width: 50px;
    height: 25px;
    font-family: " 微软雅黑 ";
    font-size: 0.9em;
    border-radius: 5px;
    margin: 0 5px;
    border: 1px solid lightgray;
}
textarea{
    width:150px;
    height: 40px;
}
button {
    padding: 1px 6px;
}
```

笔 记

（3）加载 JavaScript 脚本文件。

```
<script>
    function $(id) {
        return document.getElementById(id);
    }
    var canvas = $('myCanvas')
    var ctx = canvas.getContext('2d');
    var file = $('file');
    file.onchange = loadImg;
    var onloadIMG = false;
    // 读取图片文件显示在画布中
    function loadImg() {
        // 获取文件
        var file = $('imgForm').getElementsByTagName('input')[0].files[0];
        // 创建读取文件的对象
        var reader = new FileReader();
        // 创建文件读取相关的变量
        var imgFile;
        // 为 onload 事件 （文件读取成功） 定义回调函数
        var img;      // 后期还可对加载的背景图片进行修改
        reader.onload = function(e) {
            imgFile = e.target.result;      // 读取成功时获取 result 属性值
            console.log(imgFile);
            // 将 imgFile 转换成图片对象， 再加载到画布中显示
            img = new Image();
            img.src = imgFile;
            img.onload = function() {
                ctx.globalAlpha = 1;
                ctx.drawImage(img, 0, 0);
                onloadIMG = true;
                // 用嵌套关系实现层叠， 先绘制背景， 再绘制文字等内容
                textBg();
            }
        };
        // 读取图片文件
        reader.readAsDataURL(file);
    }
    var btnSave=$('save');
    btnSave.onclick=createIMG;
    // 利用 html2canvas.js 导出图片
    function createIMG() {
        if(onloadIMG) {
            var imgSrc = canvas.toDataURL("img/png");
            $("showImg").style.display = "block";
            $("asImg").src = imgSrc;
        }
    }
    // 根据广告图片大小， 调整画布的大小
    var imgWidth = $('setWidth');
    imgWidth.onchange = function() {
        canvas.width = this.value;
    }
    var imgHeight = $('setHeight');
    imgWidth.onchange = function() {
        canvas.height = this.value;
    }
    // 绘制文字背景
    function textBg() {
        var color = $('bgColor').value;
        var bgAlpha = parseFloat($('alpha').value);
        var bgTop = parseInt($('top').value);
        var bgHeight = parseInt($('bgHeight').value);
        ctx.fillStyle = color;
        ctx.globalAlpha = bgAlpha;
        var tops = ((canvas.height - bgHeight) <= bgTop) ?
                    (canvas.height - bgHeight) : bgTop;
        ctx.fillRect(0, tops, canvas.width, tops);
        // 用嵌套的方式保证先绘制背景， 再绘制文字
        txtDraw();
        titleDraw();
    }
    // 绘制文字标题
    function titleDraw() {
        var title = $('titleContent').value;
        var color = $('titleColor').value;
```

```
            var font = parseInt($('titleFont').value) + 'px';
            var titleTop = parseInt($('titleTop').value);
            var titleLeft = parseInt($('titleLeft').value);
            ctx.globalAlpha=1;
            ctx.font = font + " 微软雅黑 ";
            ctx.fillStyle = color;
            ctx.fillText(title, titleLeft, titleTop);
        }
        // 绘制文字内容
        function txtDraw() {
            var txt = $('txtContent').value;
            var color = $('txtColor').value;
            var font = parseInt($('txtFont').value) + 'px';
            var txtTop = parseInt($('txtTop').value);
            var txtLeft = parseInt($('txtLeft').value);
            ctx.globalAlpha=1;
            ctx.font = font + " 微软雅黑 ";
            ctx.fillStyle = color;
            ctx.fillText(txt, txtLeft, txtTop);
        }
        var inputs = document.getElementsByTagName('input');
        for(var i = 0; i < inputs.length; i++) {
            inputs[i].onchange = function() {
                // 当左边设置的参数项发生变化时，就重新绘制广告图片
                ctx.clearRect(0, 0, canvas.width, canvas.height);
                loadImg();
            }
        }
        var textareas=$('txtContent');
        textareas.onchange = function() {
            // 当左边设置的参数项发生变化时，就重新绘制广告图片
            ctx.clearRect(0, 0, canvas.width, canvas.height);
            loadImg();
        }
    </script>
```

问题总结：

（1）FileReader 是 HTML5 文件 API 的重要成员，用于读取文件。FileReader 接口提供了读取文件的方法和包含读取结果的事件模型。它有 4 个方法（见表 6-15），除了 abort 外，其他方法都是读取方法，且无论读取成功还是失败，均将结果保存到 FileReader 实例的 result 属性中，若读取失败，result 为 null，否则 result 为文件内容。

表 6-15　FileReader 的方法

方　法　名	描　　　述
abort	中断读取
readAsBinaryString	参数 file，将文件读取为二进制码
readAsDataURL	参数 file，将文件读取为 DataURL，即以 data: 开始的字符串
readAsText	参数 file，[encoding]，将文件读取为文本

FileReader 还有一套完整的事件模型，用于捕获读取文件时的状态，表 6-16 对于这些事件进行了归纳。在实际应用中，通常会通过定义 onload 事件回调函数，在文件读取成功时，抓取 result 属性值，来获取 FileReader 读取的文件内容。

表 6-16　FileReader 的事件

事　件　名	事　件　描　述
onabort	中断时触发
onerror	出错时触发
onload	文件成功读取完成时触发
onloadend	读取完成触发，无论成功或失败

笔记

续表

事 件 名	事件描述
onloadstart	读取开始时触发
onprogress	读取中

【例 6-9】设置一个文件表单元素，在控制台中显示文件内容。

```
<!-- 项目 Example6-9-->
<div class="container">
    <input type="file" id="selectFiles" />
</div>
<script type="text/javascript">
    document.getElementById('selectFiles').onchange = function (){
        // 1. 创建文件读取对象，实例化一个读取器
        var reader = new FileReader();
        // 2. 调用该对象的方法，读取文件
        reader.readAsDataURL(this.files[0]);
        // 3. 添加事件，当文件读取完成时将调用该函数
        reader.onload = function (){
            // 输出文件内容
            console.log(reader.result);
        }
    }
</script>
```

（2）本实例中第 2 个功能是将 Canvas 中设计好的效果转换成图片保存。Canvas API 提供了下面几种方法。

① 直接调用 Canvas 对象的 toDataURL 方法转化为指定类型。

```
var newImg = new Image();
newImg.src=canvas.toDataURL("image/png"));
```

② 利用 Canvas 对象的 toBlob 方法。

先通过 toBlob 将 Canvas 对象转化为二进制对象，通过参数形式传入函数；然后，利用 URL.createObjectURL 方法，根据传入的参数创建一个指向该参数 blob 对象的 URL；最后，把 URL 赋给 img 的 src 属性。

```
canvas.toBlob && canvas.toBlob(function(blob){
    var url = URL.createObjectURL(blob);
    var newImg = new Image();
    newImg.onload = function() {
      URL.revokeObjectURL(url)
    };
    newImg.src=url;
};
```

URL.createObjectURL 和 URL.revokeObjectURL 方法分别用于创建和销毁 URL 对象。上述代码中，当 newImg 获取了 URL，且被浏览器成功加载，此时将不再需要 URL，可以销毁它来减少对内存的占用。

（3）本实例在实现广告图片编辑时，也包括背景图片、文字背景条和标题，以及段落文字的设置。在显示时，要注意元素之间的层叠关系，即在 z-index 上的摆放顺序。由于 Canvas 不能像 CSS 那样直接设置层叠关系，因此，需要使用嵌套的方法来控制每个元素执行的顺序。

6.4　Canvas 变形和动画

在绘图过程中，我们往往会遇到一种情况，就是常态下的图形未能达到预期效果，而适当的图形变换，如旋转、缩放和渐变等，可以构建出更为复杂和绚丽的图形。本节我们将介绍图形的变形、渐变和阴影的绘制方法。

6.4.1　绘制变形

变形包括缩放、旋转、移动和倾斜，变形方法见表 6-17。

表 6-17　变形方法

方　　法	描　　述
scale()	缩放当前绘图
rotate()	旋转当前绘图
translate()	重新映射画布上的（0，0）位置
transform()	替换当前绘图的转换矩阵
setTransform()	将当前绘图的转换矩阵重置为单位矩阵，再运行 transform 方法

下面我们对表 6-17 中的方法逐一详细介绍。

（1）scale(scalewidth, scaleheight)

该方法可以缩放当前绘图，参数 scalewidth、scaleheight 为绘图缩放的宽和高。

（2）rotate(angle)

该方法将画布旋转指定角度，参数 angle 为旋转的角度，单位为弧度，可通过公式 degrees*Math.PI/180 进行计算。

（3）translate(x, y)

该方法可重新映射画布上原点（0，0）的位置，即对画布进行平移操作。

> **注　意**
>
> 当我们在 translate 方法执行之后，调用诸如 fillRect 之类的方法时，translate 变形的效果会与后面的矩阵填充效果叠加。

（4）transform(a, b, c, d, e, f)

该方法将用参数中的矩阵来替换当前的变换矩阵。画布上的每个对象都拥有一个当前的变换矩阵。transform 方法可以对当前的画布同时进行缩放、旋转、移动和倾斜等变形应用，且变换只会影响 transform 方法调用之后的绘图。

参数 a、b、c、d、e、f 对应的矩阵如图 6-19（a）所示。变换矩阵要用到关于矩阵的知识，一个图形可以在画布上进行移动、缩小放大、旋转，以及斜切变换，那么这些变换对应矩阵是如何计算的呢？这里我们先假设上下文对象为 context。

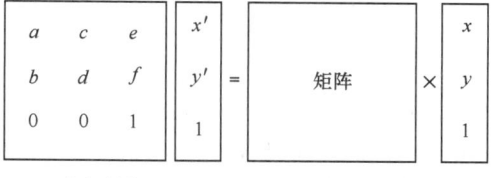

（a）矩阵　　　　（b）移动前的坐标与矩阵计算
得到移动后的坐标

图 6-19
transform 变换矩阵

① 移动对应矩阵。

$$X' = X + e$$
$$Y' = Y + f$$

这样就把点（X, Y）移动到了（X', Y'）（见图 6-19（b））。对应的变换的矩阵就是：

笔记

$$\begin{bmatrix} X' \\ Y' \\ 1 \end{bmatrix} = \begin{bmatrix} 1 & 0 & e \\ 0 & 1 & f \\ 0 & 0 & 1 \end{bmatrix} \times \begin{bmatrix} X \\ Y \\ 1 \end{bmatrix}$$

$X' = 1 \times X + 0 \times Y + e \times 1;$

$Y' = 0 \times X + 1 \times Y + f \times 1;$

$1 = 0 \times X + 0 \times Y + 1 \times 1;$

位移 context.translate(e,f) 对应的就是 context.transform(1,0,0,1,e,f)。

② 放大对应矩阵。

$X' = X \times a;$

$Y' = Y \times d;$

Canvas 是按照一定的算法来画图的，也就是说，Canvas 绘制的是矢量图，不会因放大与缩小而失真，那么，Canvas 是如何实现绘制图形的放大与缩小呢？无非是对 x、y 轴乘以相应的缩放因子，再进行路径的描画 / 填充操作。对应的变换矩阵是：

$$\begin{bmatrix} X' \\ Y' \\ 1 \end{bmatrix} = \begin{bmatrix} a & 0 & 0 \\ 0 & d & 0 \\ 0 & 0 & 1 \end{bmatrix} \times \begin{bmatrix} X \\ Y \\ 1 \end{bmatrix}$$

$X' = a \times X + 0 \times Y + 0 \times 1;$

$Y' = 0 \times X + d \times Y + 0 \times 1;$

$1 = 0 \times X + 0 \times Y + 1 \times 1;$

缩放 context.scale(a, d) 对应的就是 context.transform(a, 0, 0, d, 0, 0)。

③ 旋转对应矩阵。

观察图 6-20 可知，图中的 B 点是通过 A 点旋转角度 θ 得来的，即：

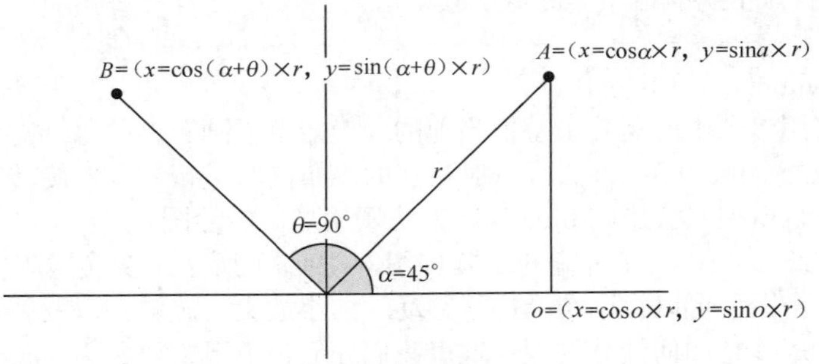

图 6-20
A 点旋转 θ 得到 B 点

$X' = \cos(\alpha + \theta) \times r$

$Y' = \sin(\alpha + \theta) \times r$

根据三角函数公式：$\cos(\alpha+\beta)=\cos\alpha\cos\beta-\sin\alpha\sin\beta$

可得 $X' = r \times \cos a \times \cos\theta - r \times \sin a \times \sin\theta = X \times \cos\theta - Y \times \sin\theta$

同理可得 $Y' = x \times \sin\theta + y \times \cos\theta$

$$\begin{bmatrix} X' \\ Y' \\ 1 \end{bmatrix} = \begin{bmatrix} \cos\theta & -\sin\theta & 0 \\ \sin\theta & \cos\theta & 0 \\ 0 & 0 & 1 \end{bmatrix} \times \begin{bmatrix} X \\ Y \\ 1 \end{bmatrix}$$

与前 2 种对应矩阵相比，旋转会比较复杂，context.rotate(θ) 对应的是：

context.transform(Math.cos(θ × Math.PI/180),Math.sin(θ × Math.PI/180),
–Math.sin(θ × Math.PI/180) , Math.cos(θ × Math.PI/180) , 0 , 0)

④ 矩阵的斜切对应 *c* 和 *b*。

这里 *c* 是 skewX 的效果，*b* 是 skewY 的效果，但 *c* 和 *b* 是对应角度 θ 的 tan 值，tan 值的计算公式为 Math.tan(θ/180 × Math.PI)。因此，*x* 轴的倾斜角度 θ，斜拉 context.skew(θ, 0) 对应的是 context.transform(Math.tan(θ/180 × Math.PI))；*y* 轴倾斜角度 θ，斜拉 context.skew(θ, 0) 对应的是 context.transform(Math.tan(θ/180 × Math.PI))。

> **注　意**
>
> 　　对绘图进行缩放、旋转、位移，所有之后的绘图也会跟着做相同变化。因此，若只针对当前元素进行变形，在执行完变形方法后要马上还原。例如，对当前元素调用 scale(2, 2) 放大到原来的 2 倍，之后再调用 scale(0.5, 0.5) 缩小至原形。也可以使用 save() 和 restore() 方法，将整个绘图上下文，包含 transform、translate、scale、rotate 变换，以及填充 / 描边样式、线条粗细等属性恢复到前一个状态。

（5）setTransform(a, b, c, d, e, f)

该方法可重置当前的变形矩阵为单位矩阵，再以相同的参数调用 transform 方法，即消除前面 transform 行为对这次行为的影响，而不是前次 transform 和本次 transform 行为的叠加。

6.4.2　绘制渐变

渐变主要有水平、垂直、放射和环形几种方式，相应的绘制方法见表 6-18。

表 6-18　渐变方法

方　　法	描　　述
createLinearGradient()	在画布内容上创建线性渐变
createPattern()	在指定方向上重复指定的元素
createRadialGradient()	在画布内容上创建放射状 / 环形的渐变
addColorStop()	规定渐变对象中的颜色和停止位置

下面我们分别介绍表 6-18 各方法的具体用法。

（1）createLinearGradient(x_0, y_0, x_1, y_1)

该方法可创建线性的渐变对象。渐变可用于填充矩形、圆形、线条和文本等，参数（x_0, y_0）为渐变的起点坐标，（x_1, y_1）为渐变的终点坐标。

（2）createPattern(image, "repeat|repeat-x|repeat-y|no-repeat")

该方法在指定的方向内重复指定的元素。参数 image 可以是图片、视频，或者其他 canvas 元素。被重复的元素可用于绘制 / 填充矩形、圆形或线条等。

（3）createRadialGradient(x_0, y_0, r_0, x_1, y_1, r_1)

该方法可创建一个径向 / 圆渐变。参数中的前 3 个定义一个以（x_0, y_0）为原点，r_0 为半径的圆，后 3 个则定义另一个以（x_0, y_0）为原点，r_1 为半径的圆。

（4）addColorStop(stop, color)

该方法指定 gradient 对象中的颜色和位置。与 createLinearGradient 或 createRadialGradient 方法配合，多次调用来定义渐变颜色。参数 stop 表示渐变开始到结束间的位置，取值范围为 0.0 ~ 1.0，参数 color 表示颜色。

【例 6-10】绘制一个彩虹色线性渐变的矩形和径向渐变的矩形，效果如图 6-21 所示。

```
<!-- 项目 Example6-10-->
<script>
```

```
var canvas = document.getElementById("myCanvas");
var ctx = canvas.getContext("2d");
// 创建一个渐变色径向对象
var grd = ctx.createRadialGradient(200,200,50,200,200,200);
grd.addColorStop(0,"black");
// 从渐变开始位置到渐变的 1/10 处为 magenta 色
grd.addColorStop("0.1","magenta");
// 从渐变的 1/10 到 3/10 处为 blue 色
grd.addColorStop("0.3","blue");
grd.addColorStop("0.5","green");
grd.addColorStop("0.7","yellow");
grd.addColorStop(1,"red");
ctx.fillStyle = grd;     // 设置 fillStyle 为当前的渐变对象
ctx.fillRect(0,0,400,400);     // 绘制渐变图形
// 创建一个渐变色线性对象
grd = ctx.createLinearGradient(420, 0, 820, 0);
grd.addColorStop(0,"black");
grd.addColorStop("0.3","magenta");
grd.addColorStop("0.5","blue");
grd.addColorStop("0.6","green");
grd.addColorStop("0.8","yellow");
grd.addColorStop(1,"red");
ctx.fillStyle = grd;     // 设置 fillStyle 为当前的渐变对象
ctx.fillRect(420,0,400,400);     // 绘制渐变图形
</script>
```

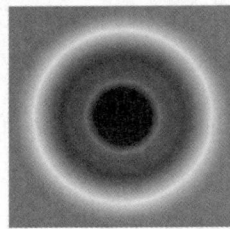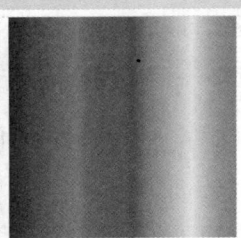

图 6-21
例 6-10 的径向渐变
与线性渐变

6.4.3 绘制阴影

阴影绘制包括颜色、模糊级别、阴影尺寸等方面的设置，相关方法见表 6-19。

表 6-19 阴影属性

属　性	描　述
shadowColor	设置或获取阴影的颜色
shadowBlur	设置或获取阴影的模糊级别
shadowOffsetX	设置或获取阴影距离形状的水平距离
shadowOffsetY	设置或获取阴影距离形状的垂直距离

（1）shadowColor

该属性用于设置或获取阴影的颜色。它与 shadowBlur 属性一起使用来创建阴影。而 shadowOffsetX 和 shadowOffsetY 属性则是用来调节阴影效果的。

（2）shadowBlur

该属性用于设置或获取阴影的模糊级别。

（3）shadowOffsetX 和 shadowOffsetY

这 2 个属性用于设置或获取形状与阴影的水平 / 垂直距离。

【例 6-11】制作一个游戏入口页面，标题背景和文字背景都加入阴影效果，效果如图 6-22 所示。

```
<!-- 项目 Example6-11-->
<canvas id="myCanvas" width="1024" height="456">您的浏览器不支持 Canvas！</canvas>
```

```
<script >
    var canvas = document.getElementById('myCanvas');
    var ctx = canvas.getContext('2d');
    // 加载游戏背景图
    var img = new Image();
    img.src = 'img/gamebg.jpg';
    img.onload = function() {
        // 图片加载速度慢，又要最先渲染，可以采用嵌套调用的方式控制进度
        ctx.drawImage(this, 0, 0);
        txtBg();
        txt();
        arrow();
    }
    // 绘制文字背景条
    function txtBg() {
        ctx.save();
        ctx.globalAlpha = 0.2;
        ctx.shadowBlur = 10;
        ctx.shadowOffsetX = 0;
        ctx.shadowColor = "lightblue";
        ctx.fillStyle = '#00ffff';
        ctx.fillRect(12, 50, 1000, 200);
        ctx.restore();
    }
    // 文字绘制
    function txt() {
        // 设置文字阴影效果
        ctx.shadowColor = 'rgba(0, 0, 0, 0.5)';
        ctx.shadowOffsetX = 3;
        ctx.shadowOffsetY = 3;
        ctx.shadowBlur = 3;
        // 设置字体和对齐效果
        ctx.font = "100px 黑体 ";
        ctx.fillStyle = '#ffffff';
        ctx.textAlign = 'center';
        ctx.textBaseline = 'middle';
        // 在 Canvas 顶部中央的位置，以大字体的形式显示文本
        ctx.fillText(' 开始游戏 ', 550, 140);
        ctx.restore();
    }
    // 箭头绘制
    function arrow() {
        ctx.save();
        // 绘制箭头形状
        ctx.beginPath();
        ctx.moveTo(480, 270);
        ctx.lineTo(600, 270);
        ctx.lineTo(600, 220);
        ctx.lineTo(700, 320);
        ctx.lineTo(600, 420);
        ctx.lineTo(600, 370);
        ctx.lineTo(480, 370);
        ctx.closePath();
        ctx.globalAlpha = 0.7;
        ctx.fillStyle = '#fff';
        ctx.fill();
        ctx.restore();
    }
</script>
```

图 6-22

例 6-11 游戏入口
界面效果

6.4.4 实例6-4：滑动验证码制作

问题描述：绘制一个滑动拼图验证码，同一张图片裁剪的位置是随机的，每次刷新从图片库随机获取一张作为拼图背景。

执行效果（见图 6-23）：

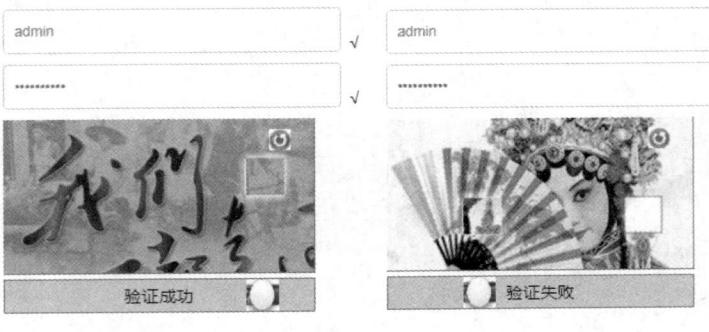

图 6-23
滑动验证码效果

(a) 验证成功   (b) 验证失败

问题分析：滑块拼图型的验证方式目前很流行，多数的实现方式是直接加载两张分割好的图片，而使用 Canvas 可以自动修剪图片，可以免去修图处理和 http 请求发送环节。基本思路是，先加载一张整图，用 Canvas 来切割缺口，在固定范围内随机设置缺口位置；每当单击"刷新"按钮时，重新加载和切割；滑块响应拖动事件，实时生成随机的缺口位置。当拖动结束时，计算位置是否匹配，允许存在一定的误差。

实现步骤：

（1）使用 HBuilder 工具，创建项目 Case6-4，新建 HTML 文件，网页的完整代码如下。

```
<div class="container">
    <input value="admin" readonly /><span class='inputVertify'> </span>
    <input type="password" value="1234567890" readonly />
        <span class='inputVertify'></span>
    <div class="verification">
        <div class="verPicture">
            <!-- 图片未加载时显示提示 -->
            <div class="verLoading"> 正在加载……</div>
            <!-- " 刷新 " 按钮 -->
            <div class="verRefresh" title=" 刷新 "></div>
            <!-- 存放图片元素 -->
            <canvas id="myCanvas" width="285" height="145"></canvas>
        </div>
        <div class="verSlider">
            <p> 向右滑动滑块填充拼图 </p>
            <!-- 滑块 -->
            <div class="verSliderBlock"></div>
        </div>
    </div>
</div>
```

（2）加载 CSS 样式表。

```
/*------ 验证图片区域 -----*/
.verification {
    width: 285px;
    height: 145px;
    position: relative;
}
.verLoading {
    display: none;
    position: absolute;
}
.verRefresh {
    display: block;
    position: absolute;
```

```css
        top: 10px;
        right: 20px;
        width: 20px;
        height: 20px;
        background: url(img/refresh.png);
        background-size: 20px 20px;
}
canvas {
        border: 1px solid red;
}

/*---------- 滑块区域 ----------------*/
.verSlider {
        width: 285px;
        height: 30px;
        border: 1px solid darkcyan;
        background-color: lightblue;
        position: relative;
}
.verSlider p {
        width: 285px;
        height: 30px;
        line-height: 30px;
        text-align: center;
        position: absolute;
        margin: 0;
}
.verSliderBlock {
        width: 30px;
        height: 30px;
        background: url(img/icon.png);
        background-size: 30px 30px;
        position: absolute;
        top: 0;
        left: 0;
}

/*------- 登录框 --------*/
.container {
        width: 330px;
        margin: 100px auto;
}
input {
        display: block;
        width: 290px;
        line-height: 40px;
        margin: 10px 0;
        padding: 0 10px;
        outline: none;
        border: 1px solid #c8cccf;
        border-radius: 4px;
        color: #6a6f77;
}
#msg {
        width: 100%;
        line-height: 40px;
        font-size: 14px;
        text-align: center;
}
a:link,
a:visited,
a:hover,
a:active {
        margin-left: 100px;
        color: #0366D6;
}
.inputVertify {
        float: right;
        position: relative;
        top: -30px;
}
```

（3）加载 JavaScript 脚本文件。

```html
<script>
```

笔 记

```
        var imgs = ["img/vertify.png", "img/vertify1.png"];// 备用的验证图片
        var imgSrc = imgs[parseInt(Math.random() * 2)];    // 随机给出一个图片地址
        var img;    // 填充到 Canvas 中的图片对象
        var slider = document.getElementsByClassName("verSliderBlock")[0];
        var verSlider = document.getElementsByClassName("verSlider")[0];
        var verRefresh = document.getElementsByClassName("verRefresh")[0];
        // 文本框验证图标
        var inputVertify = document.getElementsByClassName('inputVertify');
        var canvas = document.getElementById("myCanvas");
        var ctx = canvas.getContext("2d");
        var img = document.createElement('img');
        var rightDistance;    // 记录正确的移动距离
        var topDistance;    // 记录缺口离顶部的距离
        var slideFlag = false;    // 标记滑块是否处于移动状态
        var left = 0;    // 标记移动起始位置的 x 坐标
        var distance;
        // 初始化 canvas 元素
        function initCanvas(img_src) {
            var verLoading = document.getElementsByClassName("verLoading")[0];
            verLoading.style.display = 'block';
            img = new Image();
            img.src = img_src;
            img.onload = function() {
                verLoading.style.display = 'none';
                // 获取随机位置
                rightDistance = parseInt(Math.random() * 100 + 145);
                topDistance = parseInt(Math.random() * 80 + 10);
                draw(img, 0);
            };
        }
        initCanvas(imgSrc);
        // 绘制 Canvas 验证图片、被切的框框和被切的小区块
        function draw(img, left) {
            ctx.clearRect(0, 0, canvas.width, canvas.height);
            // 绘制整图和半透明缺口
            ctx.drawImage(img, 0, 0, canvas.width, canvas.height);
            ctx.globalAlpha = 0.8;
            ctx.fillStyle = "#fff";
            ctx.fillRect(rightDistance, topDistance, 35, 35);
            ctx.globalAlpha = 0.5;
            ctx.strokeStyle = "#000";
            ctx.lineWidth = 1;
            ctx.strokeRect(rightDistance, topDistance, 35, 35);
            // 绘制剪切下来的方块图
            ctx.globalAlpha = 1;
            ctx.shadowBlur = 10;
            ctx.shadowColor = "#fff";
            ctx.strokeStyle = "#fff";
            ctx.strokeRect(0 || left, topDistance, 35, 35);
            ctx.drawImage(img, rightDistance, topDistance, 35, 35, left || 2,
            topDistance, 35, 35);
        }
        // 鼠标按下 slideFlag 为 true 准备记录鼠标 move 的方向
        slider.onmousedown = function() {
            slideFlag = true;
        }
        //slideFlag 为 true 时，在 slider 上移动鼠标，icon 按钮跟着鼠标对应的 x 位置变化
        slider.onmousemove = function(e) {
            if(slideFlag) {
                var left = e.clientX - verSlider.getBoundingClientRect().left;
                // 鼠标指针放在图片的中心，x 轴方向错位 15px
                changeDistance(left - 15);
                draw(img, left - 15);
            }
        }
        // 拖动按钮时防止区块超出范围
        function changeDistance(distance) {
            if(distance > 0 && distance < 255) {
                // slider.style.left=distance;
                slideMove(distance);
            } else if(distance <= 0) {
                // slider.style.left=0;
```

```
                slideMove(0);
            } else {
                //  slider.style.left=255;
                slideMove(255);
            }
        }
        // 获取鼠标滑动 x 位置，由此改变滑动按钮的位置
        function slideMove(left) {
            slider.style.left = left + "px";
        }
        slider.onmouseup = function(e) {
            slideFlag = false;
            var left = e.clientX - verSlider.getBoundingClientRect().left - 15;
            judgeDistance(left);
        }
        // 判断位置是否正确，用于滑动结束时
        function judgeDistance(distance) {
            if(distance > rightDistance - 3 && distance < rightDistance + 3) {
                slider.style.left = 255;
                console.log("success");
                verSlider.childNodes[1].innerHTML = ' 验证成功 ';
                iconShow(true);
            } else {
                distance = 0;
                verSlider.childNodes[1].innerHTML = ' 验证失败 ';
                console.log("fail");
                iconShow(false);
            }
        }
        // 显示图标
        function iconShow(flag) {
            if(flag) {
                for(var i = 0; i < inputVertify.length; i++) {
                    inputVertify[i].innerHTML = ' √ ';
                }
            } else {
                for(var i = 0; i < inputVertify.length; i++) {
                    inputVertify[i].innerHTML = '';
                }
            }
        }
        // 单击 "刷新" 按钮，重新获取背景图片，滑动按钮居左
        verRefresh.onclick = function() {
            imgSrc = imgs[parseInt(Math.random() * 2)];
            initCanvas(imgSrc);
            left = 0;
            slideMove(left);
            verSlider.childNodes[1].innerHTML = ' 请重新验证 ';
            inputVertify[i].innerHTML = '';
        }
    </script>
```

问题总结：

（1）本实例中，通过 Canvas 绘制的形状是可以动态变换的，得到的位置也可以是随机位置，即使是同一张背景图片，也可以得到无数张验证图片，从而大大降低了机器自动识别和验证成功的概率。

（2）在 Canvas 上实现的动画效果，需要 Canvas 绘制函数与 JavaScript 时间函数 setTimeout、setInterval 结合起来完成，或者如本例中 Canvas 绘制函数与鼠标事件结合使用。

（3）鼠标拖动按钮和图片的功能，要同时记录鼠标是否按下及其指针移动轨迹。通过设置 slideFlag 记录 mousedown 事件的发生，即当 mousedown 事件发生时，slideFlag 为 true。当 mousemove 事件发生时，且该变量为 true，表示鼠标当前正处于被按下状态，可以确定 2 个事件正在同时发生。

HTML5 游戏开发

使用 HTML5 技术开发的游戏属于网页游戏或 Web 游戏。其特点是无须像传统游戏一样下载客户端软件，只需浏览器就能完成游戏运行（无论是在移动端还是 PC 端），而且还可以很轻易地移植到 UC 的开放平台、Opera 的游戏中心和 Facebook 应用平台，甚至还可以通过封装技术发放到 App Store 或 Google Play 上。因此，它有着极强的跨平台性，这也是大多数人对 HTML5 有兴趣的主要原因。本章将重点介绍网页游戏的开发。

7.1 游戏开发前的技术准备

游戏设计的模式是，对于一组二维图形 / 图像，通过循环处理 / 碰撞检测实现规定动作，如物体的运动、物体碰撞等，结合样式设置给用户带来好的视觉效果。本节将介绍 Canvas 中的动画实现、碰撞检测和事件机制，为游戏开发做好技术上的准备。

7.1.1 Canvas动画的实现

动画本质上是一组图像按照事先设定好的先后顺序，在一定时间内切换显示的过程。构成动画效果需要在单位时间内渲染一定量的图像，这里的每张图像被称为一帧（Frame），通常电影只需要 24 帧 / 秒就已足够流畅，而游戏则需要 60 帧 / 秒。设计动画时，通常也选用 60 帧 / 秒，当然并非所有动画都是刚好 60 帧 / 秒，在后面的例子中会有说明。

图像切换显示产生的动画效果，实际上是人类眼睛的错觉，眼睛的延迟性让人感觉到图像好像真的在动。正是借助于此，采用 Canvas 的绘图方法与 JavaScript 时间函数相结合，动画效果就可以实现了，具体步骤如下。

（1）利用 Canvas 绘制动画。

（2）以 JavaScript 时间函数来控制循环。

① 绘制第一帧图形（利用 API 绘图）。

② 清空画板（使用方法 clearRect 或 fillRect）。

③ 绘制下一帧动画。

JavaScript 提供的时间控制方法有以下 3 个。

（1）window.setInterval：指定某个任务每隔一段时间就执行一次，也就是无限次的定时执行。

（2）window.setTimeoutt：指定某个函数或字符串在指定的毫秒数之后执行。

（3）window.requestAnimationFrame(callback)：在下一次浏览器重绘之前，调用指定的函数（callback）来更新动画。

一般情况下，优先使用 requestAnimationFrame，它能保持动画绘制的频率（重绘时间间隔）和浏览器刷新（重绘）页面频率一致，能够保持最佳的绘制效果。但是它的兼容性还不是很理想，IE 9 以下和 android 4.3 以下版本浏览器不支持。为了保证它的兼容性，可以通过以下代码实现：

```
if(!window.requestAnimationFrame) {
// 如果不支持 requestAnimationFrame，就使用各浏览器的私有属性 webkit、moz 等
    window.requestAnimationFrame = (window.webkitRequestAnimationFrame ||
            window.mozRequestAnimationFrame ||
            window.msRquestAniamtionFrame ||
            window.oRequestAnimationFrame ||
                        function(callback) {
                            // 通过 setTimeout 指定 1 秒调用 60 次
                            return setTimeout(callback, Math.floor(1000 / 60));
                        })
}
```

下面我们通过一个小例子来了解如何使用 requestAnimationFrame 方法。

【例 7-1】实现一个小球来回往返匀速运动的动画效果。

```
<!-- 项目 Example7-1-->
<canvas id="myCanvas" width="640" height="600">
    您的浏览器不支持 Canvas，请更换浏览器或者升级浏览器版本！
</canvas>
<script>
    var canvas = document.getElementById('myCanvas');
    var ctx= canvas.getContext('2d');
    // 小球的初始位置
    var x = 20;
    // 设定小球运动的速度
    var V = 4;
    function run() {
        // 清空画布
        ctx.clearRect(0, 0, canvas.width, canvas.height);
        // 每次在新的地点重新绘制小球
        ctx.beginPath();
        var gradient = ctx.createRadialGradient(x , 180, 0, x, 190, 20);
        gradient.addColorStop(0, '#FFB6C1');
        gradient.addColorStop(1, '#FF1493');
        ctx.fillStyle = gradient;
        ctx.arc(x, 200, 30, 0, 2 * Math.PI);
        ctx.fill();
        x = x + V;
        // 沿着 x 轴方向往返移动
        if(x > (canvas.width - 20) || x < 20) {
            V = -V;
        }
        // 使用 requestAnimationFrame 方法完成递归调用
        window.requestAnimationFrame(run);
    }
    run();
</script>
```

代码解释：如果计算机的帧率是 1 秒 60Hz，就相当于 1 秒可以播放 60 张图片，也就是相当于 16.7 毫秒重新绘制一次小球。

7.1.2　元素碰撞检测和自由落体

由自由落体原理可知，小球在自由落体过程中，受万有引力和空气摩擦力的合力影响而向下运动，在落地后，地面又给了小球一个作用力，使得小球受向上的力和万

笔 记

有引力的影响而向上运动，从而出现小球循环往复地上下运动。如果在一个封闭的空间内，小球的弹跳还可以碰到空间的上、下、左或右边，同样产生与边垂直的反作用力。

小球运动的轨迹可分解为计算 x 轴方向和 y 轴方向的轨迹。以 y 轴方向为例，物体先是做向下的加速运动，落到地面后（有一个落到地面的速度）再做向上的减速运动，此时速度会有衰减，再继续向上运动，速度再次衰减，循环反复，直到速度为 0，小球落回地面为止。下面我们用代码来描述小球在 y 轴方向向下运动的轨迹。

速度随着时间发生变化，this.deltaT 表示时间片段的长度：

```
this.v_y = this.v_y + this.a_y * this.deltaT;
```

位置也随着时间发生变化：

```
this.y += this.deltaY();
this.deltaY = function() {
    return length(this.v_y, this.a_y, this.deltaT);
};
```

当发生碰撞到底边 bottom 时的处理：

```
if (self.y > bottom) {
    self.v_y =
        Math.sqrt(Math.abs(2 * self.a_y * (bottom - current.y) + current. vy * current. vy));
    // 计算刚好碰到边界之前的速度公式是 vt = sqrt(2aS + v0^2)
    self.v_y = current. vy > 0 ? self.v_y : -self.v_y;
    if (isNaN(self.v_y)) {
        self.v_y = 0;
        self.a_y = 0;
        self.y = bottom;
        return false;
    }
    // 计算从当前位置到碰撞位置的时间
    if (self.a_y == 0) {
        if (self.v_y == 0) {
            t1 = 0;
        } else {
            t1 = (bottom - current.y) / self.v_y;
        }
    } else {
        t1 = Math.abs((self.v_y - current. vy) / self.a_y);
    }
    // 碰撞后速度衰减并反向
    self.v_y = -self.v_y * self.loss_y;
    // 碰撞后反弹的位移位置
    self.y = bottom + length(self.v_y, self.a_y, self.deltaT - t1);
    // 位移小于阈值，则速度归零
    if (bottom - self.y < accelerat) {
        self.v_y = 0;
        self.y = bottom;
        self.a_y = 0;
    }
}
```

接下来我们再来看一个完整的例子。

【例 7-2】在一个四周密封的盒子里，先由鼠标按下设置小球初始位置，定义初始速度 x 轴方向 50 像素 / 秒，y 轴方向 20 像素 / 秒和 y 轴方向加速度 0.5 像素 / 秒。鼠标弹起时启动小球运动的动画。小球在四周边界发生碰撞后的速度反向并衰减，指定每次速度衰减的系数为 0.8，要求模拟小球在盒子中运动的轨迹，如图 7-1 所示。

```
<!-- 项目 Example7-2-->
<canvas id="myCanvas" width="600" height="500"></canvas>
<script>
    var canvas = document.getElementById('myCanvas');
    var context = canvas.getContext('2d');
    // 加速度设置
    var accelerat = 0.5 ;
    var animation, running = false;
    // 根据速度、加速度和时间计算位移的公式是 length=vt+1/2(at^2)
    function length(v, a, t){
```

```
                var l=v*t + a*t*t/2;
                return l;
        };
        // 构建小球对象
        var Ball = function(){
                // 当前小球的位置坐标
                this.x = 100;
                this.y = 100;
                // x, y 轴方向小球的初始速度
                this.v_x = 50;
                this.v_y = 25;
                // x, y 轴方向分别计算位移量
                this.deltaX = function() {
                        return length(this.v_x, this.a_x, this.deltaT);
                };
                this.deltaY = function() {
                        return length(this.v_y, this.a_y, this.deltaT);
                };

                // x, y 轴方向碰撞后速度降低的系数
                this.loss_x = 0.8;
                this.loss_y = 0.8;

                // x, y 轴水平方向不同的加速度
                this.a_x = 0;
                this.a_y = 1;

                // 两帧之间的时间间隔
                this.deltaT = 1;
                // 小球半径
                this.radius = 20;
                // 小球质量
                this.m = 1;
        };
        // 绘制小球
        Ball.prototype.draw = function() {
                context.beginPath();
                context.arc(this.x, this.y, this.radius, 0, Math.PI * 2, true);
                context.closePath();
                // 径向渐变设置立体小球
                var gradient = context.createRadialGradient(this.x, this.y-20, 0, this.x,
                this.y-10, this.radius);
                gradient.addColorStop(0, '#FFB6C1');
                gradient.addColorStop(1, '#FF1493');
                context.fillStyle = gradient;
                context.fill();
        };
        // 动画的实现步骤之一——清除前一帧小球
        Ball.prototype.clear = function() {
                context.clearRect(this.x - this.radius,
                        this.y - this.radius,
                        this.radius * 2,
                        this.radius * 2);
        };
        // 获取小球下一个状态
        Ball.prototype.next = function() {
                // 用 current 对象记录当前状态值
                var current=new Object();
                var t1,self = this;
                current.x = this.x;current.vx = this.v_x;
                        current.y = this.y; current.vy = this.v_y;

                // 下一状态的计算, 得到 x, y 轴方向的坐标、 速度
                this.x += this.deltaX();
                this.y += this.deltaY();

                this.v_x = this.v_x + this.a_x * this.deltaT;
                this.v_y = this.v_y + this.a_y * this.deltaT;
                // 边界判断, 预判上下左右是否会与墙壁发生碰撞
                function boundary(top, right, bottom, left) {
                        if (self.y > bottom) {
                                // 越界需要重新计算速度和坐标
```

笔 记

笔 记

```
                            // 计算刚好碰到边界之前速度的公式是 vt = sqrt(2aS + v0^2)
                            self.v_y = Math.sqrt(Math.abs(2 * self.a_y * (bottom - current.y)
                            + current. vy * current. vy));
                            self.v_y = current. vy > 0 ? self.v_y : -self.v_y;
                            if (isNaN(self.v_y)) {
                                    self.v_y = 0;
                                    self.a_y = 0;
                                    self.y = bottom;
                                    return false;
                            }
                            // 计算从当前位置到碰撞位置的时间
                            if (self.a_y == 0) {
                                    if (self.v_y == 0) {
                                            t1 = 0;
                                    } else {
                                            t1 = (bottom - current.y) / self.v_y;
                                    }
                            } else {
                                    t1 = Math.abs((self.v_y - current. vy) / self.a_y);
                            }
                            // 碰撞后速度衰减并反向
                            self.v_y = -self.v_y * self.loss_y;
                            // 碰撞后反弹的位移位置
                            self.y = bottom + length(self.v_y, self.a_y, self.deltaT - t1);
                            // 位移小于阈值，则速度归零
                            if (bottom - self.y < accelerat) {
                                    self.v_y = 0;
                                    self.y = bottom;
                                    self.a_y = 0;
                            }
                    } else if (self.x > right) {
                            // 越界需要重新计算速度和坐标
                            // 计算刚好碰到边界之前速度的公式为 vt = sqrt(2aS + v0^2)
                            self.v_x = Math.sqrt(Math.abs(2 * self.a_x * (right - current. x) +
                            current. vx * current. vx));
                            self.v_x = current. vx > 0 ? self.v_x : -self.v_x;
                            if (isNaN(self.v_x)) {
                                    self.v_x = 0;
                                    self.a_x = 0;
                                    self.x = right;
                                    return false;
                            }
                            // 计算从当前位置到碰撞位置的时间
                            if (self.a_x == 0) {
                                    if (self.v_x == 0) {
                                    t1 = 0;
                                    } else {
                                        t1 = (right - current. x) / self.v_x;
                                    }
                            } else {
                                    t1 = Math.abs((self.v_x - current. vx) / self.a_x);
                            }
                            // 碰撞后速度衰减并反向
                            self.v_x = -self.v_x * self.loss_x;
                            // 碰撞后反弹的位移位置
                            self.x = right + length(self.v_x, self.a_x, self.deltaT - t1);
                            // 位移小于阈值，则速度归零
                            if (right - self.x < accelerat) {
                                    self.v_x = 0;
                                    self.a_x = 0;
                                    self.x = right;
                            }
                    }
                    else if (self.x < left) {
                            // 越界需要重新计算速度和坐标
                            // 计算刚好碰到边界之前速度的公式为 vt = sqrt(2aS + v0^2)
                            self.v_x = Math.sqrt(Math.abs(2 * self.a_x * (current.x - left) +
                            current. vx * current. vx));
                            self.v_x = current. vx > 0 ? self.v_x : -self.v_x;
                            if (isNaN(self.v_x)) {
                                    self.v_x = 0;
                                    self.a_x = 0;
```

```
                        self.x = left;
                        return false;
                }
                // 计算从当前位置到碰撞位置的时间
                if (self.a_x == 0) {
                        if (self.v_x == 0) {
                                t1 = 0;
                        } else {
                                t1 = (current.x - left) / self.v_x;
                        }
                } else {
                        t1 = Math.abs((self.v_x - current. vx) / self.a_x);
                }
                // 碰撞后速度衰减并反向
                self.v_x = -self.v_x * self.loss_x;
                // 碰撞后反弹的位移位置
                self.x = length(self.v_x, self.a_x, self.deltaT - t1);
                // 位移小于阈值，则速度归零
                if (self.x - left < accelerat) {
                        self.v_x = 0;
                        self.a_x = 0;
                        self.x = left;
                }
        }
        else if (self.y < top) {
                // 越界需要重新计算速度和坐标
                // 计算刚好碰到边界之前速度的公式是 vt = sqrt(2aS + v0^2)
                self.v_y = Math.sqrt(Math.abs(2 * self.a_y * (current.y - top) +
current. vy * current. vy));
                self.v_y = current. vy > 0 ? self.v_y : -self.v_y;
                if (isNaN(self.v_y)) {
                        self.v_y = 0;
                        self.a_y = 0;
                        self.y = top;
                        return false;
                }
                // 计算从当前位置到碰撞位置的时间
                if (self.a_y == 0) {
                        if (self.v_y == 0) {
                                t1 = 0;
                        } else {
                                t1 = (top - current.y) / self.v_y;
                        }
                } else {
                        t1 = Math.abs((self.v_y - current.vy) / self.a_y);
                }
                // 碰撞后速度衰减并反向
                self.v_y = -self.v_y * self.loss_y;
                // 碰撞后反弹的位移位置
                self.y = length(self.v_y, self.a_y, self.deltaT - t1);
                // 位移小于阈值，则速度归零
                if (self.y - top < accelerat) {
                        self.v_y = 0;
                        self.a_y = 0;
                        self.y = top;
                }
        }
    }
    // 设置四周边界检测的位置
    boundary(0, canvas.width - this.radius, canvas.height - this.radius, 0);
};
// 清空画布
function clear() {
    context.fillStyle = 'rgba(0,0,0,0.3)';
    context.fillRect(0,0,canvas.width,canvas.height);
}
// 绘制动画
function draw() {
    clear();
    ball.draw();
    ball.next();
    window.requestAnimationFrame(draw);
```

笔 记

```
    }
// 画布绑定 Canvas，获取当前位置给小球，启动动画
canvas.addEventListener('click',function(e){
    if (!running) {
            ball.x = e.clientX;
            ball.y = e.clientY;
            draw();
            running = true;
    } else {
            running = false;
            ball.x = 100;
            ball.y = 100;
            // x，y 轴方向小球的初始速度
            ball.v_x = 50;
            ball.v_y = 25;
    }
});
var ball = new Ball(), animate;
ball.draw();
```

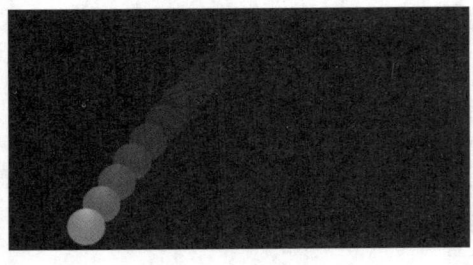

图 7-1

例 7-2 中小球运动轨迹

7.1.3 鼠标键盘事件

网页游戏中，鼠标和键盘是与用户进行交互的最常用、最能提高用户体验的外设。这里重点关注的是，外设的哪些动作（事件）能通过与 JavaScript 函数的配合，完成指定的功能。在 JavaScript 中，Event 对象代表事件的状态，比如事件源（元素）、键盘按键的状态、鼠标指针的位置、鼠标按钮的状态等。表 7-1 列出了游戏开发中常用的鼠标 / 键盘事件对象的事件句柄及相关属性。

表 7-1   鼠标 / 键盘事件对象的事件句柄及相关属性

鼠标事件	描　　述
onclick	当用户单击某个对象时触发该事件
ondblclick	当用户双击某个对象时触发该事件
onmousedown	鼠标按钮被按下时触发该事件
onmousemove	鼠标指针被移动时时触发该事件
onmouseout	鼠标指针从某元素移开时触发该事件
onmouseover	鼠标指针移到某元素之上时触发该事件
onmouseup	鼠标按键被松开时触发该事件
键盘事件	描　　述
onkeydown	某个键盘按键被按下时触发该事件
onkeypress	某个键盘按键被按下并松开时触发该事件
onkeyup	某个键盘按键被松开时触发该事件
鼠标 / 键盘事件属性	功能描述
altKey	事件发生时，"Alt" 键是否被按下

续表

鼠标 / 键盘事件属性	功能描述
button	事件发生时，鼠标上哪个按钮被单击
clientX	事件发生时，鼠标指针的水平坐标
clientY	事件发生时，鼠标指针的垂直坐标
ctrlKey	事件发生时，"Ctrl"键是否被按下
metaKey	事件发生时，"meta"键是否被按下。若是 Windows 系统，"meta"键表示键盘上的"Win"键（有窗口图案的键）；若是苹果计算机系统，则表示"Cmd"键
relatedTarget	与事件的目标节点相关的节点
screenX	事件发生时，鼠标指针的水平坐标
screenY	事件发生时，鼠标指针的垂直坐标
shiftKey	事件发生时，"Shift"键是否被按下

利用键盘 / 鼠标事件及相关属性，可以触发网页游戏中的各种操作，从而完成游戏中设定好的功能。

【例 7-3】结合 JavaScript 的 Event 事件对象，实现对游戏中主人公行动的控制，效果如图 7-2 所示。

```html
<!-- 项目 Example7-3-->
<canvas id="myCanvas" width="640" height="600" style="border: 1px solid lightblue;">
        您的浏览器不支持 Canvas！
</canvas>
<script>
    // 键盘 4 个方向键的 keycode
    var LEFT=37,UP=38,RIGHT=39,DOWN=40;
    var isKeyDown=false;
    var speed=2;     // 人物移动速度
    var ctx;
    var sx=[0,33,66],sy=[0,34,67,100];     // 大图中的各小图被切分的位置
    var sWidth=33,sHeight=33;     // 每张小图片的大小
    var x=240,y=135;     // 初始化主角所在位置
    var dx=16,dy=16;
    //12 张图片的合成照，记录每张小图的不同动作状态的坐标
    var s={
        Front:[[0,0],[1,0],[2,0]],
        Left:[[0,1],[1,1],[2,1]],
        Right:[[0,2],[1,2],[2,2]],
        Back:[[0,3],[1,3],[2,3]]
    };
    var i=1;
    var c=s.Front;     // 默认朝前方
    // 主角走动的动画
    function draw(){
        ctx.clearRect(0,0,480,272);
        ctx.drawImage(img,sx[c[i][0]],sy[c[i][1]],sWidth,sHeight,
                                        x-dx,y-dy,sWidth,sHeight);
        window.requestAnimationFrame(draw);
    };
    var img=new Image();
    img.src="img/pg.png";
    // 根据按下的方向，主角进行不同方向的移动
    document.onkeydown=function(e){
        isKeyDown=true;
        if(e.keyCode===UP){
            //s 矩阵中图片的坐标
            c=s.Back;
            y-=speed;
        }
        if(e.keyCode===DOWN){
            c=s.Front;
            y+=speed;
        }
```

```
          if(e.keyCode===LEFT){
              c=s.Left;
              x-=speed;
          }
          if(e.keyCode===RIGHT){
              c=s.Right;
              x+=speed;
          }
      };
      document.onkeyup=function(e){
          isKeyDown=false;
          i=1;
          draw();
      };
      window.onload=function(){
          canvas=document.getElementById("myCanvas");
          ctx=canvas.getContext("2d");
          draw();
      };
</script>
```

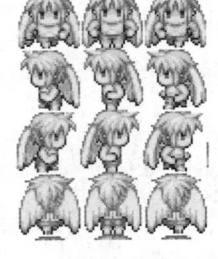

图 7-2
例 7-3 中 4 个方向
行走的游戏主角

　　　　　　（a）按下（DOWN）行走中的主角　　　　　　（b）下左右上动作素材

代码解释：

（1）语句"var sx = [0, 33, 66], sy = [0, 34, 67, 100];"定义了 2 个数组，分别记录了图 7-2(b) 素材中各小图的纵向和横向坐标，即可切割的位置。根据这 2 个数组记录的位置，就可以将一张图片切割为 12 张，各小图中主角的动作各异。矩阵 s 用于记录"上下左右"各方向键被按下后，动画要切换显示的图片组。

```
var s={
    Front:[[0,0],[1,0],[2,0]],    // 表示图 7-2（b）素材的第 1 行的 3 个小图
    Left:[[0,1],[1,1],[2,1]],     // 表示图 7-2（b）素材的第 2 行的 3 个小图
    Right:[[0,2],[1,2],[2,2]],    // 表示图 7-2（b）素材的第 3 行的 3 个小图
    Back:[[0,3],[1,3],[2,3]]      // 表示图 7-2（b）素材的第 4 行的 3 个小图
};
```

（2）当键盘事件 onkeydown 被触发时，利用 Event 事件对象的 keyCode 属性可获取键值。

```
document.onkeydown = function(e) {
    isKeyDown = true;
    if(e.keyCode === UP) {    // 当按下的键为 "UP" 时
        //s矩阵中图片的坐标
        c = s.Back;           // 调用s矩阵第 4 行的图片，主角显示背影向上走
        y -= speed;
    }
    if(e.keyCode === DOWN) {    // 当按下的键为 "DOWN" 时
        c = s.Front;
        y += speed;
    }
    if(e.keyCode === LEFT) {    // 当按下的键为 "LEFT" 时
        c = s.Left;
        x -= speed;
    }
    if(e.keyCode === RIGHT) {    // 当按下的键为 "RIGHT" 时
        c = s.Right;
```

HTML5 Canvas
拓展学习——
简单游戏入门

```
                x += speed;
        }
};
```

7.2　实例 7-1：小黄人吃泡泡游戏

　　仿照经典食人花游戏，制作一款具有自身特色的小黄人吃泡泡游戏。实现技术采用 JavaScript + Canvas，其中综合运用了 Canvas 图形绘制、JavaScript 键盘事件和定时器等。

7.2.1　游戏需求

　　小黄人吃泡泡游戏的游戏规则是，加载网页后，自动进入游戏状态，在 Canvas 中心绘制小黄人，且不断地做"吃"的动作。游戏过程中，泡泡随机出现在画布的任何位置，并随机显示颜色，每隔 10 秒更换一次位置和颜色；使用键盘方向键，可以控制小黄人上下左右地移动，每当吃掉一个泡泡，积分会增加 10 分。每次游戏的时间限定在 120 秒以内，时间进度条每秒刷新一次，用于显示本局游戏剩余时间。当积分累计达 100 分，游戏成功并结束，或积分未达 100 分且时长超过 120 秒，则为游戏失败并结束，小黄人和泡泡动画也随之停止。单击"开始游戏"按钮，可重新开始新一轮的游戏。游戏效果如图 7-3 所示。

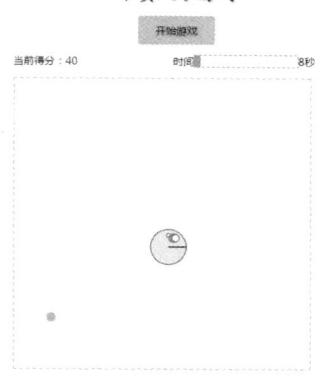

图 7-3
小黄人吃泡泡游戏
界面

7.2.2　关键技术的实现

（1）小黄人动画

　　7.1.1 节介绍了 window.requestAnimationFrame 方法在动画中的应用，由于小黄人动画渲染的频率结合了整个游戏的运行速度，不一定是每秒 60 次，因此，requestAnimationFrame 方法在这里并不适用。这里采用 setTimeout 方法与 Canvas 对象的绘制方法相结合，实现小黄人动画。

```
function closeMouth(x,y,rFace,rEye){
    // 绘制外部圆圈
    ctx.beginPath();
    // 嘴的开闭
    if(isOpen){
        ctx.arc(x,y,rFace,0,2*Math.PI);
```

笔 记

```
        }else{
            ctx.arc(x,y,rFace,Math.PI/4,7*Math.PI/4);
        }
    ctx.lineTo(x,y);
    ctx.closePath();
    ctx.fillStyle='yellow';
    ctx.fill();
    ctx.lineWidth='1px';
    ctx.stroke();
    // 绘制眼睛
    ctx.beginPath();
    ctx.arc(x+rEye,y-rFace/2,rEye,0,2*Math.PI);
    ctx.closePath();
    ctx.fillStyle='lightseagreen';
    ctx.fill();
    // 绘制眼睛的两道光
    ctx.beginPath();
    ctx.arc(x+12,y-rFace/2,6,0,2*Math.PI);
    ctx.closePath();
    ctx.fillStyle='#fff';
    ctx.fill();
    ctx.stroke();
    ctx.beginPath();
    ctx.arc(x,y-rFace/2-5,3,0,2*Math.PI);
    ctx.closePath();
    ctx.fill();
    ctx.stroke();
}
// 小黄人在指定位置绘制
var isOpen=true;
function flower(x,y){
    closeMouth(x,y,30,8);
    if(isOpen){
        isOpen=false;
    }else{
        isOpen=true;
    }
}
function render(){
    ctx.clearRect(fx-30-1 ,fy-30-1 ,62,62);
    // 在新的随机位置重新绘制小黄人
    flower(fx,fy);
    gameId=setTimeout(render,300);
}
```

（2）小黄人行动控制

　　游戏是通过"上下左右"方向键控制小黄人在 4 个方向上的行动，移动过程中，一方面需要进行边界检测，防止小黄人走出 Canvas（画布）范围；另一方面，还要进行小黄人与泡泡的碰撞检测，一旦碰撞到一个泡泡，即吃了泡泡，要加 10 分。

```
document.onkeydown=function(e){
    ctx.clearRect(fx-30-1,fy-30-1,62,62);
    var keyCode = e.which || e.keyCode;
    switch(keyCode){
        case 37 :{
            if(fx-10>0){
                fx=fx-10;
            }
            break;
        }
        case 38 :{
            if(fy-10>0){
                fy=fy-10;
            }
            break;
        }
        case 39:{
            if(fx+10<canvas.width){
                fx+=10;
            }
            break;
```

```
        }
        case 40:{
                if(fy+10<canvas.height){
                        fy+=10;
                }
                break;
        }
        // 在新的随机位置重新绘制小黄人
        flower(fx,fy);
        render();
    }
    if(collapse()){
        vpoint+=10;
        clearTimeout(tid);
        anmi();
        score.innerHTML=' 当前得分： '+vpoint;
    }
}
```

（3）泡泡出现和刷新

在 Canvas 范围内出现的泡泡，它的大小、颜色和位置应是随机的，且刷新频率为 10 秒。本例中，构建了泡泡对象 Ball，包括半径、位置、颜色属性，以及绘制方法。还定义了一个方法 anmi，用于实现泡泡随机产生和刷新的动画。

```
var Ball = function(){     // 泡泡对象
    // 泡泡的位置大小和颜色
    this.x = Math.floor(Math.random()*canvas.width);
    this.y = Math.floor(Math.random()*canvas.height);
    this.r= Math.floor(Math.random()*25);
    this.color=colors[Math.ceil(Math.random()*5)];
};
// 绘制泡泡
Ball.prototype.draw = function() {
    ctx.beginPath();
    ctx.fillStyle=this.color;
    ctx.arc(this.x,this.y,this.r,0,2*Math.PI);
    ctx.closePath();
    ctx.fill();
};
var ball=new Ball();
var anmi = function(){     // 泡泡随机产生，定时刷新的方法
    // 清除原来的泡泡
    ctx.clearRect(ball.x-ball.r-1,ball.y-ball.r-1,2*ball.r+2,2*ball.r+2);
    var distance;     // 泡泡和小黄人之间的距离
    // 产生一个泡泡，且位置、颜色和大小均是随机的
    do{
        ball.x = Math.floor(Math.random()*canvas.width);
        ball.y = Math.floor(Math.random()*canvas.height);
        ball.r = Math.floor(Math.random()*25);
        distance = Math.sqrt((ball.x-fx)*(ball.x-fx)+(ball.y-fy)*(ball.y-fy));
        //console.log(ball.x+','+ball.y +','+distance);
    } while (distance<(ball.r+30+50));     // 泡泡和小黄人的距离至少大于 50 像素
    ball.color=colors[Math.floor(Math.random()*5)];
    ball.draw();     // 绘制泡泡
    tid=setTimeout(anmi, 10000);     // 刷新间隔时间
}
```

7.2.3　完整代码

```
<!-- 项目 Case7-1 中 -->
```

（1）HTML 部分

```
<div id="container">
    <h1> 小黄人小游戏 </h1>
    <div id="user">
        <button id="start"> 开始游戏 </button>
        <p id="score"> 当前得分： </p>
        <p> 时间 <progress value="1.0" id="time"></progress><span>0 秒 </span></p>
```

笔记

```
        </div>
        <canvas id="myCanvas" width="500" height="500"></canvas>
    </div>
```

（2）CSS 部分

```
<style>
    #container {
        width: 550px;
        margin: auto;
    }
    h1 {
        text-align: center;
        font-family: " 楷体 ";
        text-shadow: 2px 2px 5px gray;
    }
    button {
        display: block;
        margin: auto;
        width: 130px;
        padding: 10px;
        height: 50px;
        line-height: 30px;
        font-family: " 微软雅黑 ";
        font-size: 1.1em;
        border: none;
        background-color: lightpink;
        text-shadow: 2px 2px 5px rgba(0, 0, 0, 0.5);
        border-radius: 5px;
        margin-top: 15px;
        text-align: center;
    }
    p {
        width: 270px;
        font-family: " 微软雅黑 ";
        font-size: 1.1em;
        float: left;
    }
    canvas {
        border: 2px dashed lightblue;
    }
    progress {
        height: 22px;
    }
</style>
```

（3）JavaScript 部分

```
<script>
    var canvas = document.getElementById('myCanvas');
    var ctx = canvas.getContext('2d');
    var gameId;    // 游戏动画 id
    var tid;    //bubble 动画 id
    //bubble 的颜色
    var colors = ['red', 'blue', 'green', 'yellow', 'orange'];
    // 游戏剩余时间
    var during = 120;
    var startTime;
    // 游戏得分
    var vpoint = 0;
    var fx = 200,
    fy = 200;
    // 游戏界面中显示的分数和时间元素
    var score = document.getElementById('score');
    var progress = document.getElementById('time');
    var timeTxt = progress.nextSibling;
    var btnStart = document.getElementById('start');

    /*--------------- 小黄人动画设置 --------------------*/
    function closeMouth(x, y, rFace, rEye) {
        // 绘制外部圆圈
        ctx.beginPath();
        // 嘴的开闭
```

```
                    if(isOpen) {
                        ctx.arc(x, y, rFace, 0, 2 * Math.PI);
                    } else {
                        ctx.arc(x, y, rFace, Math.PI / 4, 7 * Math.PI / 4);
                    }
                    ctx.lineTo(x, y);
                    ctx.closePath();
                    ctx.fillStyle = 'yellow';
                    ctx.fill();
                    ctx.lineWidth = '1px';
                    ctx.stroke();
                    // 绘制眼睛
                    ctx.beginPath();
                    ctx.arc(x + rEye, y - rFace / 2, rEye, 0, 2 * Math.PI);
                    ctx.closePath();
                    ctx.fillStyle = 'lightseagreen';
                    ctx.fill();
                    // 绘制眼睛的两道光
                    ctx.beginPath();
                    ctx.arc(x + 12, y - rFace / 2, 6, 0, 2 * Math.PI);
                    ctx.closePath();
                    ctx.fillStyle = '#fff';
                    ctx.fill();
                    ctx.stroke();
                    ctx.beginPath();
                    ctx.arc(x, y - rFace / 2 - 5, 3, 0, 2 * Math.PI);
                    ctx.closePath();
                    ctx.fill();
                    ctx.stroke();
            }
            // 小黄人在指定位置绘制
            var isOpen = true;
            function flower(x, y) {

                    closeMouth(x, y, 30, 8);
                    if(isOpen) {
                        isOpen = false;
                    } else {
                        isOpen = true;
                    }
            }

            /*--------300 毫秒刷新一次小黄人动画、 时间和游戏是否结束的状态 ----------*/
            var render = function() {
                    // 清空小黄人
                    ctx.clearRect(fx - 30 - 1, fy - 30 - 1, 62, 62);
                    // 在新的随机位置重新绘制小黄人
                    flower(fx, fy);
                    gameId = setTimeout(render, 300);
                    // 刷新倒计时
                    var now = new Date();
                    // 游戏剩余时间
                    during = 120-Math.floor((now.getTime()-startTime.getTime()) / 1000);
                    // 当还有剩余时间并且分数不够时就继续游戏
                    if(during >= 0 && vpoint < 100) {
                        progress.value = during / 120;
                        timeTxt.innerHTML = during + ' 秒 ';
                        score.innerHTML = ' 当前得分：' + vpoint;
                    } else if(vpoint >= 100) {    // 分数达标显示成功
                        clearTimeout(gameId);
                        clearTimeout(tid);
                        txtAlert(' 闯关成功！ ');
                    } else {
                        clearTimeout(gameId);
                        clearTimeout(tid);
                        txtAlert(' 时间到， 闯关失败！ ');
                    }
            };
            // 显示提示文字
            function txtAlert(txt) {
                    ctx.fillStyle = "rgb(50, 50, 50)";
                    ctx.font = "24px 黑体 ";
```

笔 记

```
        ctx.textAlign = "left";
        ctx.textBaseline = "top";
        ctx.fillText(txt, 10, 10);
}

/*-------------- 键盘 "上下左右" 方向键控制小黄人的移动 ------------------*/
document.onkeydown = function(e) {
        ctx.clearRect(fx - 30 - 1, fy - 30 - 1, 62, 62);
        var keyCode = e.which || e.keyCode;
        switch(keyCode) {
            case 37:    {
                if(fx - 10 > 0) {
                        fx = fx - 10;
                }
                break;
            }
            case 38:    {
                if(fy - 10 > 0) {
                        fy = fy - 10;
                }
                break;
            }
            case 39:    {
                if(fx + 10 < canvas.width) {
                    fx += 10;
                }
                break;
            }
            case 40:    {
                if(fy + 10 < canvas.height) {
                    fy += 10;
                }
                break;
            }
            // 在新的随机位置重新绘制小黄人
            flower(fx, fy);
            render();
        }

        // 碰撞检测如果返回 true， 就加分并重新开启一轮新的 bean 动画
        if(collapse()) {
            vpoint += 10;
            clearTimeout(tid);
            anmi();
            score.innerHTML = ' 当前得分： ' + vpoint;
        }
}

/*-------------- 泡泡对象设置 ------------------*/
var Ball = function() {
    // 泡泡的位置大小和颜色
    this.x = Math.floor(Math.random() * canvas.width);
    this.y = Math.floor(Math.random() * canvas.height);
    this.r = Math.floor(Math.random() * 25);
    this.color = colors[Math.ceil(Math.random() * 5)];
};
// 绘制小球
Ball.prototype.draw = function() {
    ctx.beginPath();
    ctx.fillStyle = this.color;
    ctx.arc(this.x, this.y, this.r, 0, 2 * Math.PI);
    ctx.closePath();
    ctx.fill();
};
var ball = new Ball();
// 泡泡 10 秒刷新一次移形换位的动画
var anmi = function() {
// 先清除原来的泡泡
ctx.clearRect(ball.x - ball.r - 1, ball.y - ball.r - 1, 2 * ball.r + 2, 2 *
ball.r + 2);
// 泡泡和小黄人之间的距离
```

```
        var distance;
        // 随机地点随机生成一个新泡泡
        do {
            ball.x = Math.floor(Math.random() * canvas.width);
            ball.y = Math.floor(Math.random() * canvas.height);
            ball.r = Math.floor(Math.random() * 25);
            distance = Math.sqrt((ball.x - fx) * (ball.x - fx) + (ball.y - fy)
            * (ball.y - fy));
            //console.log(ball.x+','+ball.y +','+distance);
        } while (distance < (ball.r + 30 + 50));    // 泡泡和小黄人的距离至少大于 50 像素
        ball.color = colors[Math.floor(Math.random() * 5)];
        ball.draw();
        tid = setTimeout(anmi, 10000);
    }

    /*-------------- 小黄人与泡泡碰撞检测 -------*/
    function collapse() {
        var distance;
        distance = Math.sqrt((ball.x - fx) * (ball.x - fx) + (ball.y - fy) * (ball.y -
        fy));
        if(distance < (ball.r + 30)) {
            return true;
        } else {
            return false;
        }
    }

    /*----------- 页面加载或者单击 "开始游戏" 按钮时初始化游戏数据 ---------*/
    function init() {
        startTime = new Date();
        render();
        anmi();
        vpoint = 0;
        score.innerHTML = ' 当前得分：0'
        progress.value = 1.0;
        timeTxt.innerHTML = '120秒';
    }
    btnStart.onclick = init;
    window.onload = init;
</script>
```

7.3　实例 7-2：经典俄罗斯方块游戏

俄罗斯方块是大家所熟悉的游戏（见图 7-4）。本案例仍采用 JavaScript+Canvas，来实现这款经典游戏，涉及的知识点主要有 Canvas API、JavaScript 数组、键盘事件，以及定时器等。

HTML5 Canvas
俄罗斯方块

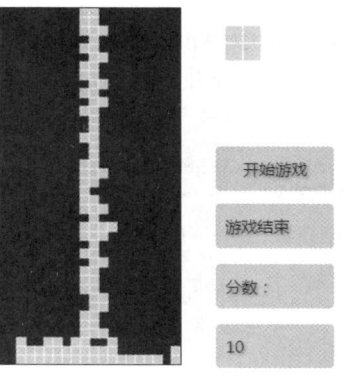

图 7-4
俄罗斯方块游戏界面

7.3.1　游戏需求与逻辑

俄罗斯方块游戏中，操作方式有：左移一格、右移一格、下降一格、快速下落和变形。在这些操作中，都要预先判断操作的合法性，比如，当前方块已碰到墙底或下方有方块时，不能进行"下降一格"的操作，这相当于碰撞处理。在每次操作之前，都要判断能否执行此次操作，否则会造成数组下标越界异常。当方块不能"下降一格"时，应该让方块嵌入墙中，一旦填满一行时，还要消除该行，及移动消除行上方的行，同时要计分，并让将要出现的下一个方块"出现"，如果该方块出现的区域已有方块存在，游戏就结束了。

7.3.2　关键技术的实现

1. 绘制画布

设置画布尺寸 200px × 400px，小方块 10px × 10px，并将画布分割成 40 × 20 个格子，这些格子用 bg 数组存储，用来记录当前运行的状态。

```
<canvas id="myCanvas" width="200" height="400">
    浏览器不支持 HTML5， 请更新当前浏览器版本！
</canvas>
function bgInit(){
    for(var i=0;i<40;i++){
        bg[i]=new Array();
        for(var j=0;j<20;j++){
            bg[i][j]=0;
        }
    }
}
```

2. 俄罗斯方块的形状

游戏中方块有 7 种形状，如图 7-5（a）所示，每个形状由 4 个小方块组成。本游戏用二维数组存储这 7 种形状，如图 7-5（b）所示。

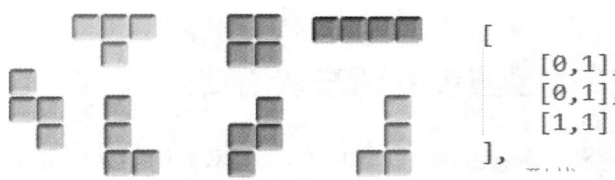

图 7-5
俄罗斯方块形状和存储　　　　　　　　　　　　（a）7 种形状的方块　　　　　（b）反 L 形方块数组存储

在画布上的游戏界面数据分为两部分：一部分是正在运动的动态积木，在矩阵中用 1 表示；另一部分是固定在游戏中的积木，在矩阵中用 2 表示。merge 函数将动态积木矩阵 sharp[target] 和背景矩阵 bg 合并，并通过 bgDraw 函数进行重新绘制。

```
function merge(){
    var i,j,n=shape[target].length;
    for(i=0;i<shape[target].length;i++){
        for(j=0;j<shape[target][0].length;j++)
        {
            if(shape[target][i][j]==1){
                bg[startX+i][startY+j]=1;
            }
        }
    }
}
function bgDraw(){
    var i,j;
    // 先清空掉原来的画布
```

```
ctx.clearRect(0, 0, canvas.width, canvas.height);
// 根据矩阵中的数据重新绘制游戏界面
ctx.strokeStyle='red';
ctx.lineWidth=2;
ctx.fillStyle='greenyellow';
for(i=0;i<bg.length;i++){
    for(j=0;j<bg[0].length;j++){
        if((bg[i][j]==1) || (bg[i][j]==2)){
            x=j*WIDTH;
            y=i*HEIGHT;
            ctx.fillRect(x,y,WIDTH,HEIGHT);
            ctx.strokeRect(x,y,WIDTH,HEIGHT);
        }
    }
}
}
```

3. 方块形状运动的控制

当按下"上下左右"方向键时，将调用不同的处理函数。向上键是控制俄罗斯方块的旋转，旋转变形的数组同样存储在 shape 数组中，先用 canRotate 函数判断方块是否能进行旋转，再用 clockWise 函数实现旋转；"左右"方向键是分别向左或向右移动一个单元，移动前要先判断左右两侧是否超过左右边界；向下的 down 函数是用按键控制下移的速度，默认 500 毫秒往下移动一个单元格，按键能实现更快速度移动。

```
function canRotate() {
    var i = 0,j = 0;
    for(i = 0; i < shape[target][0].length; i++) {
        for(j = 0; j < shape[target].length; j++) {
            if(bg[startX + i][startY + j] == 2) {
                return false;
            }
        }
    }
    return true;
}
function clockwise() {
    // 准备辅助空间
    var arr2 = [];
    var i, j;
    for(i = 0; i < shape[target][0].length; i++) {
        arr2[i] = [];
    }
    // 第一步，转置矩阵
    for(i = 0; i < shape[target].length; i++) {
        for(var j = 0; j < shape[target][i].length; j++) {
            arr2[j][i] = shape[target][i][j];
        }
    }
    //row,col 为转置后矩阵的行列数
    row = arr2.length;
    col = arr2[0].length;
    var temp;
    //第二步，行或者列对称互换
    if(row >= col) // 列对换
    {
        for(i = 0; i < row; i++)
            for(j = 0; j < col / 2; j++) {
                temp = arr2[i][j];
                arr2[i][j] = arr2[i][col - 1 - j];
                arr2[i][col - 1 - j] = temp;

            }
    } else { // 行对换
        for(j = 0; j < col; j++)
            for(i = 0; i <= row / 2; i++) {
                temp = arr2[i][j];
                arr2[i][j] = arr2[row - 1 - i][j];
                arr2[row - 1 - i][j] = temp;

            }
```

```
        }
        // 将转好的内容放回到 shape 中
        shape.splice(target, 1, arr2);
}
function move(event){
    switch (event.keyCode){
        case 38:{
                // 鼠标移动可以控制旋转 ，但要提前预测是否能旋转
                if(canRotate()){
                        clockwise();
                        bgFresh();
                }
            }
            break;
        case 37: {
                // 左移进行碰撞检测， 碰撞就不能左移， 否则坐标 -1， 刷新游戏界面
                if(!collide(0,-1)){// 如果没有发生碰撞
                 // 刷新游戏界面三部曲
                        startY=startY-1;// 不产生碰撞才调整纵坐标 -1 准备往左边移动
                        bgFresh();
                }
            }
            break;
        case 39 :{
                // 右移时进行碰撞检测， 碰撞就不能右移， 不碰撞就将坐标 +1， 刷新游戏界面
                if(!collide(0,1)){
                        startY++;// 不产生碰撞才调整纵坐标 +1 准备往右边移动
                         // 刷新游戏界面三部曲
                        bgFresh();
                }
            }
            break;
        case 40 :{//down 函数控制往下移动的频率， 1 表示每次移动一格
                down(1);
            }
            break;
        default:
            return 0;
    }
}
function down(step){
    if(collide(step,0)){//碰撞检测，纵向检测碰撞积木就不能继续往下，动态积木要固化在游戏背景中，
动态积木固化到游戏背景 bg 中
        for(i=0;i<shape[target].length;i++){
            for(j=0;j<shape[target][0].length;j++){
                if(shape[target][i][j]==1){
                        bg[startX+i][startY+j]=2;
                }
            }
        } // 固化成背景后清理满行的积木
        clearLine();
        clear();
        bgDraw();
        blockSate=1;
        clearTimeout(time);
    }else{
        startX=startX+step;
        bgFresh();
    }
}
```

4. 方块与墙底的碰撞检测

方块向下运动的过程中，每次移动前，都要通过 collide 函数检测是否会碰撞到墙底，检测时涉及当前方块所在坐标 starX，starY 和形状 shape[target]。如果检测到已到达墙底，且该形状所在行的其他区域都已被填满，即对应数组中的值均为 2，就可以消除该行，用 clearLine 函数实现。Collide 函数预测移动（moveX，moveY）的位置不仅包括往下是否发生碰撞，还包括往左和往右是否碰撞，然后反馈至 move 函数，以此判断是否对"上下左右"按键进行响应。

```
function collide(moveX,moveY){//moveX 横向移动的步长，moveY 纵向移动的步长
    var n=shape[target].length;
    var x=startX+moveX;
    var y=startY+moveY;
    var flag=false;
    if (y<0 ){// 左边边界检测
      return true;
    }
    if(y+shape[target][0].length>bg[0].length){// 右边边界检测
      return true;
    }
    if(startX+shape[target].length>=bg.length){// 下边界检测
      return true;
    }
    // 与背景中已有积木发生碰撞检测
    for(i=0;i<shape[target].length;i++){
        for(j=0;j<shape[target][0].length;j++){
            if( (shape[target][i][j]==1) && (bg[x+i][y+j]==2) ){
                flag=true;
            }
        }
    }
    return flag;
}
```

5. 方块形状的预览

对于每次随机出现的形状，另外建一个 Canvas 用于预览。

```
function draw(){
    var i,j,n=shape[target].length;
    ctxShape.clearRect(0,0,shapeCanvas.width,shapeCanvas.height);// 先清空画布
    ctxShape.strokeStyle='red';
    ctxShape.fillStyle='greenyellow';
    ctxShape.lineWidth=2;
    for(i=0;i<shape[target].length;i++){
        for(j=0;j<shape[target][0].length;j++){
            // 绘制指定 target 图形，预览的积木大小是游戏界面中积木大小的 2 倍
            if(shape[target][i][j]==1){
                x=j*WIDTH*2;
                y=i*HEIGHT*2;
                ctxShape.fillRect(x,y,WIDTH*2,HEIGHT*2);
                ctxShape.strokeRect(x,y,WIDTH*2,HEIGHT*2);
            }
        }
    }
}
```

7.3.3 完整代码

```
<!-- 项目 Case7-2-->
```

（1）HTML 部分

```
<div id="left">
    <canvas id="myCanvas" width="200" height="400">
        浏览器不支持 HTML5，请更新当前浏览器版本!
    </canvas>
</div>
<div id="right">
    <canvas id="shape" width="80" height="80">
        浏览器不支持 HTML5，请更新当前浏览器版本!
    </canvas>
    <button id="btnStart">开始游戏 </button>
    <p id="time">120 秒 </p>
    <p id="idState">游戏未开始 </p>
    <p> 得分：</p>
    <p id="txtPoint">0</p>
</div>
```

笔 记

（2）CSS 部分

```css
#myCanvas {
    border: black 1px solid;
    background: #000;
}

#left,
#right {
    width: 200px;
    margin: 10px;
    float: left;
}

#right {
    width: 100px;
    padding: 20px;
}

#right canvas {
    display: block;
    margin: auto;
}

#right button,
p {
    width: 130px;
    padding: 10px;
    height: 50px;
    line-height: 30px;
    font-family: " 微软雅黑 ";
    font-size: 1.1em;
    border: none;
    background-color: lightpink;
    text-shadow: 2px 2px 5px rgba(0, 0, 0, 0.5);
    border-radius: 5px;
    margin-top: 15px;
    text-align: center;
}

p {
    width: 110px;
    height: 30px;
}
```

（3）JavaScript 部分

```javascript
var shape = [
    [ // 形状 1
        [1, 1, 1],
        [0, 1, 0]
    ],
    [ // 形状 2
        [1, 0],
        [1, 0],
        [1, 1]
    ],
    [// 形状 3
        [0, 1],
        [0, 1],
        [1, 1]
    ],
    [ // 形状 4
        [1, 1],
        [1, 1]

    ],
    [ // 形状 5
        [1, 1, 1, 1]

    ],
    [ // 形状 6
        [1, 0],
```

笔记

```
            [1, 1],
            [0, 1]
        ],
        [ //形状 7
            [0, 1],
            [1, 1],
            [1, 0]
        ],
];
var canvas, ctx, shapeCanvas, ctxShape;// 游戏画布和预览画布及上下文
var bg = new Array();// 游戏界面矩阵
var time = 0;
var blockSate = 0; // 每一轮积木是在开始 0，还是结束 -1，还是中间状态 1
var score = 0; // 游戏积分
var isRowNotFull = true; // 游戏背景没有满行
var gameTime = 0; // 游戏经历的时间
var clock;
var idState; // 游戏状态元素
const WIDTH = 10,HEIGHT = 10;// 一个基本方块的大小
var target = 0;
var score = 0; // 当前游戏分数
var point; // 游戏界面得分元素
const FULLSCORE = 100;// 游戏满分条件
var startX = 0,startY = 9;     // 积木在游戏背景中的左上角坐标
// "开始游戏" 按钮事件处理
window.onload=function(){
    var btnStart = document.getElementById('btnStart');
    btnStart.addEventListener('click', init);
}

// 对存储游戏界面的矩阵进行初始化 40*20
function bgInit() {
    for(var i = 0; i < 40; i++) {
        bg[i] = new Array();
        for(var j = 0; j < 20; j++) {
            bg[i][j] = 0;
        }
    }
}


// 检查是否可以进行旋转
function canRotate() {
    var i = 0,j = 0;
    for(i = 0; i < shape[target][0].length; i++) {
        for(j = 0; j < shape[target].length; j++) {
            if(bg[startX + i][startY + j] == 2) {
                return false;
            }
        }
    }
    return true;
}

// 矩阵旋转函数
function clockwise() {
    // 准备辅助空间
    var arr2 = [];
    var i, j;
    for(i = 0; i < shape[target][0].length; i++) {
        arr2[i] = [];
    }
    //第一步，转置矩阵
    for(i = 0; i < shape[target].length; i++) {
        for(var j = 0; j < shape[target][i].length; j++) {
            arr2[j][i] = shape[target][i][j];
        }
    }
    //row，col 为转置后矩阵的行列数
    row = arr2.length;
    col = arr2[0].length;
    var temp;
    //第二步，行或者列对称互换
    if(row >= col) // 列对换
```

笔 记

```
            {
                for(i = 0; i < row; i++)
                    for(j = 0; j < col / 2; j++) {
                        temp = arr2[i][j];
                        arr2[i][j] = arr2[i][col - 1 - j];
                        arr2[i][col - 1 - j] = temp;
                    }
            } else { // 行对换
                for(j = 0; j < col; j++)
                    for(i = 0; i <= row / 2; i++) {
                        temp = arr2[i][j];
                        arr2[i][j] = arr2[row - 1 - i][j];
                        arr2[row - 1 - i][j] = temp;
                    }
            }
            // 将转好的内容放回到 shape 中
            shape.splice(target, 1, arr2);
}
// 绘制七种图形，在右边 canvas 中的预览
function draw() {
    var i, j, n = shape[target].length;
    // 先清空画布
    ctxShape.clearRect(0, 0, shapeCanvas.width, shapeCanvas.height);

    // 再绘制指定 target 图形
    ctxShape.strokeStyle = 'red';
    ctxShape.fillStyle = 'greenyellow';
    ctxShape.lineWidth = 2;

    for(i = 0; i < shape[target].length; i++) {
        for(j = 0; j < shape[target][0].length; j++) {
            // 预览的积木大小是游戏界面中积木大小的 2 倍
            if(shape[target][i][j] == 1) {
                x = j * WIDTH * 2;
                y = i * HEIGHT * 2;
                ctxShape.fillRect(x, y, WIDTH * 2, HEIGHT * 2);
                ctxShape.strokeRect(x, y, WIDTH * 2, HEIGHT * 2);
            }
        }
    }
}
// 绘制 bg 矩阵，作为俄罗斯方块的游戏背景
function bgDraw() {
    var i, j;
    // 先清空掉原来的绘制
    ctx.clearRect(0, 0, canvas.width, canvas.height);
    // 根据矩阵中的数据重新绘制游戏界面
    ctx.strokeStyle = 'red';
    ctx.lineWidth = 2;
    ctx.fillStyle = 'greenyellow';
    //console.log(bg)
    for(i = 0; i < bg.length; i++) {
        for(j = 0; j < bg[0].length; j++) {
            if((bg[i][j] == 1) || (bg[i][j] == 2)) {
                x = j * WIDTH;
                y = i * HEIGHT;
                ctx.fillRect(x, y, WIDTH, HEIGHT);
                ctx.strokeRect(x, y, WIDTH, HEIGHT);
            }
        }
    }
}

// 背景 bg 和动态积木 shage[target] 数据结合
function merge() {
    var i, j, n = shape[target].length;
    for(i = 0; i < shape[target].length; i++) {
        for(j = 0; j < shape[target][0].length; j++) {
            if(shape[target][i][j] == 1) {
                bg[startX + i][startY + j] = 1;
            }
        }
    }
}
// 清除矩阵中的动态积木
```

```javascript
function clear() {
    var i, j;
    // 清空原来基本所有的 1
    for(i = 0; i < bg.length; i++) {
        for(j = 0; j < bg[0].length; j++) {
            if(bg[i][j] == 1) {
                bg[i][j] = 0; // 遇 1 清 0，清理动态积木
            }
        }
    }
}
// 碰撞检测
function collide(moveX, moveY) { //moveX 表示横向移动的步长，moveY 表示纵向移动的步长
    var n = shape[target].length;
    //x、y 为发生为以后积木的坐标
    var x = startX + moveX;
    var y = startY + moveY;
    var flag = false;
    if(y < 0) { // 左边边界检测
        return true;
    }
    if(y + shape[target][0].length > bg[0].length) { // 右边边界检测
        return true;
    }
    if(startX + shape[target].length >= bg.length) { // 下边界检测
        return true;
    }
    // 与背景中已有积木发生碰撞检测
    for(i = 0; i < shape[target].length; i++) {
        for(j = 0; j < shape[target][0].length; j++) {
            if((shape[target][i][j] == 1) && (bg[x + i][y + j] == 2)) {
                flag = true;
            }
        }
    }
    return flag;
}
// 清除满行
function clearLine() {
    var i = bg.length - 1,
        j;
    var full; // 判断是否行满
    // 检测的方向是从下往上，x 从 length-1 到 0
    while(i >= 0) {
        full = 1;
        // 从下往上排查全 2 的行，遇满就删除这行，顶端增加新的一行 [0,0,..]
        for(j = 0; j < bg[0].length; j++) {
            // 当前行每个格子判断是否都是 2，只要有一个不是 2，当前行就不满
            if(bg[i][j] != 2) {
                full = 0;
                break;
            }
        }
        // 如果当前行满，就删除当前行，在 bg[0] 增加一行新的 [0,0,..]
        if(full) {
            bg.splice(i, 1);
            bg.unshift([0,0,0,0,0,0,0,0,0,0,0,0,0,0,0,0,0,0,0,0,0]);
            // 满行则游戏分数 +10
            score = score + 10;
            point.innerText = score;
            // 游戏分增加后检测是否已经达到过关条件
            if(score >= FULLSCORE) { //
                return 1;
            }
        } else {
            i--;
        }
    }
}

function down(step) {
    if(collide(step, 0)) {
        for(i = 0; i < shape[target].length; i++) {
            for(j = 0; j < shape[target][0].length; j++) {
                if(shape[target][i][j] == 1) {
```

笔 记

```
                                                    bg[startX + i][startY + j] = 2;
                                    }
                        }
                }
                // 固化成背景后清理满行的积木
                clearLine();
                clear();
                bgDraw();
                // 当前一轮结束，启动新一轮
                blockSate = 1;
                clearTimeout(time);
        } else {
                startX = startX + step;
                bgFresh();
        }
}
// 刷新游戏界面
function bgFresh() {
        clear();
        merge();
        bgDraw();
}

function move(event) {
        switch(event.keyCode) {
                case 38:
                        {
                                // 鼠标移动可以控制旋转，但要提前预测是否能旋转
                                if(canRotate()) {
                                        clockwise();
                                        bgFresh();
                                }
                        }
                        break;
                case 37:
                        {
                                // 左移进行碰撞检测，碰撞就不能左移，否则坐标 -1，刷新游戏界面
                                if(!collide(0, -1)) { // 如果没有发生碰撞
                                        startY = startY - 1;
                                        bgFresh();
                                }
                        }
                        break;
                case 39:
                        {
                                // 右移时进行碰撞检测，碰撞就不能右移，不碰撞就将坐标 +1，刷新游戏界
面
                                if(!collide(0, 1)) {
                                        startY++;
                                        bgFresh();
                                }
                        }
                        break;
                case 40:
                        { // 手动控制往下移动的频率
                                down(1);
                        }
                        break;
                default:
                        return 0;
        }

}
function run() {
        // 在游戏时间未满 1200 秒，游戏分数未达到 50 分，并且游戏屏幕未满时，进行积木下降的动画
        if(gameTime <= 1200 && isRowNotFull && score <= FULLSCORE) {
                if(blockSate == 0) { // 一次积木的运行开始了
                        time = setTimeout(function() {
                                if(score >= FULLSCORE) {
                                        idState.innerText = ' 恭喜过关 ';
                                        btnStart.disabled = '';
                                        return 1;
                                }
                                if(gameTime == 1200) {
                                        idState.innerText = ' 游戏结束 ';
```

```
                        btnStart.disabled = '';
                        return 1;
                    }
                    gameTime++;
                    clock.innerText = gameTime + '秒';
                    // 积木往下运行 1 步
                    down(1);
                    run();
                }, 500);
            } else { // 一次积木的运行结束了
                // 生成随机积木并在预览画布上显示
                target = Math.floor(Math.random() * 7);
                draw();
                if(startX == 0) { // 游戏界面为满，游戏结束
                    isRowNotFull = false;
                    idState.innerText = ' 游戏结束 ';
                    btnStart.disabled = '';
                    return 1;
                }
                // 调整当前状态为新的一轮动画又开始了
                blockSate = 0;
                // 新的积木在游戏界面中出现的位置
                startX = 0;
                startY = 9;
                // 新的积木渲染到游戏界面中
                bgFresh();
                // 新的积木出现在游戏界面时，判断游戏界面是否为满
                run();
            }
        }
}
function init() {
    // 获取画布上下文
    canvas = document.getElementById('myCanvas');
    ctx = canvas.getContext('2d');
    ctx.clearRect(0, 0, canvas.width, canvas.height);
    // 生成形状时预览窗口
    shapeCanvas = document.getElementById('shape');
    ctxShape = shapeCanvas.getContext('2d');
    // 游戏时钟
    clock = document.getElementById('time');
    // 游戏状态
    idState = document.getElementById('idState');
    point = document.getElementById('txtPoint');
    idState.innerHTML = ' 游戏进行中 '
    // 绑定方向键事件，move 用来判断不同的方向键，进入不同的处理函数
    document.addEventListener('keyup', move, false);
    // 调整当前状态为新的一轮动画又开始了
    blockSate = 0;
    // 新的积木在游戏界面中出现的位置
    startX = 0;
    startY = 9;
    target = Math.floor(Math.random() * 7);
    draw();
    score = 0;
    isRowNotFull = true;
    gameTime = 0;
    // 游戏界面初始化
    bgInit();
    btnStart.disabled = 'disabled';
    // 初始化游戏状态的参数栏，包括得分，时间
    point.innerText = score;
    // 绘制游戏界面
    bgFresh();
    // 单次积木运行
    run();
}
```

课后练习

响应式网页制作

学习完第 1 章，我们已了解到响应式设计是 HTML5 有别于传统页面设计最大的改变。HTML5 通过动态调整网页内部元素尺寸，使 PC 端网页产品能同时适应移动端设备的屏幕尺寸，从而大大降低了开发成本。本章将着重介绍响应式页面的设计方法和应用技巧。

8.1　响应式设计核心技巧

基于响应式设计理念，HTML5 规范中新增了媒体查询模块，使得网页不再受限于输出设备屏幕尺寸大小。本节将重点介绍媒体查询模块的基本语法，以及响应式页面的设计流程。

8.1.1　媒体查询

媒体查询（3 级）是 CSS3 规范的模块之一。通过媒体查询，可针对设备的特点设置特定的 CSS 样式。比如，可根据设备的视口宽度、屏幕宽高比和朝向（水平还是垂直）等特性要求，来改变内容的显示方式。目前，媒体查询已得到了广泛实现，几乎所有浏览器都支持它（IE 8 及以下版本浏览器除外）。

媒体查询语句一般由 media type 和 CSS 属性 / 值对组成，且 media type 与 CSS 属性 / 值对，以及 CSS 属性 / 值对间可使用关键字 and 连接。例如：

```
@media screen and (min-width:360px)
{
    font-size:large;
}
```

其中，screen 表示 media type 为彩色 PC 屏幕，min-width:360px 表示渲染界面的最小宽度。常见的 media type 有：all——所有设备、handheld——手持设备、screen——彩色 PC 屏幕等。若未指定 media type，则表示适于所有设备 all。CSS 属性主要包括：width/height——渲染界面宽和高、device-width/device-height——设备屏幕的输出宽和高、orientation——横屏或竖屏等。CSS 属性 / 值对也可以只包含属性。另外，关键字 min 及 max 可与支持它们的属性配合使用，关键字 only 和 not 则用于指定和排除某种设备。

例如：

```
@media only screen and (min-width:360px)    /* 仅支持 screen 类型 */
{
    font-size:large;
}
@media min-width:360px    /* 支持所有类型设备 */
{
    font-size:large;
}
@media not (all and min-width:360px)    /* 支持宽度不是 360px 的所有类型设备 */
{
    font-size:large;
}
```

媒体查询有 5 种使用方法，其中最常用的是在 CSS 文件内部直接使用，以及利用 <link> 标签的 media 属性指定设备类型 2 种方法。

下面我们通过一个例子先来看看在 CSS 文件中如何直接使用。

```
body {
    background-color: darkgray;
    }
    @media screen and (min-width: 320px) {
        body {
            background-color: red;
        }
    }
    @media screen and (min-width: 550px) {
        body {
            background-color: gold;
        }
    }
    @media screen and (min-width: 768px) {
        body {
            background-color: greenyellow;
        }
    }
    @media screen and (min-width: 960px) {
        body {
            background-color: deepskyblue;
        }
    }
```

上例代码针对 4 种设备特性设置了相应的背景，当浏览器视窗尺寸改变到对应大小时，网页背景会随之变化。

如果利用 <link> 标签 media 属性指定设备类型，就可用下面语句：

```
<link rel="stylesheet" media="screen and (orientation: portrait)" href="mystyle.css" />
```

其中，media 属性中 screen 指定了 media type，orientation: portrait 指屏幕为垂直方向，即对于彩色 PC 屏幕，且屏幕方向垂直的设备，mystyle.css 将会起作用。如果要求某个 CSS 文件适于多种类型设备时，可以在 media 属性中用多个媒体查询表达式表示，并以逗号隔开。

为了使用媒体查询，还需要在小屏幕上能够直接以其指定像素来显示网页，如，width: 320px 时，表示要在 320px 宽度的窗口中来渲染整个页面。针对视口的 <meta> 标签是网页与移动浏览器的接口，它可以告诉移动浏览器，网页要求浏览器如何渲染当前页面。

例如，大多数情况下，会将 <meta> 标签定义为：

```
<meta name="viewport" content="width=device-width, initial-scale=1,user-scalable=no" />
```

其中视口 viewport 是指浏览器显示页面内容的屏幕区域；width=device-width 表示在所有支持的移动浏览器中，网页的缩放比例为 100%，即不缩放；initial-scale=1 表示要求移动浏览器在其视口的宽度中渲染网页；user-scalable=no 表示禁止用户缩放网页。

笔 记

（1）device pixels 与 CSS pixels：device pixels 是指设备的物理像素，即屏幕分辨率，其值可以通过 screen.width/screen.height 获取；CSS pixels 指在 CSS 文件中设置的字体大小、元素宽度等，如 font-size: 14px;width: 100px，可由 window.innerWidth / window.innerHeight 属性获得。在 PC 端，浏览器缩放比例为 100%，即默认情况下，1 CSS pixel = 1 device pixel。当我们放大或缩小页面时，就是 CSS pixels 变化，而 device pixels 是不会改变的，如放大到 200%，即宽和高都放大到 200%，此时 1 CSS pixel = 4device pixel，window.innerWidth/window.innerHeight 减少为原来的 1/2。几个属性的关系如图 8-1 所示。

（2）视口 viewport：对于 PC 端而言，视口 viewport 是指浏览器显示页面内容的屏幕区域，其值可通过 window.innerWidth/window.innerHeight 获取。对于移动端来说，它通常被称为布局视口 layout viewport。iOS, Android 设备厂商指定的 layout viewport 默认值为 980px，如此一来，移动设备能够显示整个桌面网页，但字体、元素都太小，为了提高可读性，必须放大页面。移动设备厂商允许通过 <meta> 标签来手动设置 layout viewport。

（3）device-width：原为移动设备的屏幕分辨率 (x)，随着 PPI（像素密度）不断提高，device-width 的值是设备的物理像素 (x)= 屏幕分辨率 (x)× 像素密度放大倍数，如 iPhone 6，其分辨率为 375px×667px，物理像素为 750px×1334px，像素密度放大倍数为 2，它的 device-width 为 750。

（4）document.documentElement.clientWidth：是指 HTML 文档宽度，无论 PC 端还是移动设备，都可通过视口 viewport，即 window.innerWidth 属性来获取，类似地，document.documentElement.clientHeight 由 window.innerHeight 获得。但要注意的是，对于 PC 端，需要考虑到滚动条的宽度，即 window.innerWidth=HTML 文档宽度 + 滚动条宽度。

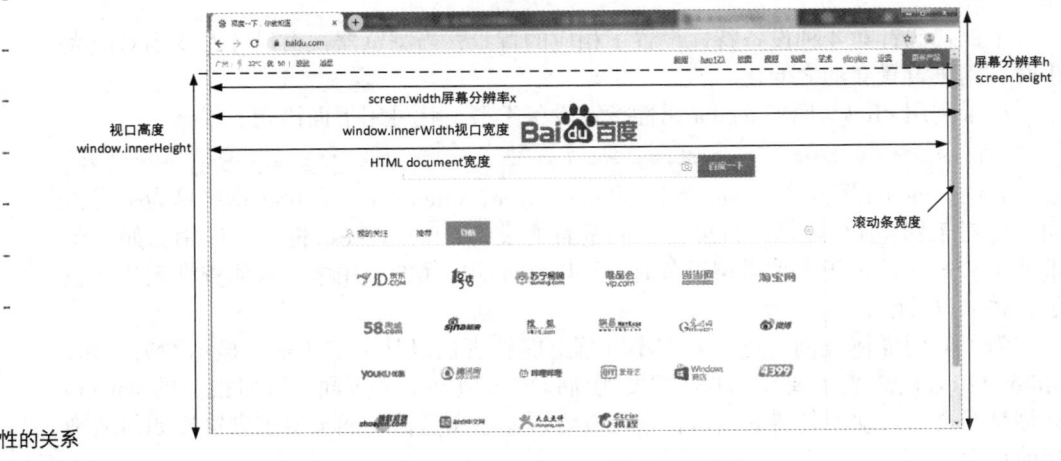

图 8-1
视口及相关属性的关系

【例 8-1】创建响应式导航条，可适应 PC、PAD、手机等设备。

```
<!-- 项目 Example8-1-->
```

HTML 代码：

```
<header id="header">
    <div class="center">
```

```
        <nav class="hnav">
            <h2 class="none"> 网站导航 </h2>
            <ul>
                <li class="active"><a href="###"> 首页 </a></li>
                <li><a href="###">
                    <span class="hidden-col-xs"> 旅游 </span> 线路 </a>
                </li>
                <li class="hidden-col-xs"><a href="###">
                    <span > 名胜 </span> 景点 </a>
                </li>
                <li><a href="###"> 机票
                    <span class="hidden-col-xs"> 订购 </span>
                    </a></li>
                <li><a href="###">
                    <span class="hidden-col-xs"> 关于 </span> 我们
                    </a></li>
            </ul>
        </nav>
    </div>
</header>
<div id="mainbg">
    <img src="img/main-bg.jpg" alt="">
</div>
```

CSS 样式 :

```
img {
    display: block;
    max-width: 100%;
}
ul,ol {
    list-style: outside none none;
}
a {
    text-decoration: none;
}
.none {
    display: none;
}
#header {
    width: 100%;
    height: hnavpx;
    background-color: #333;
    box-shadow: 0 1px 10px rgba(0, 0, 0, 0.3);
    position: fixed;
    top: 0;
    z-index: 9999;
}
#header .center {
    max-width: 1263px;
    height: 60px;
    margin: 0 auto;
}

#header .hnav {
    width: 55%;
    height: 60px;
    line-height: 60px;
    color: #eee;
}
#header .hnav li {
    width: 20%;
    text-align: center;
    float: left;
}
#header .hnav a {
    color: #eee;
    display: block;
}
#header .hnav a:hover{
    color:#74BE23;
}
#header .active a {
    background-color: #74BE23;
```

笔记

```
}
#mainbg {
    max-width: 1920px;
    margin: 0 auto;
    padding: 60px 0 0 0;
}

/* 媒体查询 */
/* 大于 1280px 屏幕，PC 端 */
@media (min-width: 1280px) {

}
/*960~1279px 屏幕，中等屏幕，分辨率低的 PC*/
@media (min-width: 960px) and (max-width: 1279px) {

}
/*768~959px 屏幕，小屏幕，PAD*/
@media (min-width: 768px) and (max-width: 959px) {

}
/*480~767px 屏幕，超小屏幕，手机*/
@media (min-width: 480px) and (max-width: 767px) {
    #header, #header .center, #header .link {
        height: 45px;
    }
    #header .hnav {
        width: 100%;
        line-height: 45px;
    }
    #mainbg {
        padding: 45px 0 0 0;
    }
}
/* 小于 480px 的屏幕，微小屏幕，更低分辨率的手机 */
@media (max-width: 479px) {
    #header, #header .center, #header .hnav {
        height: 45px;
    }
    .hidden-col-xs {
        display: none;
    }
    #header .hnav {
        width: 100%;
        line-height: 45px;
    }
    #header .hnav li {
        width: 25%;
    }
    #mainbg {
        padding: 45px 0 0 0;
    }
}
```

使用 Chrome 浏览器运行例 8-1，可使用"Ctrl+Alt+I"组合键切换，结合浏览器提供的设备类型工具按钮，查看不同设备下的效果（见图 8-2）。

（a）PC 端导航条效果

（b）PAD 端导航条效果

（c）手机端导航条效果

图 8-2
例 8-1 执行效果

代码解释：网页顶部导航通常会使用 ul、li 与 CSS 浮动设置相结合，在一行中形成多个栏目选项。为了使得在各种类型设备上显示正常，本例采用了媒体查询，针对不同设备，适当调整了导航条的栏目、字号、显示内容等。以设备屏幕宽度为基准，480px 以下为低分辨率手机；480 ~ 768px 是当前通用手机；768 ~ 960px 主要是 PAD 设备；960 ~ 1280px 为常用 PC 端设备；1280px 以上则是指大屏幕设备。

笔 记

8.1.2　响应式页面的设计流程

HTML5/CSS3 响应式页面的设计，其核心是对于媒体查询功能的应用，目标是适应不同设备的显示特性。目前，移动终端设备几乎都能够较好地支持 CSS3，高版本浏览器不需要考虑媒体查询功能的兼容问题。

响应式页面设计的流程如下。

（1）明确需要兼容设备的类型及屏幕尺寸

了解最终用户所使用的设备种类及特性，包括设备类型和屏幕特性 2 个方面，设备类型如 PC、PAD、手机；屏幕特性是指屏幕尺寸、物理分辨率、横屏 / 竖屏 / 宽屏、像素密度、放大倍数等。

（2）页面结构设计

对于页面展示内容先进行评估，再进行页面内容布置和效果设计。页面内容较多且设计复杂时，可单独设计移动设备版页面。如首页，页面内容相对简单或容易变换，在满足用户需求的前提下，可根据尺寸变化进行适当取舍，舍去的部分应该是移动端不使用的那部分功能，也可以变换一种方式来展现。图 8-3 中，在手机屏幕上仅保留了主要图片，并采用搜索框代替 PC 端上内容介绍列表。

 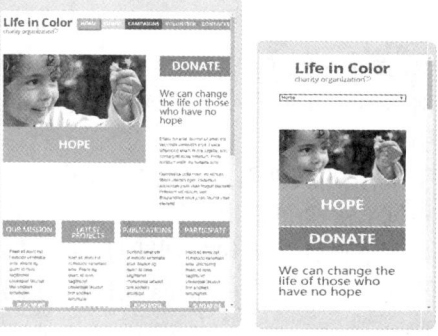

图 8-3
PC、PAD（竖向）和手机设备上的页面效果

（3）制作页面原型

根据已有的页面结构设计，针对要兼容的设备类型，利用工具软件制作相应的页面原型。

（4）原型测试

在兼容的所有设备上，对于原型进行一些基本测试，如内容可访问性、页面显示完整性、页面展示效果有无变形或错位等问题。

（5）代码实现

① 指定浏览器渲染当前页面的方式。

在 HTML 的 <head> 标签中加入以下语句：

```
<meta name="viewport" content="width=device-width, initial-scale=1,user-scalable=no" />
```

笔 记

② 设置浏览器兼容性。

为兼容 IE 9 及以下版本浏览器，<head> 标签中还要加入以下语句：

```
<!--[if lt IE 9]>
<script src="http://css3-mediaqueries-js.googlecode.com/svn/trunk/css3-mediaqueries.js">
</script>
<![endif]-->
```

③ 设置页面宽和高。

通常将页面宽和高均设置为 100%，内外边距为 0，对应的 CSS 样式：

```
html, body {width:100%; height:100%; padding:0; margin:0;}
```

④ 设置字体。

使用 rem 和 px 单位，前者是相对于 HTML 根元素的相对长度单位，后者是相对于屏幕分辨率 px 单位的长度单位。由于浏览器默认字体大小为 16px，且 1rem=16px，先在 HTML 的 CSS 中设置 font-size:625%，后续 body 或是其他元素就可以直接除以 100 得到其 rem 值了。由于移动端浏览器对于 rem 的支持很好，多会使用 rem，相对而言，PC 端存在兼容问题，旧版浏览器（IE 9 以下）不支持，造成 rem 使用不普遍，如果 PC 端要使用的话，就可通过同时写 px 和 rem 2 种设置值来解决兼容性问题，如下所示：

```
html{font-size:625%; /* 100÷16=625% */}
body{font-size:14px;font-size:0.14rem ; /* 14÷100=1.4 */}
p{font-size:14px;font-size:0.14rem; /* 14÷100=0.14 */}
```

⑤ 设置自适应。

对于页面内容和图片的尺寸，CSS 也要采用百分比方式设置：

```
img {max-width: 100%;}
.page_left{ width:30%; float:left}
.page_right{ width:70%; float:right;}
```

⑥ 编写 @media 规则。

例如，对于分辨率为 480px 的设备，CSS 将字体大小改为 0.12rem：

```
@media screen and (max-device-width: 480px) {font-size:0.12rem}
```

对于较大的项目，可以将适应于某类型设备的 CSS 设置放在一个 CSS 文件中，便于引用。

⑦ 将 CSS 文件引入 HTML 页面。

根据 CSS 文件面向的设备类型，利用 <link 标签 > 将 CSS 文件引入到 HTML 文档中。如，下面 3 个语句分别针对 only screen and (max-width: 619px)、screen 和 all，引入了不同的 CSS 文件。media 属性值为 all 时，由于 all 是 media 默认值，可省略不写。

```
<link rel="stylesheet" type="text/css" media="only screen and (max-width: 619px)"
href="css619.css" />
<link rel="stylesheet" type="text/css" media="screen" href="css/css_screen.css">
<link rel="stylesheet" href="css/css_all.css" type="text/css" media="all">
```

8.2　响应式设计应用

本节通过 2 个具有代表性的案例——网站首页和网站内容页，详细介绍响应式页面设计和实现的方法步骤。

8.2.1　实例8-1：响应式企业网站首页制作

问题描述：企业网站首页是企业在网络上的门面，也是传播企业品牌的窗口。本

实例要求创建企业网站的首页，突出该企业产品的理念，页面包含引导栏、主题图片和 logo，要求能够适应 PC 端及各种移动设备屏幕特性。

执行效果（见图 8-4）：

（a）PC 上显示效果

（b）PAD 效果

（c）大屏手机效果　　　　（d）小屏手机效果

图 8-4
响应式产品宣传首页在各类设备上的显示效果

问题分析：这个页面以图片（背景图片）为主，且不同设备上的显示效果不同。在 PC 和 PAD 设备上，顶部有 logo 和导航栏；在移动设备上，导航栏的菜单部分被隐藏，新增 "menu"（菜单）按钮，单击按钮，菜单将会出现。页面布局的变化可通过

媒体查询来设置，而移动设备上的菜单显示还需要涉及单击事件处理。

实现步骤：

（1）明确随设备特性变化的 CSS 设置。本例主要是字体尺寸需要调整。这里使用文字代替 logo 图片，以突出变化效果。

（2）HTML 中增加 <meta name="viewport" content="width=device-width, initial-scale=1, maximum-scale=1, user-scalable=no">；CSS 文件中增加 html{font-size:625%;}。

（3）CSS 中增加媒体查询语句。

（4）使用 HBuilder 工具，创建项目 Case8-1。主要实现代码如下。

HTML 代码：

```html
<nav class="absolute"><!--nav-->
    <div class="nav-container">
        <div class="navbar-header">
            <button id="menubtn" type="button" class="nav-menu">menu</button>
            <a class="navbar-logo" href="index.html">创意设计 </a>
        </div>
        <div id="navlist" class="navbar-collapse">
            <ul class="navbar-nav">
                <li><a href='index.html'>首页 </a></li>
                <li><a href='anli.html'  rel='dropmenu1'><span>产品 </span></a></li>
                <li><a href='about.html' ><span>案例 </span></a></li>
                <li><a href='contact.html' ><span>联系 </span></a></li>
            </ul>
        </div>
        <div class="navbar-iphone">
            <span class="iphone">020-12345678</span>
        </div>
    </div>
</nav>
<header class="stripe">
    <div class="contain">
        <div id='tight' class="text-center-tight">
            <div class="inner">
                <h2>Welcome to creative Design...</h2>
                <h6>让我们和您一起推动创意、 创新。 </h6>
            </div>
        </div>
        <a href="javascript:;" class="anchor scroll-down fadeInDown"></a>
    </div>
    <div class="bg-image" style="background-image:url(img/swan.jpg)"></div>
</header>
```

JavaScript 代码：

```javascript
/** 事件处理 **/
var bindEvent = function(obj, type, fn){    // 定义事件绑定方法
    if(document.addEventListener){
        obj.addEventListener(type,fn,false);
    }else if(document.attachEvent){
        obj.attachEvent('on' + type, fn);
    }
}
var unbindEvent = function(obj, type, fn){   // 定义事件解除绑定方法
    if(document.addEventListener){
        obj.removeEventListener(type, fn, false);
    }else if(document.detachEvent){
        obj.detachEvent('on' + type, fn);
    }
}
bindEvent(window, 'load', readyDo);
function readyDo(){    // 单击菜单事件处理程序
    var btn = document.getElementById("menubtn");
```

8.2.2 实例8-2：响应式旅游网站页面制作

笔 记

问题描述： 将实例 3-3 页面制作成为响应式页面，要求 PC 和手机设备上显示效果不变，移动设备上，仅显示页面主体部分的左侧。

执行效果（见图 8-5）：

图 8-5
实例 8-2 执行效果

问题分析： 实例 3-3 页面由头部、背景图片、主体内容和尾部 4 个部分构成，其中主体内容又包含左侧和右侧两个子部分。利用媒体查询，可隐藏登录 / 注册部分，导航栏的菜单项、页头部图片尺寸随之变小。

实现步骤：

（1）明确页面头部背景图片、搜索框、logo，以及页面主体左侧的尺寸变化要求。

（2）使用 HBuilder 工具，创建项目 Case8-2，在实例 3-3 基础上修改 HTML 和 CSS 文件。修改后部分代码如下。

HTML 头部代码：

```
<head>
    <meta charset="UTF-8">
    <meta name="viewport" content="width=device-width, initial-scale=1.0,
                minimum-scale=1.0, maximum-scale=1.0,user-scalable=no">
    <title>小城旅行</title>
    <link rel="stylesheet" href="./css/siteStyle.css"/>
    <link rel="stylesheet" href="./css/info.css"/>
</head>
```

CSS 主要代码：

```
#header {
    width: 100%;    /*设置为百分比*/
    height: 1.94rem;
    background:#333;
    box-shadow:0 10px 10px rgba(0,0,0,0.3);
}
```

笔 记

```css
/* 包含 logo、 导航 2 部分宽度 */
#header .center{
    margin: 0 auto;
}
#header .logo{
    width: 1.9rem;
    width: 2.4rem;
    height: 0.7rem;
    margin: 0 1.4rem 0 1.4rem;
    background-image: url(../img/logo.png);
    background-repeat: no-repeat;
    text-indent: -9999px;
    float:left;
    background-size:100% 100%;     /* 自适应宽度高度 */
    -moz-background-size:100% 100%;
}
#header .nodisplay{
    display:none;
}
#header .tnav{
    height:30px;
    line-height: 30px;
    font-size: 0.12rem;
    float:right;
}
#header .tnav li{
    width:100px;
    text-align:center;
}
/* 为使鼠标指针放到选项时能覆盖选项及背景区域, 设置 display:block;*/
#header .tnav a{
    color:#666;
}
#header .tnav a:hover{
    cursor:pointer;
    color:#74BE23;
    background-color: #F5F5F5;
}
#topnav{
    width:100%;
    height: 31px;
    background-color: #F5F5F5;
    border-bottom: 1px solid #ccc;
}
#topcontainer{
    width:100%;
    height: 0.93rem;
    background-color: #F5F5F5;
}
#search{
    width:3.8rem;
    height: 0.93rem;
    position: relative;
    float:left;
}
#search .searchInput{
    width:2.8rem;
    height: 0.35rem;
    line-height: 0.35rem;
    margin:28px 0;   /* 加上输入框 1/2 高度, 使框垂直居中 */
    border:1px solid #74BE23;
    padding:0 10px;
    font-size: 0.16rem;
    float: left;
}
#search .submit{
```

```
        width:0.78rem;
        height: 0.37rem;
        line-height: 0.35rem;
        color:#fff;
        background-color: #74BE23;
        border:1px solid #74BE23;
        margin:28px 0;      /* 加上输入框 1/2 高度，使框垂直居中 */
        font-size: 0.16rem;
        cursor:pointer;
        float: right;
}
#header .hnav{
        margin-left: 100px;
        width:650px;
        height:70px;
        line-height: 70px;
        font-size: 0.18rem;
        float:left;
}
#header .hnav li{
        width:120px;
        text-align:center;
        float: left;
}
/* 为使鼠标指针放到选项时能覆盖选项及背景区域，设置 display:block;*/
#header .hnav a{
        display:block;
        color:#eee;
}
/* 第 1 个导航选项 */
#header .hnav .active, a:hover{
        cursor:pointer;
        background-color:#74BE23;
}
/* 其他导航选项 */
#header .hnav a:hover{
        cursor:pointer;
        color:#74BE23;
        background-color:#444;
}
#topbackground{
        width:100%;
        height: 4.74rem;     /*474px;*/
        background-color: #eee;
        background-image: url(../img/main-bg.jpg);
        background-repeat: no-repeat;
        background-position: center;
        position: relative;
        opacity:0.8;
        background-size:100% 100%;    /* 自适应宽度高度 */
        -moz-background-size:100% 100%;
}
#footer {
        width: 100%;
        background-color: #333;
        font-size: 0.16rem;
}
#footer .corp{
        background-color: #000;
        color:#777;
        text-align:center;
}
/* 使用 dl、dt 方式 */
#footer .info{
```

笔 记

```
            width:1263px;
            margin: 0 auto;
            height: 280px;
            padding: 20px 0 0 100px;
            color:#777;
        }
        #footer .info dl{
            float:left;
            width: 405px;
            height: 280px;
        }
        #footer .info dt{
            float: left;
            width: 280px;
            height: 40px;
            line-height: 24px;
            font-size: 0.24rem;
            font-weight: 600;
            letter-spacing: 2px;
        }
        #footer .info dd{
            float: left;
            width:280px;
            height: 25px;
            line-height: 14px;
            -webkit-margin-start: 0;
            letter-spacing: 1px;
        }
        @media screen and (max-width: 479px) {
            #topnav{
                display:none;
            }
            #footer{
                display: none;
            }
            #header{
                height: 0.6rem;
            }
            /* 导航栏菜单部分 */
            #mainnav{
                display: block;
                background-color: red;
                z-index: 1;
            }
            #header .hnav{
                margin-left: 0px;
                width:460px;
                height:30px;
                line-height: 30px;
                font-size: 0.12rem;
                float:left;
            }
            #header .hnav li{
                width:0.7rem;
                text-align:center;
                float: left;
            }
            #header .hnav a{
                display:block;
                color:#fff;
            }
            #topbackground{
                height: 1.8rem;
                z-index: -1;
            }
```

```
    /* 搜索框部分 */
    #topcontainer {
        height: 0.6rem;
    }
    #search{
        width:2.82rem;
        height: 0.3rem;
    }
    #search .searchInput{
        width:2rem;
        height: 0.26rem;
        line-height: 0.35rem;
        margin:0.15rem 0;
        font-size: 0.12rem;
    }
    #search .submit{
        width:0.6rem;
        height: 0.285rem;
        line-height: 0.26rem;
        font-size: 0.12rem;
        margin:0.15rem 0;       /* 加上输入框 1/2 高度，使框垂直居中 */
    }
    #header .logo{
        width: 0.65rem;
        height: 0.25rem;
        margin: 0.05rem 0 0.15rem 0;
    }
}
```

　　使用 Chrome 浏览器运行该项目，可使用"Ctrl+Alt+I"组合键切换，结合浏览器提供的设备类型工具按钮，查看不同设备下的效果。
　　问题总结：
　　（1）为了突出需调整的 CSS 设置，代码中仅将对应的单位改为 rem。
　　（2）响应式页面设计中，如果页面布局简单，利用媒体查询减小尺寸即可；如果页面较为复杂，就需隐藏一部分。但从本例可以看出，需要调整的内容较多，因此，对于布局非常复杂页面，针对移动设备专门重新设计页面，开发效率会更高。

课后练习